2012
AutoCAD
建筑设计 从入门到精通

丁金滨 编著

清华大学出版社
北京

本书是一本全方面介绍 AutoCAD 2012 建筑设计的实战类图书,全书共分为 17 章,第 1~8 章讲解了建筑物结构、制图规范、AutoCAD 辅助绘图软件基础知识;第 9~15 章以别墅建筑施工图为基础,详细讲解了建筑与结构施工图的绘制方法,包括总平面图、平面图、立面图、剖面图、详图、基础结构图、结构配筋图等;第 16~18 章讲解了建筑和室内装潢施工图的完整例子,包括办公楼施工图、酒店客房装修施工图等。

全书紧扣标准、切合实际、图文并茂、通俗易懂,具有很强的指导性和操作性,是学习 CAD 建筑施工图绘制不可多得的一本好书。既可以作为建筑工程技术人员和 AutoCAD 技术人员的参考书,也可以作为高校相关专业师生计算机辅助设计和建筑设计课程参考用书,以及社会 AutoCAD 培训班配套教材。

随书配送光盘包含全书所有实例和图库源文件以及实例操作过程的视频讲解 AVI 文件,可以帮助读者轻松自如地学习本书。

图书在版编目(CIP)数据

AutoCAD 2012 建筑设计从入门到精通 / 丁金滨编著.—北京:清华大学出版社,2012.9
(CAX 工程应用丛书)

ISBN 978-7-302-29617-1

Ⅰ.①A… Ⅱ.①丁… Ⅲ.①建筑设计—计算机辅助设计—AutoCAD 软件 Ⅳ.①TU201.4

中国版本图书馆 CIP 数据核字(2012)第 183608 号

责任编辑:王金柱
封面设计:王 翔
责任校对:闫秀华
责任印制:沈 露

出版发行:清华大学出版社
　　　　网　　　址:http://www.tup.com.cn,http://www.wqbook.com
　　　　地　　　址:北京清华大学学研大厦 A 座　　　　邮　　编:100084
　　　　社 总 机:010-62770175　　　　　　　　　邮　　购:010-62786544
　　　　投稿与读者服务:010-62776969,c-service@tup.tsinghua.edu.cn
　　　　质 量 反 馈:010-62772015,zhiliang@tup.tsinghua.edu.cn
印 装 者:北京嘉实印刷有限公司
经　　销:全国新华书店
开　　本:190mm×260mm　印　张:26.5　彩　插:2　字　数:685 千字
　　　　附光盘 1 张
版　　次:2012 年 9 月第 1 版　　　　　　　　　印　次:2012 年 9 月第 1 次印刷
印　　数:1~4000
定　　价:59.00 元

产品编号:046574-01

AutoCAD 2012
建筑设计从入门到精通

多媒体光盘使用说明

37个视频教学文件　　播放时长 **10** 小时　　**211**个素材文件

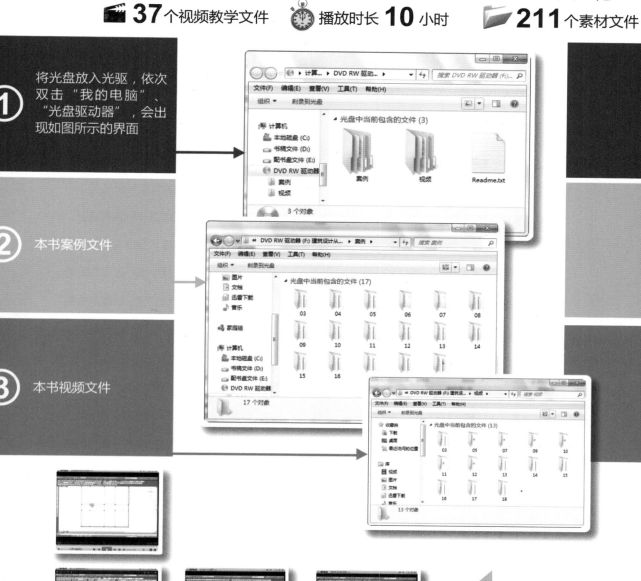

① 将光盘放入光驱，依次双击"我的电脑"、"光盘驱动器"，会出现如图所示的界面

② 本书案例文件

③ 本书视频文件

④ 视频动画播放界面

AutoCAD 2012
建筑设计从入门到精通
……[视频教学文件]

3.2.4 实例：正五角星的绘制

3.3.5 实例：洗手盆的绘制

3.4.3 实例：单人床的绘制

3.10.5 实例：花朵的绘制

5.5　实例：绘制建筑图纸标题栏

7.10 实例：新农村住宅轴线网的绘制

建筑总平面图的绘制

建筑平面图的绘制

建筑正立面图的绘制

建筑剖面图的绘制

13.2　绘制C1-A窗大样图

13.3　绘制TLM-2大样图

13.4　绘制墙体详图

14.2 实例1：绘制基础平面布置图

14.3 实例2：绘制二～四层结构平面图

14.4 实例3：绘制基础详图

15.2 实例1：绘制基础梁布置及配筋图

15.3 实例2：绘制二层梁配筋图

15.4 实例3：绘制坡屋面板配筋图

16.1 实例1：图纸封面及目录的绘制

16.2 实例2：制作建筑设计说明及门窗表

16.3 实例3：办公楼一层平面图的绘制

16.4 实例4：办公楼二层平面图的绘制

16.7 实例7：办公楼1-6立面图的绘制

16.10 实例10：办公楼1-1剖面图的绘制

16.11 实例11：办公楼墙身大样图的绘制/
　　　　玻璃幕墙详图的绘制

17.1 实例1：酒店客房建筑平面图的绘制

17.2 实例2：酒店客房平面布置图的绘制

17.3 实例3：酒店客房地面材料图的绘制

17.4 实例4：酒店客房顶棚图的绘制

17.5 实例5：酒店客房立面图的绘制

前言

AutoCAD 是由美国 Autodesk 欧特克公司于 20 世纪 80 年代初为微机上应用 CAD 技术（Computer Aided Design，计算机辅助设计）而开发的绘图程序软件包，于 2011 年 4 月份推出最新版本 AutoCAD 2012。经过不断的完善，现已经成为国际上广为流行的绘图工具，被广泛应用于机械、建筑、电子、航天、造船、石油化工、木土工程、冶金、地质、气象、纺织、轻工、商业等领域。

全书共分为 17 章：

第 1~8 章详细讲解了建筑制图规范和 AutoCAD 的基础知识，包括建筑物结构，AutoCAD 建筑制图统一规范，AutoCAD 2012 软件基础知识，二维图形的绘制与编辑，图块、外部参照和设计中心的应用，文字、表格和尺寸标注的应用，图层的创建和管理，图形的规划、布局与打印等。

第 9~15 章详细讲解了通过 AutoCAD 2012 软件进行建筑、结构施工图的绘制方法和技巧，包括建筑总平面图、平面图、立面图、剖面图、详图、基础结构图、结构配筋图等。

第 16~18 章通过两套完整的例子，详细讲解了办公楼施工图和酒店客房装潢施工图的绘制方法和技巧。

本书内容丰富，结构清晰，语言简练，实例丰富，叙述深入浅出，具有很强的实用性，可作为初、中级用户，以及对建筑制图比较了解的技术人员参考，旨在帮助用户在较短的时间内快速掌握使用中文版 AutoCAD 2012 绘制各种各样建筑实例的应用技巧，并提高建筑制图的设计质量。

为方便广大读者直观地学习本书，特随书配赠多媒体光盘，其中包含全书实例操作过程（即配音录屏 AVI 文件）和实例源文件、图形的最终效果、图块对象等，读者可以比照学习。

光盘内容如下：

（1）"案例"目录下存放的是本书所有实例源文件、图形的最终效果、图块对象等。

（2）"视频"目录下存放的是本书所有案例的视频教学文件。

本书主要由丁金滨编写，王清、唐明明、曾涛、苗伯锋、吕全、杨玲、周文华、于文涛、刘斌、杜晓丽、杨波、张小勇、陈永浩、吴志强等也参与了图书的编写工作。虽然作者在本书的编写过程中力求叙述准确、完善，但由于水平有限，书中欠妥之处在所难免，希望读者和同仁能够及时指出，共同促进本书质量的提高。

读者在学习过程中遇到难以解答的问题，可以到为本书专门提供技术支持的"中国 CAX 联盟"网站求助或直接发邮件到编者邮箱，编者会尽快给予解答。

编者邮箱：comshu@126.com

技术支持：www.ourcax.com

编　者

2012 年 07 月

目录

第 1 章　建筑物识图与制图规范 ……………………………………………………………… 1

1.1　建筑制图规范概述 ………………………………………………………………………… 1
1.2　常用术语 …………………………………………………………………………………… 1
1.3　建筑物的基本结构 ………………………………………………………………………… 2
1.4　图纸幅面规格与图纸编排顺序 …………………………………………………………… 4
　　1.4.1　图纸幅面 ……………………………………………………………………………… 5
　　1.4.2　标题栏与会签栏 ……………………………………………………………………… 5
　　1.4.3　图纸编排顺序 ………………………………………………………………………… 7
1.5　图线 ………………………………………………………………………………………… 7
1.6　字体 ………………………………………………………………………………………… 8
1.7　比例 ………………………………………………………………………………………… 10
1.8　符号 ………………………………………………………………………………………… 11
　　1.8.1　剖切符号 ……………………………………………………………………………… 11
　　1.8.2　索引符号与详图符号 ………………………………………………………………… 11
　　1.8.3　引出线 ………………………………………………………………………………… 13
　　1.8.4　其他符号 ……………………………………………………………………………… 14
　　1.8.5　标高符号 ……………………………………………………………………………… 14
1.9　定位轴线 …………………………………………………………………………………… 15
1.10　常用建筑材料图例 ……………………………………………………………………… 17
1.11　本章小节 ………………………………………………………………………………… 19

第 2 章　AutoCAD 绘图基础 ……………………………………………………………………… 20

2.1　AutoCAD 2012 的启动与退出 …………………………………………………………… 20
2.2　AutoCAD 2012 的工作界面 ……………………………………………………………… 21
　　2.2.1　AutoCAD 2012 的草图与注释空间 ………………………………………………… 21
　　2.2.2　AutoCAD 2012 的经典空间 ………………………………………………………… 26
2.3　图形文件的管理 …………………………………………………………………………… 27
　　2.3.1　创建新的图形文件 …………………………………………………………………… 28
　　2.3.2　图形文件的打开 ……………………………………………………………………… 28
　　2.3.3　图形文件的保存 ……………………………………………………………………… 29
2.4　配置系统与绘图环境 ……………………………………………………………………… 30
　　2.4.1　设置"显示"选项 …………………………………………………………………… 30
　　2.4.2　设置"系统"选项 …………………………………………………………………… 31
　　2.4.3　设置"绘图"选项 …………………………………………………………………… 32
　　2.4.4　设置"选择集"选项 ………………………………………………………………… 33
2.5　使用命令与系统变量 ……………………………………………………………………… 33
　　2.5.1　使用鼠标操作执行命令 ……………………………………………………………… 33
　　2.5.2　使用"命令行"执行 ………………………………………………………………… 34

2.5.3　使用透明命令执行 34
2.5.4　使用系统变量 35
2.5.5　命令的终止、撤消与重做 35
2.6　设置绘制辅助功能 36
2.6.1　设置捕捉和栅格 36
2.6.2　设置正交模式 36
2.6.3　设置对象的捕捉方式 36
2.6.4　设置自动与极轴追踪 38
2.7　图形的显示控制 39
2.7.1　重画与重生成图形 40
2.7.2　平移视图 40
2.7.3　缩放视图 41
2.7.4　命名视图 42
2.7.5　平铺视口 44
2.8　设置单位和图形界限 46
2.8.1　设置图形单位 46
2.8.2　设置图形界限 47
2.9　本章小节 47

第 3 章　绘制和编辑二维图形 48

3.1　点对象 48
3.1.1　点对象 48
3.1.2　定数等分点 49
3.1.3　定距等分点 49
3.2　直线类 49
3.2.1　直线 49
3.2.2　构造线 50
3.2.3　实例：正五角星的绘制 50
3.3　圆类 51
3.3.1　圆 51
3.3.2　圆弧 53
3.3.3　圆环 53
3.3.4　椭圆与椭圆弧 54
3.3.5　实例：洗手盆的绘制 55
3.4　平面图形 56
3.4.1　矩形 56
3.4.2　正多边形 56
3.4.3　实例：单人床的绘制 57
3.5　多线 58
3.5.1　多线的绘制 58
3.5.2　多线样式的设置 60
3.5.3　多线样式的编辑 61
3.6　多段线 62
3.6.1　多段线的绘制 62
3.6.2　多段线的编辑 63
3.7　样条曲线 63
3.7.1　样条曲线的绘制 64
3.7.2　样条曲线的编辑 64
3.8　选择对象 65
3.8.1　选择集的设置 65
3.8.2　选择的模式 65

　　　　3.8.3　快速选择..66
　　3.9　使用夹点编辑图形..67
　　　　3.9.1　钳夹..67
　　　　3.9.2　对象特性的修改..69
　　　　3.9.3　对象特性的匹配..69
　　3.10　复制类命令..70
　　　　3.10.1　复制对象..70
　　　　3.10.2　镜像对象..71
　　　　3.10.3　偏移对象..71
　　　　3.10.4　阵列对象..71
　　　　3.10.5　实例：花朵的绘制..72
　　3.11　删除、移动、旋转、缩放对象..73
　　　　3.11.1　删除对象..73
　　　　3.11.2　移动对象..73
　　　　3.11.3　旋转对象..74
　　　　3.11.4　缩放对象..74
　　3.12　改变几何特性的命令..75
　　　　3.12.1　修剪对象..75
　　　　3.12.2　拉伸对象..76
　　　　3.12.3　拉长对象..76
　　　　3.12.4　延伸对象..77
　　　　3.12.5　打断对象..78
　　　　3.12.6　合并对象..78
　　　　3.12.7　倒角对象..79
　　　　3.12.8　圆角对象..80
　　　　3.12.9　分解对象..80
　　3.13　面域和填充..81
　　　　3.13.1　面域的创建..81
　　　　3.13.2　面域的布尔运算..82
　　　　3.13.3　图案的填充..83
　　3.14　本章小节..83

第4章　AutoCAD 图块操作..84
　　4.1　创建与插入图块..84
　　　　4.1.1　创建内部图块..84
　　　　4.1.2　创建外部图块..85
　　　　4.1.3　插入图块..86
　　　　4.1.4　动态块..86
　　4.2　属性图块..88
　　　　4.2.1　属性图块的特点..88
　　　　4.2.2　创建带属性的图块..89
　　　　4.2.3　修改属性定义..89
　　　　4.2.4　编辑块属性..90
　　　　4.2.5　块属性管理器..91
　　4.3　外部参照..92
　　　　4.3.1　外部参照附着..93
　　　　4.3.2　外部参照剪裁..94
　　　　4.3.3　外部参照管理..94
　　　　4.3.4　参照编辑..96
　　4.4　设计中心的使用..97
　　4.5　通过设计中心添加图层和样式..98

4.6　本章小节 99

第 5 章　使用文字与表格 100

5.1　创建文字样式 100
5.2　文字标注 101
    5.2.1　单行文字标注 102
    5.2.2　多行文字标注 103
5.3　编辑文字对象 105
    5.3.1　比例 106
    5.3.2　对正 107
5.4　表格 108
    5.4.1　新建表格样式 108
    5.4.2　创建表格 111
    5.4.3　表格的修改与编辑 112
5.5　实例：绘制建筑图纸标题栏 114
5.6　本章小节 115

第 6 章　图形尺寸的标注 116

6.1　尺寸样式的新建及设置 116
    6.1.1　新建或修改尺寸样式 116
    6.1.2　线 118
    6.1.3　符号与箭头 118
    6.1.4　文字 119
    6.1.5　调整 119
    6.1.6　主单位 120
    6.1.7　单位换算 122
    6.1.8　公差 122
6.2　图形对象的尺寸标注 123
    6.2.1　线性标注 123
    6.2.2　半径标注 125
    6.2.3　直径标注 125
    6.2.4　角度标注 126
    6.2.5　弧长标注 126
    6.2.6　坐标标注 127
    6.2.7　快速标注 128
    6.2.8　等距标注 128
    6.2.9　圆心标记 128
    6.2.10　形位标注 129
6.3　尺寸标注的编辑 131
    6.3.1　编辑尺寸 131
    6.3.2　编辑标注文字的位置 131
    6.3.3　替代与更新标注 132
6.4　多重引线的创建与编辑 132
    6.4.1　创建多重引线 132
    6.4.2　创建与修改多重引线 133
6.5　本章小节 134

第 7 章　图层的管理 135

7.1　图层的特点 135
7.2　图层的创建 135
7.3　图层的删除 137

7.4 设置当前图层 137
7.5 设置图层颜色 138
7.6 设置图层线型 138
7.7 设置线型比例 139
7.8 设置图层线宽 140
7.9 控制图层状态 141
7.10 实例：新农村住宅轴线网的绘制 142
7.11 本章小节 146

第 8 章 图形的规划与布局 147
8.1 图形的输入与输出 147
8.1.1 导入图形 147
8.1.2 DXF 文件的输入与输出 148
8.1.3 插入 OLE 对象 149
8.1.4 输出图形 149
8.2 图纸的布局 150
8.2.1 模型与图纸空间 150
8.2.2 创建布局 152
8.3 使用浮动窗口 153
8.3.1 创建浮动视口 154
8.3.2 相对图纸空间比例缩放视图 155
8.3.3 控制浮动视口中对象的可见性 155
8.4 打印输出 156
8.4.1 页面设置管理 156
8.4.2 页面设置 156
8.4.3 打印输出 157
8.5 发布文件 157
8.5.1 发布为电子图形集 158
8.5.2 发布到 Web 页 159
8.5.3 输出 DWF 文件 161
8.6 本章小节 162

第 9 章 绘制建筑总平面图 163
9.1 建筑总平面图基础知识 163
9.1.1 建筑总平面图包含的内容 163
9.1.2 建筑总平面图的绘制方法 167
9.2 建筑总平面图的绘制 168
9.2.1 设置绘图环境 168
9.2.2 绘制基本地形 173
9.2.3 绘制建筑和内部设置 175
9.2.4 布置绿化 177
9.3 添加尺寸标注和文字说明 179
9.3.1 尺寸、文字标注 179
9.3.2 添加图框和标题栏 182
9.3.3 打印机的设置 183
9.3.4 图纸的打印输出 184
9.4 本章小节 184

第 10 章 绘制建筑平面图 185
10.1 建筑平面图基础知识 185
10.1.1 建筑平面图的内容 185

10.1.2　建筑平面图绘图规范和要求..186
10.1.3　定位轴线的画法和轴线编号的规定..188
10.2　建筑平面图的绘制..190
10.2.1　设置绘图环境...191
10.2.2　绘制定位轴线...196
10.2.3　绘制墙体...196
10.2.4　绘制门窗...198
10.2.5　绘制楼梯间和散水..203
10.2.6　布置设施...205
10.2.7　进行尺寸标注...206
10.2.8　定位轴线标注...209
10.2.9　文字说明、图名标注、指北针...211
10.3　打印出图..214
10.4　本章小节..216

第 11 章　绘制建筑立面图..**217**
11.1　建筑立面图基础知识..217
11.1.1　建筑立面图的内容..217
11.1.2　建筑立面图绘图规范和要求..218
11.2　建筑立面图的绘图..221
11.2.1　设置绘图环境...222
11.2.2　绘制辅助线..225
11.2.3　绘制正立面图...225
11.2.4　进行尺寸、标高、图名标注..234
11.2.5　添加图框...238
11.3　本章小节..240

第 12 章　绘制建筑剖面图..**241**
12.1　建筑剖面图基础知识..241
12.1.1　建筑剖面图的形成与作用..241
12.1.2　建筑剖面图的表达内容...242
12.1.3　建筑剖面图的识读方法...242
12.1.4　建筑剖面图绘图规范和要求...243
12.2　建筑剖面图的绘制..244
12.2.1　设置绘图环境...245
12.2.2　绘制辅助线..245
12.2.3　绘制各层的剖面墙线...247
12.2.4　绘制楼梯间和休息台...249
12.2.5　绘制并安装门窗...250
12.2.6　填充楼板、楼梯...251
12.2.7　尺寸标注...252
12.2.8　标高标注...252
12.2.9　轴线编号的标注...253
12.2.10　详图符号和图名标注...254
12.2.11　添加图框...255
12.3　本章小节..256

第 13 章　绘制建筑详图..**257**
13.1　建筑详图的基础知识..257
13.1.1　建筑详图的主要内容...257
13.1.2　建筑详图的类型...257

13.2　绘制 C1-A 窗大样图 259
　　13.2.1　设置绘图环境 260
　　13.2.2　绘制 C1-A 窗 262
　　13.2.3　添加尺寸标注和文字说明 263
　　13.2.4　添加图框 264
13.3　绘制 TLM-2 大样图 264
　　13.3.1　调用绘图环境 265
　　13.3.2　绘制 TLM-2 门 265
　　13.3.3　添加尺寸标注和文字说明 267
　　13.3.4　添加图框 268
13.4　绘制墙体详图 268
　　13.4.1　调用绘图环境 269
　　13.4.2　绘制墙体详图 269
　　13.4.3　添加尺寸标注和文字说明 273
　　13.4.4　添加图框 275
13.5　本章小节 276

第 14 章　绘制结构施工图 277
14.1　结构施工图的基础知识 277
14.2　实例 1：绘制基础平面布置图 278
　　14.2.1　设置绘图环境 279
　　14.2.2　绘图轴网线 282
　　14.2.3　绘图基础平面图 282
　　14.2.4　添加尺寸标注和文字说明 284
　　14.2.5　添加图框 287
14.3　实例 2：绘制二～四层结构平面图 287
　　14.3.1　调用绘图环境 288
　　14.3.2　绘图轴网线 288
　　14.3.3　绘图结构平面图 288
　　14.3.4　添加尺寸标注和文字说明 292
　　14.3.5　添加图框 294
14.4　实例 3：绘制基础详图 295
　　14.4.1　调用绘图环境 295
　　14.4.2　绘图基础详图 295
　　14.4.3　钢筋符号的知识 297
　　14.4.4　添加尺寸标注和文字说明 298
　　14.4.5　添加图框 299
14.5　本章小节 300

第 15 章　绘制结构配筋图 301
15.1　绘制配筋图的基础知识 301
　　15.1.1　钢筋混凝土梁配筋图的画法 302
　　15.1.2　配筋图的画法图例 305
　　15.1.3　配筋图的标注方法 307
15.2　实例 1：绘制基础梁布置及配筋图 310
　　15.2.1　设置绘图环境 311
　　15.2.2　绘制轴网线 312
　　15.2.3　绘制基础梁布置图 312
　　15.2.4　绘制基础梁详图 314
　　15.2.5　添加尺寸标注和文字说明 316
　　15.2.6　添加图框 320

15.3 实例2：绘制二层梁配筋图...320
　　15.3.1 调用样板...321
　　15.3.2 整理图形...321
　　15.3.3 添加尺寸标注和文字说明...322
　　15.3.4 添加图框...324
15.4 实例3：绘制坡屋面板配筋图...324
　　15.4.1 调用绘图环境...325
　　15.4.2 整理图形...325
　　15.4.3 绘制坡屋面板配筋图..325
　　15.4.4 添加尺寸标注和文字说明...327
　　15.4.5 添加图框...329
15.5 本章小结...330

第 16 章　办公楼施工图的绘制..**331**
16.1 实例1：图纸封面及目录的绘制...331
16.2 实例2：制作建筑设计说明及门窗表..335
16.3 实例3：办公楼一层平面图的绘制..340
　　16.3.1 绘制轴线、墙体及柱子...341
　　16.3.2 开启门、窗洞口..345
　　16.3.3 安装门、窗对象..347
　　16.3.4 绘制并安装楼梯..348
　　16.3.5 布置卫生间..350
　　16.3.6 绘制大门台阶...350
　　16.3.7 平面图的标注...351
16.4 实例4：办公楼二层平面图的绘制..354
16.5 实例5：办公楼三层平面图的绘制..358
16.6 实例6：办公楼屋面平面图的绘制..359
16.7 实例7：办公楼 1-6 立面图的绘制...360
16.8 实例8：办公楼 6-1 立面图的绘制...366
16.9 实例9：办公楼 D-A 立面图的绘制..366
16.10 实例10：办公楼 1-1 剖面图的绘制..367
16.11 实例11：办公楼墙身大样图的绘制..378
　　16.11.1 $\frac{4}{10}$ 玻璃幕墙详图的绘制......................................379
　　16.11.2 $\frac{5}{10}$ 墙身详图的绘制...382
16.12 实例12：楼梯及屋顶详图的绘制...383
16.13 本章小节...384

第 17 章　商务酒店客房室内的设计...**385**
17.1 实例1：酒店客房建筑平面图的绘制..385
　　17.1.1 酒店建筑平面图文件的建立...385
　　17.1.2 绘制轴线...386
　　17.1.3 设置多线样式...387
　　17.1.4 绘制墙线...388
　　17.1.5 修剪墙线...389
　　17.1.6 填充混凝土墙体..389
　　17.1.7 绘制门窗...390
　　17.1.8 房间名称及图名标注...392
17.2 实例2：酒店客房平面布置图的绘制..392
　　17.2.1 客房平面布置图文件的建立...393
　　17.2.2 客房衣柜的绘制..393

　　　　17.2.3　电视柜和电脑桌的绘制 ……………………………………………………… 395
　　　　17.2.4　客房其他家具及物品的插入 …………………………………………………… 396
　　　　17.2.5　客房卫生间平面的布置 ………………………………………………………… 397
　　17.3　实例 3：酒店客房地面材料图的绘制 ……………………………………………… 399
　　17.4　实例 4：酒店客房顶棚图的绘制 …………………………………………………… 401
　　　　17.4.1　客房顶棚图文件的建立 ………………………………………………………… 402
　　　　17.4.2　客房顶棚造型的绘制 …………………………………………………………… 403
　　　　17.4.3　卫生间顶棚造型材质的绘制 …………………………………………………… 404
　　　　17.4.4　客房顶面灯具的布置 …………………………………………………………… 404
　　　　17.4.5　客房顶面的标高 ………………………………………………………………… 406
　　17.5　实例 5：酒店客房立面图的绘制 …………………………………………………… 407
　　　　17.5.1　客房立面图文件的建立 ………………………………………………………… 407
　　　　17.5.2　客房立面造型的绘制 …………………………………………………………… 408
　　　　17.5.3　客房立面材质的表示 …………………………………………………………… 408
　　　　17.5.4　客房立面图尺寸及文字的标注 ………………………………………………… 410
　　17.6　本章小节 ……………………………………………………………………………… 411

第1章 建筑物识图与制图规范

在对建筑图形进行设计和绘制之前，首先应熟练掌握建筑物的基本结构。为了使建筑制图更规范化，保证制图质量，提高制图效率，做到图面清晰、简明，符合设计、施工、存档的要求，适应工程建设的需要，由中国建筑标准设计研究院会同有关单位制定了《房屋建筑制图标准》，本章将借助该标准帮助读者学习建筑物的识图方法及制图规范。

主要内容

- 掌握建筑工程图的幅面规格、图纸编排顺序
- 掌握建筑工程图的图线、字体、比例和符号规范
- 掌握建筑工程图的定位轴线规范
- 掌握建筑工程图的常用建筑材料的使用图例
- 掌握建筑工程图中各种图样的画法

1.1 建筑制图规范概述

为了统一房屋建筑制图规则，保证制图质量，提高制图效率，做到图面清晰、简明，符合设计、施工、审查、存档的要求，适应工程建设的需要，由中国建筑标准设计研究院会同有关单位制定了《房屋建筑制图标准》规范。

该标准是房屋建筑制图的基本规定，适用于总图、建筑、结构、给水排水、暖通空调、电气等各专业制图。

该标准适用于两种制图方式绘制的图样：计算机制图和手工制图。

该标准适用于下列各专业工程制图：

（1）新建、改建、扩建工程的各阶段设计图、竣工图；
（2）原有建筑物、构筑物和总平面的实测图；
（3）通用设计图和标准设计图。

房屋建筑制图除应符合本标准的规定外，尚应符合国家现行有关标准的规定。

1.2 常用术语

在房屋建筑统一标准中，用户应掌握一些常用的术语。

（1）图纸幅面（drawing format）：是指图纸宽度与长度组成的图面。
（2）图线（chart）：是指起点和终点间以任何方式连接的一种几何图形，形状可以是直

线或曲线，连续或不连续线。

（3）字体（font）：是指文字的风格样式，又称书体。

（4）比例（scale）：是指图中图形与其实物相应要素的线性尺寸之比。

（5）视图（view）：将物体按正投影法向投影面投射时所得到的投影称为视图。

（6）轴测图（axonometric drawing）：用平行投影法将物体连同确定该物体的直角坐标系一起沿不平行于任一坐标平面的方向投射到一个投影面上，所得到的图形被称作轴测图。

（7）透视图（perspective drawing）：根据透视原理绘制出的具有近大远小特征的图像，以表达建筑设计意图。

（8）标高（elevation）：以某一水平面作为基准面，并作零点（水准原点）起算地面（楼面）至基准面的垂直高度。

（9）工程图纸（project sheet）：根据投影原理或有关规定绘制在纸介质上的，通过线条、符号、文字说明及其他图形元素表示工程形状、大小、结构等特征的图形。

（10）计算机制图文件（computer aided drawing file）：利用计算机制图技术绘制的，记录和存储工程图纸所表现的各种设计内容的数据文件。

（11）计算机制图文件夹（computer aided drawing folder）：在磁盘等设备上存储计算机制图文件的逻辑空间，又称为计算机制图文件目录。

（12）协同设计（synergitic design）：通过计算机网络与计算机辅助设计技术，创建协作设计环境，使设计团队各成员围绕共同的设计目标和对象，按照各自分工，并行交互式地完成设计任务，实现设计资源的优化配置与共享，最终获得符合工程要求的设计成果文件。

（13）计算机制图文件参照方式（reference of computer aided drawing file）：在当前计算机制图文件中引用并显示其他计算机制图文件（被参照文件）的部分或全部数据内容的一种计算机技术。当前计算机制图文件只记录被参照文件的存储位置和文件名，并不记录被参照文件的具体数据内容，并且随着被参照文件的修改而同步更新。

（14）图层（layer）：计算机制图文件中相关图形元素数据的一种组织结构。属于同一图层的实体具有统一的颜色、线型、线宽、状态等属性。

1.3　建筑物的基本结构

建筑物是由基础、墙或柱、楼地层、屋顶、楼梯等主要部分组成，此外还有门窗、采光井、散水、勒脚、窗帘盒等附属部分组成，如图1-1~图1-4所示。

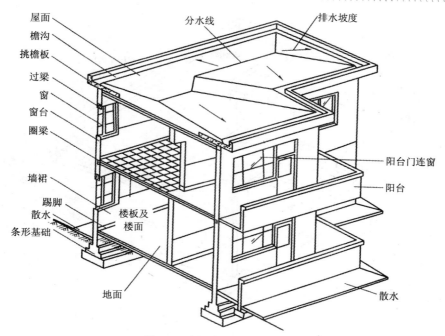

屋面
檐沟
挑檐板
过梁
窗
窗台
圈梁
墙裙
踢脚
散水
条形基础
楼板及楼面
地面
分水线
排水坡度
阳台门连窗
阳台
散水

图 1-1　房屋各部位名称（一）

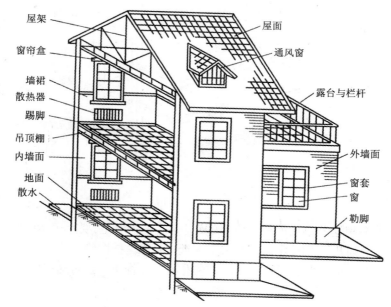

屋架
窗帘盒
墙裙
散热器
踢脚
吊顶棚
内墙面
地面
散水
屋面
通风窗
露台与栏杆
外墙面
窗套
窗
勒脚

图 1-2　房屋各部位名称（二）

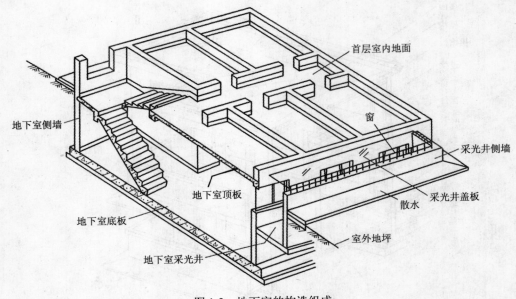

图 1-3　地下室的构造组成

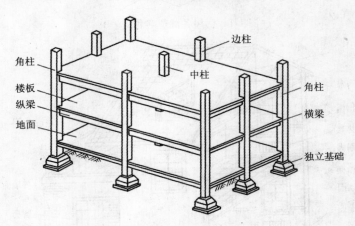

图 1-4　框架结构

　　建筑施工图就是把这些组成的构造、形状及尺寸等表示清楚。要想表示清楚这些建筑内容，就需要少则几张，多则几十张或几百张的施工图纸。阅读这些图纸要先粗看后细看，要先从建筑平面图看起，再看立面图、剖面图和详图。在看图的过程中，要将这些图纸反复对照，了解图中的内容，并将其牢记在心中。

1.4　图纸幅面规格与图纸编排顺序

　　在进行建筑工程制图时，其图纸的幅面规格、标题栏、签字栏以及图纸的编排顺序，都是有一定的规定。

1.4.1 图纸幅面

图纸幅面及图框尺寸，应符合表 1-1 的规定及图 1-5 和图 1-6 的格式。

表 1-1 幅面及图框尺寸   单位：mm

图纸幅面 尺寸代号	A0	A1	A2	A3	A4
$b×l$	841×1189	594×841	420×594	297×420	210×297
c	10			5	
a	25				

对于需要微缩复制的图纸，其一个边上应附有一段准确米制尺度，四个边上均附有对中标志，米制尺度的总长应为 100mm，分格应为 10mm。对中标志应画在图纸内框各边长的中点处，线宽 0.35mm，应伸入内框边，在框外为 5mm。对中标志的线段，于 $l1$ 和 $b1$ 范围中。

图纸的短边一般不应加长，长边可以加长，但加长的尺寸应符合国标规定，如表 1-2 所示。

表 1-2 图纸长边加长尺寸   单位：mm

幅面尺寸	长边尺寸	长边加长后尺寸						
A0	1189	1486	1635	1783	1932	2080	2230	2378
A1	841	1051	1261	1471	1682	1892	2102	
A2	594	743	891	1041	1189	1338	1486	1635
A2	594	1783	1932	2080				
A3	420	630	841	1051	1261	1471	1682	1892

注：有特殊需要的图纸，可采用 $b×l$ 为 841mm×891mm 与 1189mm×1261mm 的幅面。

图纸以短边作为垂直边应为横式，以短边作为水平边应为立式。A0～A3 图纸宜横式使用；必要时，也可立式使用。在一个工程设计中，每个专业所使用的图纸，不宜多于两种幅面，不含目录及表格所采用的 A4 幅面。

1.4.2 标题栏与会签栏

图纸中应有标题栏、图框线、幅面线、装订边线和对中标志。图纸的标题栏及装订边的位置，应符合下列规定：

（1）横式使用的图纸，应按图 1-5 和图 1-6 的形式进行布置。

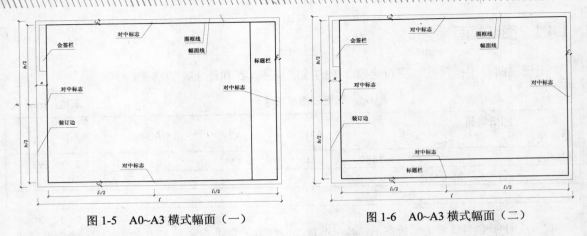

图 1-5 A0~A3 横式幅面（一）　　　　　　图 1-6 A0~A3 横式幅面（二）

（2）立式使用的图纸，应按图 1-7 和图 1-8 的形式进行布置。

（3）标题栏应按图 1-9、图 1-10 所示，根据工程的需要选择确定其尺寸、格式及分区。签字栏应包括实名列和签名列，并应符合下列规定：

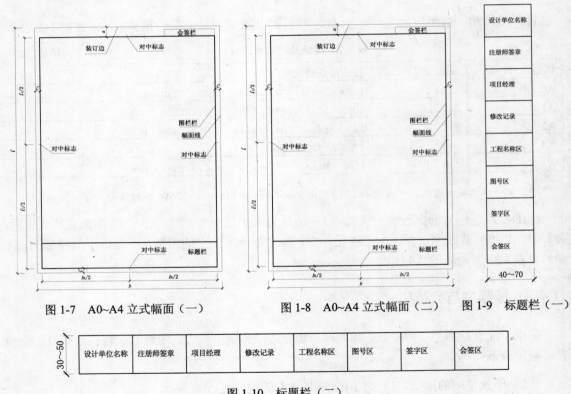

图 1-7 A0~A4 立式幅面（一）　　　图 1-8 A0~A4 立式幅面（二）　　　图 1-9 标题栏（一）

图 1-10 标题栏（二）

> 对于涉外工程的标题栏内，各项主要内容的中文下方应附有译文，设计单位的上方或左方，应加"中华人民共和国"字样。在计算机制图文件中当使用电子签名与认证时，应符合国家有关电子签名法的规定。

1.4.3　图纸编排顺序

　　一套简单的房屋施工图就有一二十张图样，一套大型复杂建筑物的图样至少也得有几十张，甚至上百张。为了便于看图，易于查找，就应把这些图样按顺序编排。

　　工程图纸应需按专业顺序编排。应为图纸目录、总图、建筑图、结构图、给水排水图、暖通空调图、电气图等。

　　另外，各专业的图纸，应按图纸内容的主次关系、逻辑关系进行分类排序。

1.5　图线

　　（1）图线的宽度 b，宜从 1.4、1.0、0.7、0.5、0.35、0.25、0.18、0.13mm 线宽系列中选取，但图线宽度不应小于 0.1mm。每个图样，应根据复杂程度与比例大小，先选定基本线宽 b，再选用表 1-3 中相应的线宽组。

表 1-3　线宽组　　　　　　　　　　　　　　　　　　　单位：mm

线宽比	线宽组			
b	1.4	1.0	0.7	0.5
0.7b	1.0	0.7	0.5	0.35
0.5b	0.7	0.5	0.35	0.25
0.25b	0.35	0.25	0.18	0.13

　　注：需要微缩的图纸，不宜采用 0.18mm 及更细的线宽。同一张图纸内，各不同线宽中的细线，可统一采用较细的线宽组的细线。

　　（2）在工程建设制图时，应选用如表 1-4 所示的图线。

表 1-4　图线的线型、宽度及用途

名称		线型	线宽	一般用途
实线	粗	——	b	主要可见轮廓线：剖面图中被剖部分的主要结构构件轮廓线、结构图中的钢筋线、建筑或构筑物的外轮廓线、剖切符号、地面线、详图标志的圆圈、图纸的图框线、新设计的各种给水管线、总平面图及运输中的公路或铁路线等
	中	——	0.5b	可见轮廓线：剖面图中被剖部分的次要结构构件轮廓线、未被剖面但仍能看到而需要画出的轮廓线、标注尺寸的尺寸起止 45° 短画线、原有的各种水管线或循环水管线等
	细	——	0.25b	可见轮廓线、图例线：尺寸界线、尺寸线、材料的图例线、索引标志的圆圈及引出线、标高符号线、重合断面的轮廓线、较小图形中的中心线

（续表）

名称		线型	线宽	一般用途
虚线	粗	▬ ▬ ▬ ▬ ▬	b	新设计的各种排水管线、总平面图及运输图中的地下建筑物或构筑物等
	中	▬ ▬ ▬ ▬	$0.5b$	不可见轮廓线：建筑平面图运输装置（例如桥式吊车）的外轮廓线、原有的各种排水管线、拟扩建的建筑工程轮廓线等
	细	- - - - - -	$0.25b$	不可见轮廓线、图例线
单点长画线	粗	▬ ▪ ▬ ▪ ▬	b	结构图中梁或框架的位置线、建筑图中的吊车轨道线、其他特殊构件的位置指示线
	中	▬ ▪ ▬ ▪	$0.5b$	见各有关专业制图标准
	细	— · — · —	$0.25b$	中心线、对称线、定位轴线 管道纵断面图或管系轴测图中的设计地面线等
双点长画线	粗	▬ ▪▪ ▬ ▪▪	b	预应力钢筋线
	中	▬ ▪▪ ▬ ▪▪	$0.5b$	见各有关专业制图标准
	细	— ·· — ··	$0.25b$	假想轮廓线、成型前原始轮廓线
折断线		——〜——	$0.25b$	断开界线
波浪线		〜〜〜〜〜	$0.25b$	断开界线
加粗线		▬▬▬▬▬	$1.4b$	地平线、立面图的外框线等

（3）同一张图纸内，相同比例的各图样，应选用相同的线宽组。

（4）图纸的图框和标题栏线，可采用如表1-5所示的线宽。

表1-5　图框线、标题栏线的宽度(mm)

幅面代号	图框线	标题栏外框线	标题栏分格线、会签栏线
A0、A1	b	$0.5b$	$0.25b$
A2、A3、A4	b	$0.7b$	$0.35b$

（5）相互平行的图线，其间隙不宜小于其中的粗线宽度，且不宜小于0.7mm。

（6）虚线、单点长画线或双点长画线的线段长度和间隔，宜各自相等。

（7）单点长画线或双点长画线，当在较小图形中绘制有困难时，可用实线代替。

（8）单点长画线或双点长画线的两端，不应是点。点画线与点画线交接或点画线与其他图线交接时，应是线段交接。

（9）虚线与虚线交接或虚线与其他图线交接时，应是线段交接。虚线为实线的延长线时，不得与实线连接。

（10）图线不得与文字、数字或符号重叠、混淆，不可避免时，应首先保证文字等的清晰。

1.6　字体

在一幅完整的工程图中用图线方式表现得不充分和无法用图线表示的地方，就需要进行文字说明，例如材料名称、构配件名称、构造方法、统计表及图名等。

文字说明是图样内容的重要组成部分，制图规范对文字标注中的字体、字的大小、字体字号搭配等方面的具体规定如下：

（1）图纸上所需书写的文字、数字或符号等，均应笔画清晰、字体端正、排列整齐；标点符号应清楚正确。

（2）文字的字高以字体的高度 h（单位为 mm）表示，最小高度为 3.5mm，应从如下系列中选用：3.5、5、7、10、14、20mm。如需书写更大的字，其高度应按 $\sqrt{2}$ 的比值递增。

（3）图样及说明中的汉字，宜采用长仿宋体，宽度与高度的关系应符合如表 1-6 所示的规定。大标题、图册封面、地形图等的汉字，也可书写成其他字体，但应易于辨认。

表 1-6　长仿宋体字高宽关系(mm)

字高	20	14	10	7	5	3.5
字宽	14	10	7	5	3.5	1.5

（4）汉字的简化字书写，必须符合国务院公布的《汉字简化方案》和有关规定。

（5）拉丁字母、阿拉伯数字与罗马数字的书写与排列，应符合如表 1-7 所示的规定。

表 1-7　拉丁字母、阿拉伯数字与罗马数字书写规则

书写格式	一般字体	窄字体
大写字母高度	h	h
小写字母高度(上下均无延伸)	$7/10h$	$10/14h$
小写字母伸出的头部或尾部	$3/10h$	$4/14h$
笔画宽度	$1/10h$	$1/14h$
字母间距	$2/10h$	$2/14h$
上下行基准线最小间距	$15/10h$	$21/14h$
词间距	$6/10h$	$6/14h$

（6）拉丁字母、阿拉伯数字与罗马数字，如需写成斜体字，其斜度应是从字的底线逆时针向上倾斜 75°。斜体字的高度与宽度应与相应的直体字相等。

（7）拉丁字母、阿拉伯数字与罗马数字的字高，应不小于 1.5mm。

（8）数量的数值注写，应采用正体阿拉伯数字。各种计量单位凡前面有量值的，均应采用国家颁布的单位符号注写。单位符号应采用正体字母。

（9）分数、百分数和比例数的注写，应采用阿拉伯数字和数学符号，例如：四分之三、百分之二十五和一比二十，应分别写成 3/4、25%和 1:20。

（10）当注写的数字小于 1 时，必须写出个位的"0"，小数点应采用圆点，对齐基准线书写，例如 0.01。

（11）长仿宋汉字、拉丁字母、阿拉伯数字或罗马数字，应符合国家现行标准《技术制图——字体》GB/T 14691 的有关规定，即写成竖笔铅垂的直体字或竖笔与水平线成 75°的斜体字，如图 1-11 所示。

图 1-11　字母和数字示例

1.7　比例

工程图样中图形与实物相对应的线性尺寸之比,称为比例。比例的大小,是指其比值的大小,如 1:50 大于 1:100。

(1) 比例的符号为 ":",不是冒号 ":",比例应以阿拉伯数字表示,如 1:1、1:2、1:100 等。

(2) 比例宜注写在图名的右侧,字的基准线应取平;比例的字高宜比图名的字高小一号或二号,如图 1-12 所示。

图 1-12　比例的注写

(3) 绘图所用的比例,应根据图样的用途与被绘对象的复杂程度,从如表 1-8 所示中选用,并优先选择表中常用比例。

表 1-8　绘图所用的比例

常用比例	1:1、1:2、1:5、1:10、1:20、1:50、1:100、1:150、1:200、1:500、1:1000、1:2000、1:5000、1:10000、1:20000、1:50000、1:100000、1:200000
可用比例	1:3、1:4、1:6、1:15、1:25、1:30、1:40、1:60、1:80、1:250、1:300、1:400、1:600

(4) 一般情况下,一个图样应选用一种比例。根据专业制图需要,同一图样可选用两种比例。

(5) 特殊情况下也可自选比例,这时除应标注绘图比例外,还必须在适当位置绘制出相应的比例尺。

1.8　符号

在进行各种建筑和室内装饰设计时，为了更清楚明确地表明图中的相关信息，将以不同的符号来表示。

1.8.1　剖切符号

剖视的剖切符号应由剖切位置线及剖视方向线组成，均应以粗实线绘制。剖视的剖切符号应符合下列规定：

（1）剖切位置线的长度宜为 6～10mm；剖视方向线应垂直于剖切位置线，长度应短于剖切位置线，宜为 4～6mm，如图 1-13 所示。也可采用国际统一和常用的剖视方法，如图 1-14 所示。绘制时，剖视剖切符号不应与其他图线相接触。

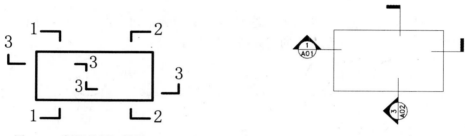

图 1-13　剖视的剖切符号（一）　　　　　　图 1-14　剖视的剖切符号（二）

（2）剖视剖切符号的编号宜采用阿拉伯数字，按顺序由左至右、由下至上连续编排，并应注写在剖视方向线的端部。

（3）需要转折的剖切位置线，应在转角的外侧加注与该符号相同的编号。

（4）建（构）筑物剖面图的剖切符号宜注在±0.00 标高的平面图上。

断面的剖切符号应符合下列规定：

（1）断面的剖切符号应只用剖切位置线表示，并应以粗实线绘制，长度宜为 6～10mm。

（2）断面剖切符号的编号宜采用阿拉伯数字，按顺序连续编排，并应注写在剖切位置线的一侧；编号所在的一侧应为该断面的剖视方向，如图 1-15 所示。

 剖面图或断面图，如与被剖切图样不在同一张图内，可在剖切位置线的另一侧注明其所在图纸的编号，也可以在图上集中说明。

1.8.2　索引符号与详图符号

图样中的某一局部或构件，如需另见详图，应以索引符号索引（如图 1-16（a）所示）。索引符号是由直径为 8~10mm 的圆和水平直径组成，圆及水平直径应以细实线绘制。索引符号应按下列规定编写：

（1）索引出的详图，如与被索引的详图同在一张图纸内，应在索引符号的上半圆中用阿拉伯数字注明该详图的编号，并在下半圆中间画一段水平细实线，如图 1-16（b）所示。

（2）索引出的详图，如与被索引的详图不在同一张图纸内，应在索引符号的上半圆中用阿拉伯数字注明该详图的编号，在索引符号的下半圆用阿拉伯数字注明该详图所在图纸的编号，如图 1-16（c）所示。数字较多时，可加文字标注。

（3）索引出的详图，如采用标准图，应在索引符号水平直径的延长线上加注该标准图册的编号，如图 1-16（d）所示。需要标注比例时，文字在索引符号右侧或延长线下方，与符号下对齐。

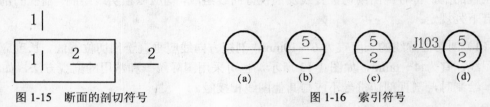

图 1-15　断面的剖切符号　　　　　图 1-16　索引符号

索引符号如用于索引剖视详图，应在被剖切的部位绘制剖切位置线，并以引出线引出索引符号，引出线所在的一侧应为剖视方向，如图 1-17 所示。

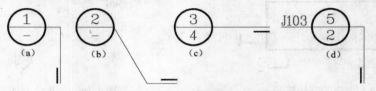

图 1-17　用于索引剖面详图的索引符号

零件、钢筋、杆件、设备等的编号直径宜以 4~6mm 的细实线圆表示，同一图样应保持一致，其编号应用阿拉伯数字按顺序编写，如图 1-18 所示。消火栓、配电箱、管井等的索引符号，直径宜以 4～6mm 为宜。

详图的位置和编号，应以详图符号表示。详图符号的圆应以直径为 14mm 粗实线绘制。详图应按下列规定编号：

（4）详图与被索引的图样同在一张图纸内时，应在详图符号内用阿拉伯数字注明详图的编号，如图 1-19 所示。

图 1-18　零件、钢筋等的编号　　　图 1-19　与被索引图样同在一张图纸内的详图符号

（5）详图与被索引的图样不在同一张图纸内时，应用细实线在详图符号内画一水平直径，在上半圆中注明详图编号，在下半圆中注明被索引的图纸的编号，如图 1-20 所示。

图 1-20　与被索引图样不在同一张图纸内的详图符号

　在 AutoCAD 的索引符号中，其圆的直径为 ø12mm（在 A0、A1、A2、图纸）或 ø10mm（在 A3、A4 图纸），其字高 5mm（在 A0、A1、A2、图纸）或字高 4mm（在 A3、A4 图纸），如图 1-21 所示。

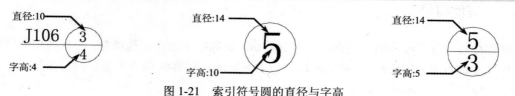

图 1-21　索引符号圆的直径与字高

1.8.3　引出线

引出线应以细实线绘制，宜采用水平方向的直线，与水平方向成 30°、45°、60°、90°的直线，或经上述角度再折为水平线。文字说明宜注写在水平线的上方，也可注写在水平线的端部，索引详图的引出线，应与水平直径线相连接，如图 1-22 所示。

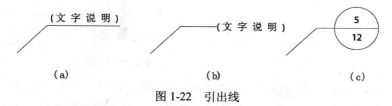

图 1-22　引出线

同时引出几个相同部分的引出线，宜互相平行，也可画成集中于一点的放射线，如图 1-23 所示。

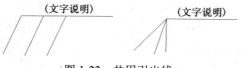

图 1-23　共用引出线

多层构造或多层管道共用引出线，应通过被引出的各层。文字说明宜注写在水平线的上方，或注写在水平线的端部，说明的顺序应由上至下，并应与被说明的层次相互一致；如层次为横向排序，则由上至下的说明顺序应与左至右的层次相互一致，如图 1-24 所示。

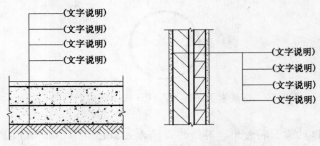

图 1-24　多层构造引出线

1.8.4　其他符号

对称符号由对称线和两端的两对平行线组成。对称线用细点画线绘制；平行线用细实线绘制，其长度宜为 6～10mm，每对的间距宜为 2～3mm；对称线垂直平分于两对平行线，两端超出平行线宜为 2～3mm，如图 1-25 所示。

指北针的形状宜如图 1-26 所示，其圆的直径宜为 24mm，用细实线绘制；指针尾部的宽度宜为 3mm，指针头部应注"北"或"N"字。需用较大直径绘制指北针时，指针尾部宽度宜为直径的 1/8。

图 1-25　对称符号　　　　　　　　　图 1-26　指北针

连接符号应以折断线表示需连接的部位。两部位相距过远时，折断线两端靠图样一侧应标注大写拉丁字母表示连接编号。两个被连接的图样必须用相同的字母编号，如图 1-27 所示。

对图纸中局部变更部分宜采用云线，并宜注明修改版次，如图 1-28 所示。

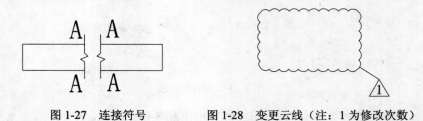

图 1-27　连接符号　　　　　　　　图 1-28　变更云线（注：1 为修改次数）

1.8.5　标高符号

标高用来表示建筑物各部位高度的一种尺寸形式。标高符号用细实线画出，短横线是需要标注高度的界线，长横线之上或之下注出标高数字（如图 1-29（a）所示）。总平面图上的标高符号，宜用涂黑的三角形表示（如图 1-29（d）），标高数字可注明在黑三角形的右上方，也可注写在黑三角形的上方或右面。无论哪种形式的标高符号,均为等腰直角三角形,高 3mm。如图 1-29（b）和图 1-29（c）所示用以标注其他部位的标高。

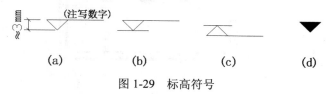

图 1-29　标高符号

标高数字以米为单位,注写到小数点以后第三位（在总平面图中可注写到小数点后第二位）。零点标高应注写成"±0.000",正数标高不注"+",负数标高应注"-",例如 3.000、-0.600。如图 1-30 所示为标高注写的几种格式。

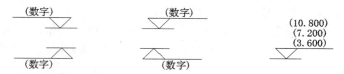

图 1-30　标高数字注写格式

标高有绝对标高和相对标高两种。绝对标高是指把青岛附近黄海的平均海平面定为绝对标高的零点,其他各地标高都以它作为基准。如在总平面图中的室外整平标高即为绝对标高。

相对标高是指在建筑物的施工图上要注明许多标高,用相对标高来标注,容易直接得出各部分的高差。因此除总平面图外,一般都采用相对标高,即把底层室内主要的地坪标高定为相对标高的零点,标注为"±0.000",而在建筑工程图的总说明中说明相对标高和绝对标高的关系,再根据当地附近的水准点（绝对标高）测定拟建工程的底层地面标高。

 在 AutoCAD 室内装饰设计标高中,其标高的数字字高为 1.5mm（在 A0、A1、A2 图纸）或字高 2mm（在 A3、A4 图纸）。

1.9　定位轴线

定位轴线是用来确定建筑物主要结构及构件位置的尺寸基准线。在施工时凡承重墙、柱、大梁或屋架等主要承重构件都应画出轴线以确定其位置。对于非承重的隔断墙及其他次要承重构件等,一般不画轴线,只需注明它们与附近轴线的相关尺寸以确定其位置。

（1）定位轴线应用细点画线绘制。定位轴线一般应编号,编号应注写在轴线端部的圆内。圆应用细实线绘制,直径为 8～10mm。定位轴线圆的圆心,应在定位轴线的延长线上或延长线的折线上。

（2）平面图上定位轴线的编号,宜标注在图样的下方与左侧。横向编号应用阿拉伯数字,从左至右顺序编写,竖向编号应用大写拉丁字母,从下至上顺序编写,如图 1-31 所示。

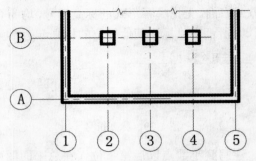

图 1-31　定位轴线及编号

（3）拉丁字母的 I、O、Z 不得用做轴线编号。如字母数量不够使用，可增用双字母或单字母加数字注脚，如 A_A、B_A…Y_A 或 A_1、B_1…Y_1。

（4）组合较复杂的平面图中定位轴线也可采用分区编号，如图 1-32 所示，编号的注写形式应为"分区号——该分区编号"，分区号采用阿拉伯数字或大写拉丁字母表示。

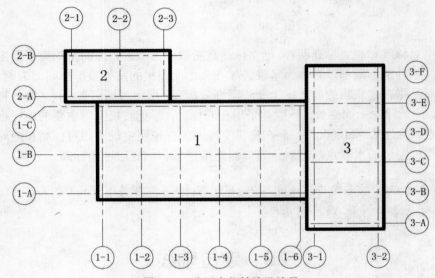

图 1-32　分区定位轴线及编号

（5）附加定位轴线的编号，应以分数形式表示。两根轴线间的附加轴线，应以分母表示前一轴线的编号，分子表示附加轴线的编号，编号宜用阿拉伯数字顺序编写，如图 1-33 所示。1 号轴线或 A 号轴线之前的附加轴线的分母应以 01 或 0A 表示，如图 1-34 所示。

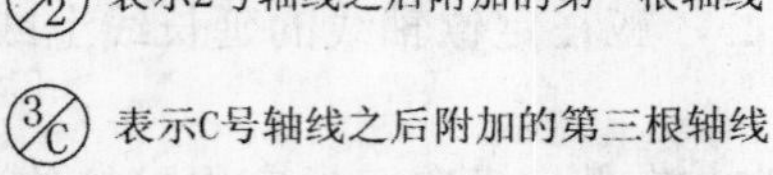

$\frac{1}{2}$ 表示2号轴线之后附加的第一根轴线　　　　　　　$\frac{1}{01}$ 表示1号轴线之前附加的第一根轴线

$\frac{3}{C}$ 表示C号轴线之后附加的第三根轴线　　　　　　　$\frac{3}{0A}$ 表示A号轴线之前附加的第三根轴线

　图 1-33　在轴线之后附加的轴线 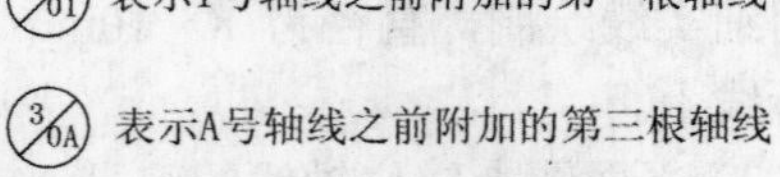　　　　　　　　图 1-34　在 1 或 A 号轴线之前附加的轴线

（6）通用详图中的定位轴线，应只画圆，不注写轴线编号。

（7）圆形平面图中定位轴线的编号，其径向轴线宜用阿拉伯数字表示，从左下角开始，按逆时针顺序编写；其圆周轴线宜用大写拉丁字母表示，从外向内顺序编写，如图 1-35 所示。

折线形平面图中的定位轴线如图 1-36 所示。

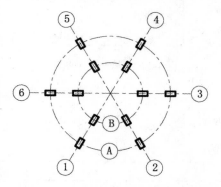

图 1-35　圆形平面图定位轴线及编号

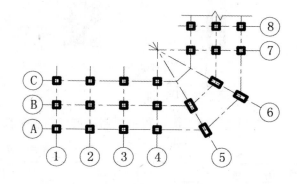

图 1-36　折线形平面图定位轴线及编号

1.10　常用建筑材料图例

建筑物或构筑物需要按比例绘制在图纸上，对于一些建筑物的细部节点，无法按照真实形状表示，只能用示意性的符号画出。国家标准规定的正规示意性符号，都称为图例。

1. 一般规定

一般只规定常用建筑材料的图例画法，对其尺度比例不作具体规定。使用时，应根据图样大小而定，并应注意下列事项：

（1）图例线应间隔均匀，疏密适度，做到图例正确，表示清楚。

（2）不同品种的同类材料使用同一图例时（如某些特定部位的石膏板必须注明是防水石膏板时），应在图上附加必要的说明。

（3）两个相同的图例相接时，图例线宜错开或使倾斜方向相反，如图 1-37 所示。

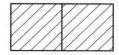 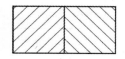

图 1-37　相同图例相接时的画法

（4）两个相邻的涂黑图例（如混凝土构件、金属件）间，应留有空隙，其宽度不得小于 0.7mm，如图 1-38 所示。

有些情况下可不加图例，但应加文字说明：一张图纸内的图样只用一种图例时；图形较小无法画出建筑材料图例时。

需画出的建筑材料图例面积过大时，可在断面轮廓线内，沿轮廓线作局部表示，如图 1-39 所示。

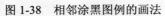

图 1-38   相邻涂黑图例的画法

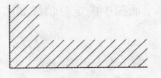

图 1-39   局部表示图例

2. 常用建筑材料图例

在绘制建筑施工图过程中，常用的建材材料图例如表 1-9 所示。

表 1-9   常用建筑材料图例

图　例	名　称	图　例	名　称
	自然土壤		素土夯实
	砂、灰土及粉刷		空心砖
	砖砌体		多孔材料
	金属材料		石材
	防水材料		塑料
	石砖、瓷砖		夹板
	钢筋混凝土	12厚玻璃系数5.345 10厚玻璃系数4.45 3厚玻璃系数1.33 5厚玻璃系数2.227	镜面、玻璃
	混凝土		软质吸音层
	砖		硬质吸音层
	钢、金融		硬隔层
	基层龙骨		陶质类
	细木工板、夹芯板		石膏板
	实木		层积塑材

1.11　本章小节

通过对建筑制图规范知识的学习，了解建筑中常用的术语、建筑物的基本结构、图纸规格与编排顺序、图线、字体、比例、相关符号的表示，以及定位轴线、常用建筑材料的规定和图例，让读者掌握各项制图的标准，为以后的建筑学习做好铺垫。

第 2 章　AutoCAD 绘图基础

在本章中首先讲解了 AutoCAD 2012 的启动、退出及操作界面；然后讲解了图形文件的新建、打开、保存等操作，以及 AutoCAD 选项参数的设置；最后讲解了 AutoCAD 中命令的使用方法、系统变量的设置、图形的显示控制等，使用户能够掌握 AutoCAD 2012 软件的基础。

主要内容

- 掌握图形文件的管理和绘图环境的设置
- 掌握执行命令的方法和系统变量的设置
- 掌握绘图辅助功能和图形的显示控制
- 掌握设置图形单位和图形界限

2.1　AutoCAD 2012的启动与退出

要使用并学习其 AutoCAD 2012 应用软件，都必须在使用的电脑上安装相应的应用软件。成功安装后可以按下述方法启动和退出软件。

1. AutoCAD 的启动

可以通过以下任意一种方法来启动 AutoCAD 2012 软件。

- 依次选择 "开始 | 程序 | Autodesk | AutoCAD 2012–Simplified chinese | AutoCAD 2012" 命令，如图 2-1 所示。
- 成功安装好 AutoCAD 2012 软件后，双击桌面上的 AutoCAD 2012 图标 。
- 在目录下 AutoCAD 2012 的安装文件夹中双击 acad.exe 图标 **A** 可执行文件。
- 打开任意一个扩展名为.dwg 的图形文件。

2. AutoCAD 的退出

可以通过以下任意一种方法来退出 AutoCAD 2012 软件。

- 选择 "文件 | 退出" 菜单命令。
- 在命令行输入 "Exit" 或 "Quit" 命令后，再按 Enter 回车键。
- 在键盘上按下 "Alt+F4" 或 "Ctrl+Q" 组合键。
- 在 AutoCAD 2012 软件的环境下单击右上角的 "关闭" 按钮 **x**。

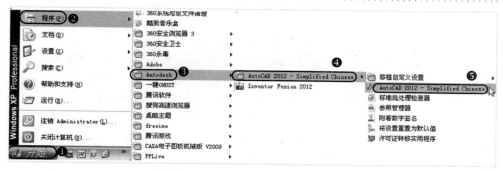

图 2-1　通过"开始"菜单方式启动

在退出 AutoCAD 2012 时，如果没有保存当前图形文件，此时将弹出如图 2-2 所示的对话框，提示用户是否对当前的图形文件进行保存操作。

图 2-2　提示是否保存文件

2.2　AutoCAD 2012的工作界面

AutoCAD 软件从 2009 版本开始，其界面发生了比较大的改变，提供了多种工作空间模式，即"草图与注释"、"三维基础"、"三维建模" 和"AutoCAD 经典"。

2.2.1　AutoCAD 2012 的草图与注释空间

当正常安装并首次启动 AutoCAD 2012 软件时，系统将以默认的"草图与注释"界面显示出来，如图 2-3 所示。

1. 标题栏

标题栏显示当前操作文件的名称。最左端依次为"新建"、"打开"、"保存"、"另存为"、"打印"、"放弃"和"重做"按钮；其次是"工作空间"列表，用于工作空间界面的选择；再其次往后是软件名称、版本号和当前文档名称信息；再往后是"搜索"、"登录"、"交换"按钮，并新增"帮助"功能；最右侧则是当前窗口的"最小化"、"最大化"和"关闭"按钮。如图 2-4 所示。

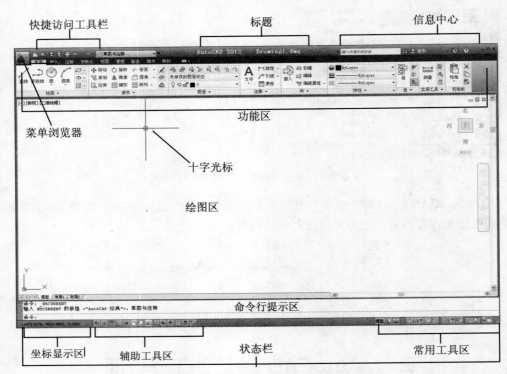

图 2-3　AutoCAD 2012 的"草图与注释"界面

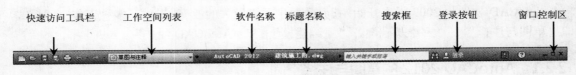

图 2-4　标题栏

2. 菜单浏览器和快捷菜单

在窗口的最左上角"A"按钮为"菜单浏览器"按钮，单击该按钮会出现下拉菜单，如"新建"、"打开"、"保存"、"另存为"、"输出"、"打印"、"发布"等，另外还新增加了很多新的项目，如"最近使用的文档"、"打开文档"、"选项"和"退出 AutoCAD"按钮，如图 2-5 所示。

在绘图区、状态栏、工具栏、模型或布局选项卡上单击鼠标右键时，系统会弹出一个快捷菜单，该菜单中显示的命令与单击鼠标右键对象及当前状态相关，会根据不同的情况出现不同的快捷菜单命令，如图 2-6 所示。

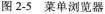

图 2-5　菜单浏览器　　　　　　　　　　　图 2-6　快捷菜单

　在菜单浏览器中，其后面带有符号 ▶ 的命令表示还有级联菜单；如果命令为灰色，则表示该命令在当前状态下不可用。

3．选项卡和面板

在使用 AutoCAD 命令的另一种方式就是应用选项卡上的面板，包括的选项卡有"常用"、"插入"、"注释"、"参数化"、"视图"、"管理"、"输出"、"插件"和"联机"等，如图 2-7 所示。

| 常用 | 插入 | 注释 | 参数化 | 视图 | 管理 | 输出 | 插件 | 联机 |

图 2-7　面板

　在"联机"选项卡右侧显示了一个倒三角 ▾，用户单击此按钮，将弹出一快捷菜单，可以进行相应的单项选择，如图 2-8 所示。

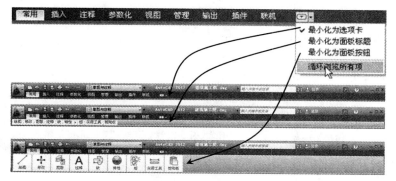

图 2-8　标签与面板

23

使用鼠标单击相应的选项卡，即可分别调用相应的命令。例如，在"常用"选项卡下包括有"绘图"、"修改"、"图层"、"注释"、"块"、"特性"、"组"、"实用工具"和"剪贴板"等面板，如图 2-9 所示。

图 2-9　"常用"选项卡

技巧提示 在有的面板中有倒三角按钮▼，单击该按钮会展开所有与该面板相关的操作命令，如单击"修改"面板右侧的倒三角按钮▼，会展开其他相关的命令，如图 2-10 所示。

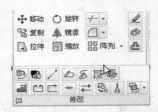

图 2-10　展开后的"修改"面板

4．菜单栏和工具栏

在 AutoCAD 2012 的环境中，默认状态下其菜单栏和工具栏处于隐藏状态，这也是与以往版本不同的地方。

在 AutoCAD 2012 的"草图与注释"工作空间状态下，如果要显示其菜单栏，那么在标题栏的"工作空间"右侧单击其倒三角按钮（即"自定义快速访问工具栏"列表），从弹出的列表框中选择"显示菜单栏"，即可显示 AutoCAD 的常规菜单栏，如图 2-11 所示。

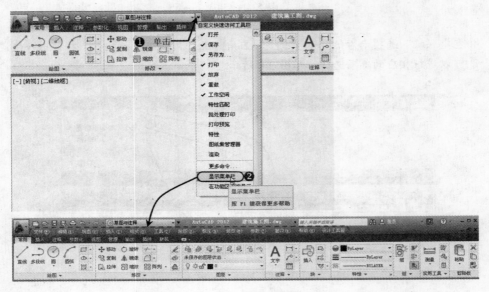

图 2-11　显示菜单栏

如果要将 AutoCAD 的常规工具栏显示出来，用户可以选择"工具|工具栏"菜单项，从弹出的下级菜单中选择相应的工具栏即可，如图 2-12 所示。

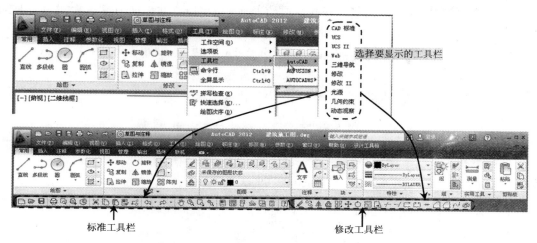

图 2-12 显示工具栏

5. 绘图窗口

绘图窗口是用户进行绘图的工作区域，所有的绘图结果都反映在这个窗口中。在绘图窗口中不仅显示当前的绘图结果，而且还显示了用户当前使用的坐标系图标，表示了该坐标系的类型和原点、X 轴和 Z 轴的方向，如图 2-13 所示。

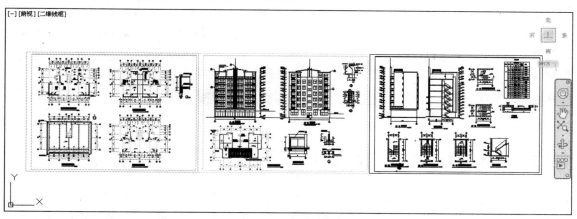

图 2-13 绘图窗口

6. 命令行与文本窗口

默认情况下，命令行位于绘图区的下方，用于输入系统命令或显示命令的提示信息。用户在面板区、菜单栏或工具栏中选择某个命令时，也会在命令行中显示提示信息，如图 2-14 所示。

```
当前线宽为 0
指定下一个点或 [圆弧(A)/半宽(H)/长度(L)/放弃(U)/宽度(W)]:
指定下一点或 [圆弧(A)/闭合(C)/半宽(H)/长度(L)/放弃(U)/宽度(W)]:
命令:
```

图 2-14 命令行

在键盘上按"F2"键时，会显示出"AutoCAD 文本窗口"，此文本窗口也称专业命令窗口，是用于记录在窗口中操作的所有命令。若在此窗口中输入命令，按下"Enter"键可以执行相应的命令。用户可以根据需要改变其窗口的大小，也可以将其拖动为浮动窗口，如图 2-15 所示。

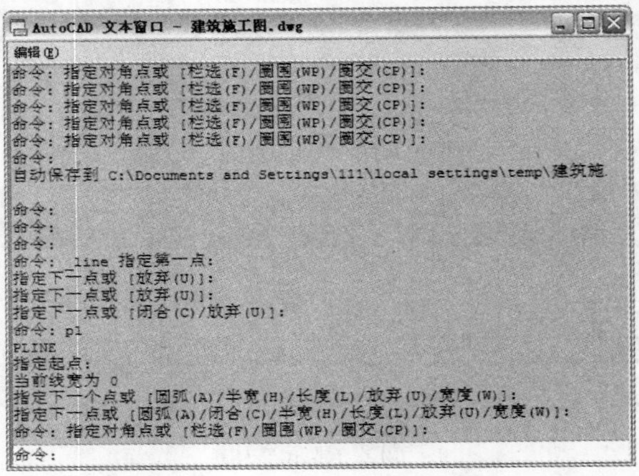

图 2-15　文本窗口

7．状态栏

状态栏位于 AutoCAD 2012 窗口的最下方，用于显示当前光标的状态，如 X、Y、Z 的坐标值。从左到右为"推断约束"、"捕捉模式"、"栅格显示"、"正交模式"、"极轴追踪"、"对象捕捉"、"三维对象捕捉"、"对象捕捉追踪"、"允许｜禁止动态 UCS"、"动态输入"、"显示｜隐藏线宽"、"显示｜隐藏透明度"、"快捷特性"、"选择循环"等按钮，以及"模型"、"快速查看布局"、"快速查看图形"、"注释比例"、"注释可见性"、"切换空间"、"锁定"、"硬件加速关"、"隔离对象"、"全屏显示"等按钮，如图 2-16 所示。

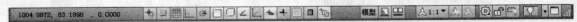

图 2-16　状态栏

2.2.2　AutoCAD 2012 的经典空间

无论版本怎样变化，Autodesk 公司都为新老用户考虑到了 AutoCAD 的经典空间模式。在 AutoCAD 2012 的状态栏中，单击右下侧的 ⚙ 按钮，如图 2-17 所示，然后从弹出的菜单中选择"AutoCAD 经典"选项，即可将当前空间模式切换到"AutoCAD 经典"空间模式，如图 2-18 所示。

图 2-17　切换工作空间

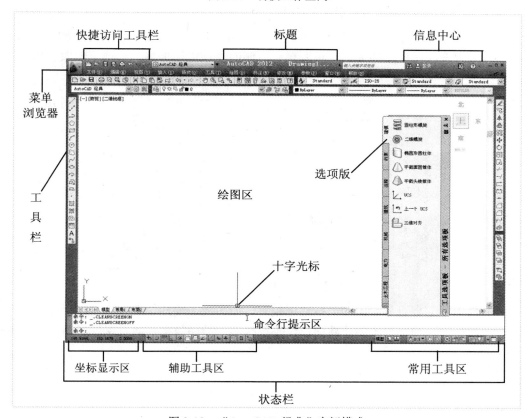

图 2-18　"AutoCAD 经典"空间模式

本书中以最常用的"AutoCAD 经典"工作空间来进行讲解，因此，在后面的学习中，如果出现选择"… | …"菜单命令时，则表示当前的操作是在"AutoCAD 经典"空间中进行的。同样，如果出现在"……"工具栏中单击"……"按钮，则同样是在"AutoCAD 经典"空间中进行的。

2.3　图形文件的管理

同许多应用软件一样，AutoCAD 2012 的图形文件管理包括文件的新建、打开、保存等。

2.3.1　创建新的图形文件

通常用户在绘制图形之前，首先要创建新图的绘图环境和图形文件，可使用以下方法：

- 执行"文件｜新建（New）"菜单命令。
- 单击"标准"工具栏中"新建"按钮□。
- 按下 Ctrl+N 组合键。
- 在命令行输入 New 命令并按 Enter 键。

以上任意一种方法都可以创建新的图形文件，在打开的"选择样板"对话框中，单击"打开"按钮，从中选择样板文件来创建新图形，右侧的"预览框"将显示预览图像，如图 2-19 所示。

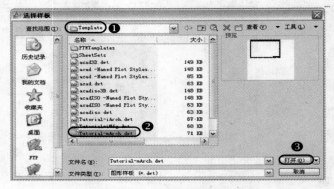

图 2-19　"选择样板"对话框

样板文件中通常含有与绘图的一些通用设置，如图层、线性、文字样式、尺寸标注样式、标题栏、图幅框等。利用它来创建新图形，不仅提高了绘图效率，而且保证了图形的一致性。

2.3.2　图形文件的打开

要将已存在的图形文件打开，可使用以下的方法：

- 执行"文件｜打开（Open）"菜单命令。
- 单击"标准"工具栏中"打开"按钮☞。
- 按下 Ctrl+O 组合键。
- 在命令行输入 Open 命令并按 Enter 键。

以上任意一种方法都可打开已存在的图形文件，在弹出的对话框中选择文件，在右侧的"预览"栏中显出该文件的预览图像，然后单击"打开"按钮，打开选择的图形文件，如图 2-20 所示。

在"选择文件"对话框的"打开"按钮右侧有一个倒三角按钮，单击它将显示出 4 种打开文件的方式，即："打开"、"以只读方式打开"、"局部打开"和"以只读方式局部打开"，如图 2-21 所示。

技巧提示　若用户选择了"局部打开"，可加快文件装载的速度。特别是在大型工程项目中，可以减少屏幕上显示的实体数量，从而提高工作效率。

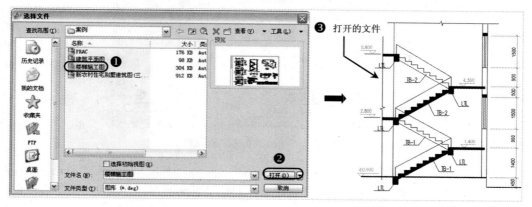

图 2-20　打开图形文件

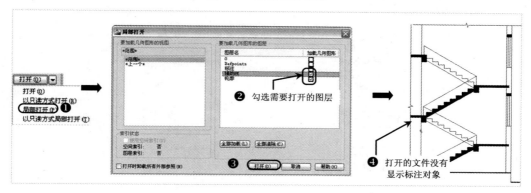

图 2-21　局部打开图形文件

2.3.3　图形文件的保存

对文件进行操作的时候，养成随时保存文件的好习惯，以便出现电源故障或发生其他意外情况时防止图形文件及其数据丢失。要将当前视图中的文件进行保存，可使用以下方法：

- 执行"文件 | 保存（Save）"菜单命令。
- 单击"标准"工具栏中"保存"按钮 🖫。
- 按下 Ctrl+S 组合键。
- 在命令行输入 Save 命令并按 Enter 键。

通过以上任意一种方法，将以当前使用的文件名保存图形。如果选择"文件" | 另存为"命令，要求用户将当前图形文件以另外一个新的文件名称进行保存，其步骤如图 2-22 所示。

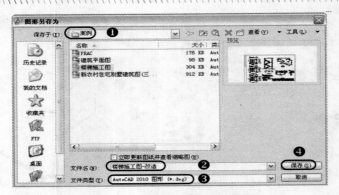

图 2-22 "图形另存为"对话框

在绘制图形时，可以设置为自动定时来保存图形。选择"工具｜选项"菜单命令，在打开的"选项"对话框中选择"打开和保存"选项卡，勾选"自动保存"复选框，然后在"保存间隔分钟数"文本框中输入一个定时保存的时间（分钟），如图 2-23 所示。

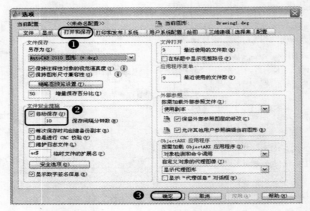

图 2-23 自动定时保存图形文件

2.4 配置系统与绘图环境

在绘制图形之前，用户应对绘图的环境进行设置，包括线型、线宽和线条颜色等。

2.4.1 设置"显示"选项

选择"选项"对话框中"显示"选项卡，用户可以进行设置绘图工作界面的显示格式、图形显示精度等显示性能方面的设置，所对应的对话框如图 2-24 所示。

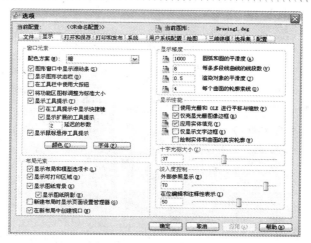

图 2-24　"显示"选项卡

在"显示"选项卡中，各主要选项的含义如下：

（1）"窗口元素"选项组：设置绘图工作界面各窗口元素的显示样式。

（2）"布局元素"选项组：设置布局中的有关元素，包括是否显示布局与模型选项卡、是否显示打印区域、是否显示图纸背景、是否在新布局中创建视口等。

（3）"显示精度"选项组：控制对象的显示效果。

（4）"显示性能"选项组：控制影响 AutoCAD 性能的显示设置。

（5）"十字光标大小"选项组：确定光标十字线的长度，该长度用绘图区域宽度的百分比表示，有效取值范围是 0~100。用户可直接在文本框中输入具体数值，也可通过拖动滑块来调整。

（6）"淡入度控制"选项组：确定外部参照、在位编辑和注释性表示时的淡入度效果。

　"显示精度"和"显示性能"选项组参数用于设置着色对象的平滑度、每个曲面轮廓线数等。所有这些设置均会影响系统的刷新时间与速度。

2.4.2　设置"系统"选项

"选项"对话框的"系统"选项卡，用于设定 AutoCAD 的一些系统参数，如图 2-25 所示。"系统"选项卡中各主要选项的含义如下：

（1）"三维性能"选项组：确定与三维图形显示系统的系统特性和配置有关的设置。"性能设置"按钮：单击该按钮，AutoCAD 2012 将弹出如图 2-26 所示的"自适应降级和性能调节"对话框，用户可利用此对话框进行相应的配置。

（2）"当前定点设备"选项组：确定与定点设备有关的选项。选项组中的下拉列表框中列出了当前可以使用的定点设备，用户可根据需要选择。

（3）"常规选项"选项组：控制与系统设置有关的基本选项。

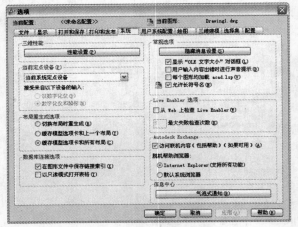

图 2-25　"系统"选项卡

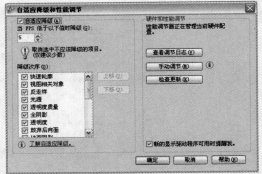

图 2-26　"自适应降级和性能调节"对话框

2.4.3　设置"绘图"选项

"选项"对话框的"绘图"选项卡，是用来进行自动捕捉、自动追踪功能的一些设置，如图 2-27 所示。

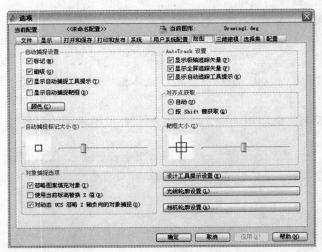

图 2-27　"绘图"选项卡

"绘图"选项卡中各主要选项的含义如下：

（1）"自动捕捉设置"选项组：控制与自动捕捉有关的一些设置。

（2）"自动捕捉标记大小"滑块：确定自动捕捉时的捕捉标记大小，用户可通过相应的滑块进行调整。

（3）"AutoTrack 设置"选项组：控制与极轴追踪有关的设置。

（4）"对齐点获取"选项组：确定启用对象捕捉追踪功能后，AutoCAD 是自动进行追踪，还是按下"Shift 键"后再进行追踪。

（5）"靶框大小"滑块：确定靶框大小，通过移动滑块的方式进行调整。

2.4.4　设置"选择集"选项

"选项"对话框中的"选择集"选项卡，用来进行选择集模式、夹点功能等的一些设置，如图 2-28 所示。

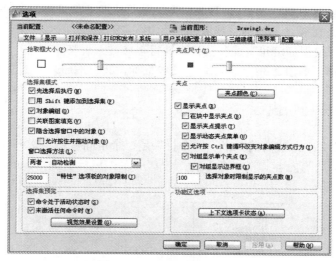

图 2-28　"选择集"选项卡

"选择集"选项卡中各主要选项的含义如下：

（1）"拾取框大小"滑块：确定拾取框的大小，通过移动滑块的方式调整。

（2）"选择集模式"选项组：确定构成选择集的可用模式。

（3）"夹点尺寸"滑块：确定夹点的大小，通过相应的滑块调整即可。

（4）"夹点"选项组：确定与采用"夹点"功能进行编辑操作的有关设置。

2.5　使用命令与系统变量

在 AutoCAD 中，菜单命令、工具按钮、命令和系统变量大部分是相互对应的。可以选择某一菜单命令，或单击某个工具按钮，或在命令行中输入命令和系统变量来执行相应命令。

例如：需要执行"圆"命令，可以通过以下三种方式：

- 选择"绘图 | 圆"菜单命令；
- 单击"绘图"工具样中的"圆"按钮；
- 在命令行输入 Circle（或 C）命令都可以完成对圆的绘制。可以说，命令是 AutoCAD 绘制与编辑图形的核心。

2.5.1　使用鼠标操作执行命令

在绘图窗口，光标通常显示为"+"字线形式。当光标移至菜单选项、工具或对话框内时，

它会变成一个箭头 "⌐⌐"。无论光标是 "+" 字线形式还是箭头形式，当单击或者按动鼠标键时，都会执行相应的命令或动作。在 AutoCAD 中，鼠标键按照下述规则来定义的。

- 拾取键：通常指鼠标左键，用于指定屏幕上的点，也可以用来选择 Windows 对象、AutoCAD 对象、工具栏按钮和菜单命令等。
- 回车键：指鼠标右键，相当于 Enter 键，用于结束当前使用的命令，此时系统会根据当前绘图状态而弹出不同的快捷菜单，如图 2-29 所示。
- 弹出菜单：当使用 "Shift" 键和鼠标右键组合时，系统将弹出一个快捷菜单，用于设置捕捉点的方法，如图 2-30 所示。对于三键鼠标，弹出按钮通常是使用鼠标的中间按钮。

2.5.2 使用"命令行"执行

在 AutoCAD 2012 中，默认情况下"命令行"是一个可固定窗口，可以在当前命令行提示下输入命令、对象参数等内容。在"命令行"窗口中单击鼠标右键，AutoCAD 将显示一个快捷菜单，如图 2-31 所示。

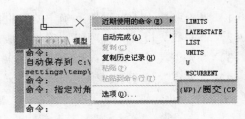

图 2-29 右键快捷菜单   图 2-30 弹出菜单   图 2-31 命令行的右键快捷菜单

在命令行中，还可以使用 BackSpace 或 Delete 键删除命令行中的文字，也可以选中命令历史，并执行"粘贴到命令行"命令，将其粘贴到命令行中。

如果用户在绘图过程中，觉得命令行窗口不能显示更多的内容，可以将鼠标置于命令行上侧，等鼠标呈 ⇕ 形状时上下拖动，即可改变命令行窗口的高度，显示更多的内容。如果发现 AutoCAD 的命令行没有显示出来，按下 Ctrl+9 组合键对其命令行进行显示或隐藏。

2.5.3 使用透明命令执行

在 AutoCAD 中，透明命令是指在执行其他命令的过程中可以执行的命令。通常使用的透明命令多为修改图形设置的命令、绘图辅助工具命令，例如 Snap、Grid、Zoom 等。

要以透明方式使用命令，应在输入命令之前输入单引号（'）。命令行中，透明命令行的提示有一个双折符号（>>），当完成透明命令后，将继续执行原命令，如图 2-32 所示。

命令: c ❶
CIRCLE 指定圆的圆心或 [三点(3P)/两点(2P)/切点、切点、半径(T)]: 'grid　❷
>>指定栅格间距(X) 或 [开(ON)/关(OFF)/捕捉(S)/主(M)/自适应(D)/界限(L)/跟随(F)/纵横
向间距(A)] <10.0000>: L ❸
>>显示超出界限的栅格 [是(Y)/否(N)] <是>: y ❹
正在恢复执行 CIRCLE 命令。
指定圆的圆心或 [三点(3P)/两点(2P)/切点、切点、半径(T)]: ❺
指定圆的半径或 [直径(D)] <216.0237>:

图 2-32　使用透明命令

2.5.4　使用系统变量

在 AutoCAD 中，系统变量用于控制某些功能和设计环境、命令的工作方式，它可以打开或关闭捕捉、正交或栅格等绘图模式，设置默认的填充图案，或存储当前图形和 AutoCAD 配置相关的信息。

系统变量通常是 6~10 个字符长度的缩写名称。例如要使用 ISOLINES 系统变量修改曲面的线框密度，可在命令行提示下输入该系统变量名称并按 Enter 回车键，然后输入新的系统变量值并按 Enter 键即可，详细操作如图 2-33 所示。

命令: ISOLINES ❶　　　　　　　　　　\\输入系统变量名称
输入 ISOLINES 的新值 <4>: 32 ❷　　　　\\输入系统变量的新值

图 2-33　使用系统变量

2.5.5　命令的终止、撤消与重做

在 AutoCAD 环境中绘制图形时，对所执行的操作可以进行终止、撤消以及重做操作。

1．终止命令 、

在执行命令过程中，如果用户不准备执行正在进行的命令，可以随时按 Esc 键终止执行的任何命令；或者单击鼠标右键，从弹出的快捷菜单中选择"取消"命令。

2．撤销命令

执行了错误的操作或放弃最近一个或多个操作有多种方法，使用 UDON 命令，在命令行中输入要放弃的数目。用户可以在"标准"工具栏中单击"放弃"按钮 ↶，或者按 Ctrl+Z 组合键进行撤消最近一次的操作。

3．重做命令

需要重复 AutoCAD 命令，按 Enter 键或空格键，或在绘图区域中单击鼠标右键，在弹出的快捷菜单中选择"重复"命令；在"标准"工具栏中单击"重做"按钮 ↷；或按 Ctrl+Y 组

合键进行撤销最近一次操作。

2.6　设置绘制辅助功能

在实际绘图中，用鼠标定位虽然方便快捷，但精度不高，绘制的图形很不精确，远不能够满足制图的要求，用户可采用以下的方法来打开"草图设置"对话框。

- 菜单栏：选择"工具｜绘图设置"菜单命令。
- 命令行：输入"SE"。

2.6.1　设置捕捉和栅格

"捕捉"用于设置鼠标光标移动的间距，"栅格"是一些标定位的位置小点，使用它可以提供直观的距离和位置参照。在"草图设置"对话框的"捕捉和栅格"选项卡中，可以启动或关闭"捕捉"和"栅格"功能，并设置"捕捉"和"栅格"的间距与类型，如图 2-34 所示。

　在状态栏中单击鼠标右键"捕捉模式"按钮▦或"栅格显示"按钮▦，在弹出的快捷菜单中选择"设置"命令，也可以打开"草图设置"对话框。

2.6.2　设置正交模式

在"正交"模式下，使用光标只能绘制水平直线或垂直直线，用户可通过以下的方法来打开或关闭"正交"模式。

- 状态栏：单击"正交"按钮▦。
- 快捷键：按"F8"键。

2.6.3　设置对象的捕捉方式

在实际绘图过程中，有时经常需要找到已有图形的特殊点，如圆心点、切点、中点、象限点等，这时可以启动对象捕捉功能。

对象捕捉与捕捉的区别："对象捕捉"是把光标锁定在已有图形的特殊点上，它不是独立的命令，是在执行命令过程中结合使用的模式；而"捕捉"是将光标锁定在可见或不可见的栅格点上，是可以单独执行的命令。

在"草图设置"对话框中单击"对象捕捉"选项卡，分别勾选要设置的捕捉模式即可，如图 2-35 所示。

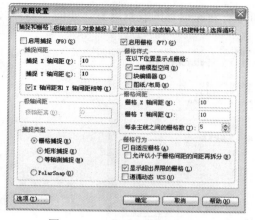

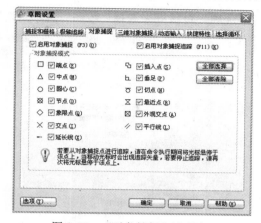

图 2-34　"草图设置"对话框　　　　　　　　图 2-35　"对象捕捉"选项卡

设置好捕捉选项后，在状态栏激活"对象捕捉"对话框▢，或按 F3 键，或者按 Ctrl+F 组合键即可在绘图过程中启用捕捉选项。

启用对象捕捉后，将光标放在一个对象上，系统自动捕捉到对象上所有符合条件的几何特征点，并显示出相应的标记。如果光标放在捕捉点达 3 秒钟以上，则系统将显示捕捉的提示文字信息。

在 AutoCAD 2012 中，也可以使用"对象捕捉"工具栏中的工具按钮随时打开捕捉，另外，按住 Ctrl 键或 Shift 键，并单击鼠标右键，将弹出对象捕捉快捷菜单，如图 2-36 所示。

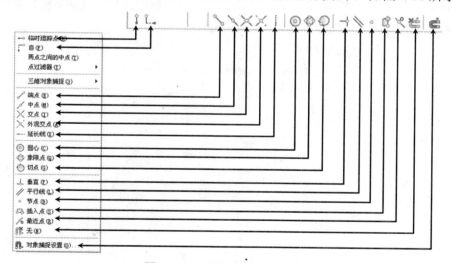

图 2-36　"对象捕捉"工具栏

✕　"捕捉自（F）"工具▢并不是对象捕捉模式，但它却经常与对象捕捉一起使用。在使用技巧提示　相对坐标指定下一个应用点时，"捕捉自"工具可以提示用户输入基点，并将该点作为临时参考点，这与通过输入前辍"@"使用最后一个点作为参考点类似。

执行"工具 | 选项"菜单命令，或者单击"草图设置"对话框中的"选项"按钮，都可以

打开"选项"对话框来选择"绘图"选项卡，即可进行对象捕捉的参数设置，如图 2-37 所示。

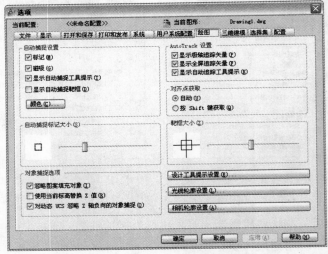

图 2-37　"绘图"选项卡

2.6.4　设置自动与极轴追踪

自动追踪包括两种追踪方式：极轴追踪和对象捕捉追踪。

要设置极轴追踪的角度或方向，在"草图设置"对话框中选择"极轴追踪"选项卡，然后启用极轴追踪并设置极轴的角度即可，如图 2-38 所示。

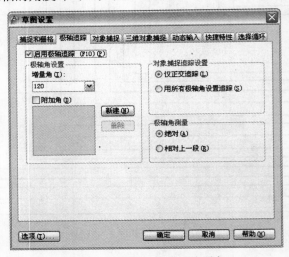

图 2-38　"极轴追踪"选项卡

极轴追踪时按事先给定的角度增加追踪点，而对象追踪是按追踪与已绘图形对象的某种特定关系来追踪，如图 2-39 所示。

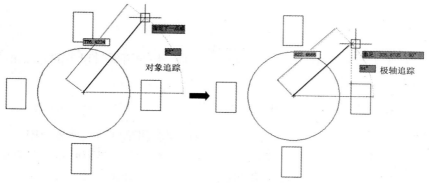

图 2-39　对象追踪与极轴追踪

"极轴追踪"选项卡中的各种功能进行讲解。

- "极轴角度设置"选项区：用于设置极轴追踪的角度。默认的极轴追踪追踪角度是 90，用户可以在"增量角"下拉框中选择角度增加量。若该下拉框中的角度不能满足用户的要求，可将下侧的"附加角"复选框勾选。用户也可以单击"新建"按钮并输入一个新的角度值，将其添加到附加角的列表框中。

- "对象捕捉追踪设置"选项区：若单击"仅正交追踪"单选按钮，可在启用对象捕捉追踪的同时，显示获取的对象捕捉的正交对象捕捉追踪路径；若单击"用所有极轴角设置追踪"按钮，可以将极轴追踪设置应用到对象捕捉追踪，此时可以将极轴追踪设置应用到对象捕捉追踪上。

- "极轴角测量"选项区：用于设置极轴追踪对其角度的测量基准。若单击"绝对"单选按钮，表示以当用户坐标 UCS 和 X 轴正方向为 0 时计算极轴追踪角；若单击"相对上一段"单选按钮，可以基于最后绘制的线段确定极轴追踪角度。

2.7　图形的显示控制

用户所绘制的图形都是在 AutoCAD 的视图窗口中进行的，只有灵活地对图形进行显示与控制，才能更精确地绘制所需要的图形。其"视图"菜单与其对应的工具栏，如图 2-40 所示。

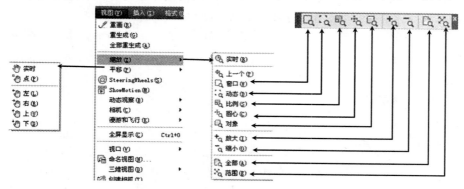

图 2-40　"视图"菜单与对应的工具栏

2.7.1　重画与重生成图形

快速访问计算机内存中的虚拟屏幕，被称为重画。用户可通过以下的方法来执行命令。

- 菜单栏：执行"视图 | 重画"命令。
- 命令行：输入或动态输入 Redraw（其快捷键为 R），然后按 Enter 键。

在绘图过程中有时会留下一些无用的标记，重画命令用来刷新当前视口中的显示，清除残留的点痕迹，比如删除多个对象图纸中的一个对象，但有时看上去被删除的对象还存在，在这种情况下可以使用"重画"命令来刷新屏幕显示，以显示正确的图形。

重新计算整个图形的过程，被称为重生成。用户可通过以下的方法来执行命令。

- 菜单栏：执行"视图 | 重生成"命令；
- 命令行：输入或动态输入 Regen（其快捷键为 G），然后按 Enter 键；

重生成命令不仅删除图形中的点记号、刷新屏幕，而且更新图形数据库中所有图形对象的屏幕坐标，使用该命令通常可以准确地显示图形数据。

重画，即快速刷新显示，清除所有的图形轨迹点，例如，亮点和零散的像素；重生成，即重新生成整个图形，重新计算屏幕坐标。

Redraw 比 Regen 速度快；但是它们只能刷新或重生成当前视口，如果使用 Redraw all 和 Regen all 则能刷新所有的视口。

2.7.2　平移视图

用户可以通过平移视图来重新确定图形在绘图区域中的位置，可通过以下任意一种方法。

- 菜单栏：执行"视图 | 平移 | 实时"命令。
- 工具栏：单击"标准"工具栏中"实时平移" 按钮。
- 命令行：输入或动态输入 PAN（其快捷键为 P），然后按 Enter 键。
- 鼠标键：按住鼠标中键不放。

在执行平移命令的时候，鼠标形状将变为 ，按住鼠标左键可以对图形对象进行上下、左右移动，此时所拖动的图形对象大小不会改变。

例如：打开"楼梯施工图.dwg"文件，然后执行"实时平移"命令，即可对图形进行平移操作，如图 2-41 所示。

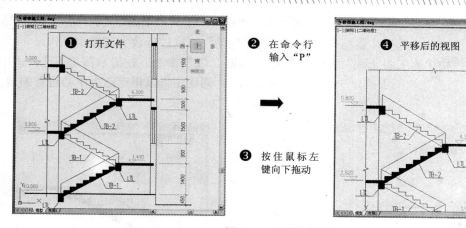

图 2-41　平移的视图

2.7.3　缩放视图

通常，在绘制图形时，需要随时使用缩放操作来观察图形的整体效果。用户可通过以下任意一种方法。

- 菜单栏：选择"视图 | 缩放"菜单命令，在其下级菜单中选择相应命令。
- 工具栏：单击"缩放"工具栏上相应的功能按钮。
- 命令行：输入 ZOOM（快捷键为 Z），并按 Enter 键，命令行会有以下的提示信息。

命令：z
指定窗口的角点，输入比例因子 (nX 或 nXP)，或者
[全部(A)/中心(C)/动态(D)/范围(E)/上一个(P)/比例(S)/窗口(W)/对象(O)] <实时>：

在该命令提示信息中给出多个选项，选项含义如下：

> 全部（A）：用于在当前视口显示整个图形，其大小取决于图限设置或者有效绘图区域，这是因为用户可能没有设置图限或有些图形超出了绘图区域。

> 中心（C）：该选项要求确定一个中心点，然后绘出缩放系数（后跟字母 X）或一个高度值。之后，AutoCAD 就缩放中心点区域的图形，并按缩放系数或高度值显示图形，所选的中心点将成为视口的中心点。如果保持中心点不变，而只想改变缩放系数或高度值，则在新的"指定中心点："提示符下按 Enter 键即可。

> 动态（D）：该选项集成了"平移"命令或"缩放"命令中的"全部"和"窗口"选项的功能。能使用时，系统将显示一个平移观察框，拖动它至适当位置并单击，将显示缩放观察框，并能够调整观察框的尺寸。

> 范围（E）：用于将图形在视口内最大限度地显示出来。

> 上一个（P）：用于恢复当前视口中上一次显示的图形，最多可以恢复 10 次。

> 窗口（W）：用于缩放一个由两个角点所确定的矩形区域。

例如：打开"楼梯施工图.dwg"文件，然后执行"视图 | 缩放 | 窗口"命令，然后利用鼠标的十字光标将需要的区域框选住，即可对所框选的区域以最大窗口显示，如图 2-42 所示。

执行"视图 | 缩放 | 实时"菜单命令，或者单击"标准"工具栏上的"实时缩放"按钮 ，则鼠标在视图中呈 形状，按住鼠标左键向上或向下拖动，可以进行放大或缩小操作。

例如：打开"楼梯施工图.dwg"文件，在命令行输入"Z"命令，在提示信息下选择"中心（C）"选项，然后在视图中确定一个位置点并输入 5，则视图将以指定点为中心进行缩放，如图 2-43 所示。

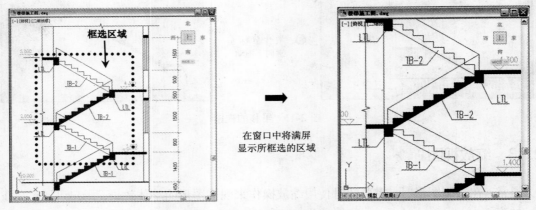

图 2-42　窗口缩放操作

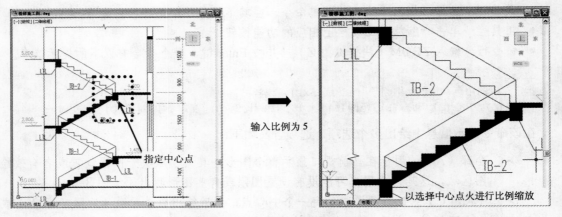

图 2-43　从选择点进行比例缩放

2.7.4　命名视图

命名视图是指某一视图的状态以某种名称保存起来，然后在需要时将其恢复为当前显示，以提高绘图效率。

1. 定义命名视图

在 AutoCAD 环境中，可以通过命名视图将视图的区域、缩放比例、透视设置等信息保存起来。若要命名视图，可按如下操作步骤进行：

步骤 01　在 AutoCAD 环境中，执行"文件 | 打开"菜单命令，打开"楼梯施工图.dwg"文件，

如图 2-44 所示。

步骤 02　执行"视图｜命名视图"菜单命令，打开"视图管理器"对话框，然后按照如图 2-45 所示进行操作。

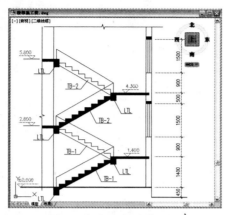

图 2-44　打开的文件视图

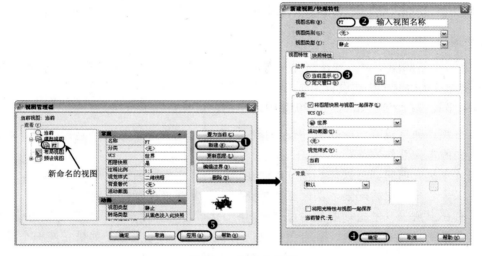

图 2-45　新命名视图

2．恢复命名视图

当需要重新使用一个已命名的视图时，可以将该视图恢复到当前窗口。执行"视图｜命名视图"命令，弹出"命名视图管理器"对话框，选择已经命名的视图，然后单击"置于当前"按钮，再单击"确定"按钮即可恢复已命名的视图，如图 2-46 所示。

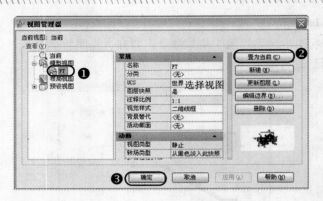

图 2-46　恢复命名视图

2.7.5　平铺视口

在绘图时，为了方便编辑，经常需要将图形的局部进行放大来显示详细细节。当用户还希望观察图形的整体效果时，仅使用单一的绘图视口无法满足需要。此时，可以借助于 AutoCAD 的"平铺视口"功能，将视图划分为若干个视口，在不同的视口中显示图形的不同部分。

1．平铺视口的特点

当打开一个新的图形时，默认情况下将用一个单独的视口填满模型空间的整个绘图区域。而当系统变量 TILEMODE 被设置为 1 后（即在模型空间模型下），就可以将屏幕的绘图区域分割成多个平铺视口。在 AutoCAD 2012 中，平铺视口具有以下特点。

- 每个视口都可以平移和缩放，设置捕捉、栅格和用户坐标系等，且每个视口都可以有独立的坐标系统。
- 在命令执行期间，可以切换视口以便在不同的视口中绘图。
- 可以命名视口中的配置，以便在模型空间中恢复视口或者应用到布局。
- 只有在当前视口中指针才显示为"+"字形状，指针移除当前视口后变成为箭头形状。
- 当在平铺视口中工作时，可全局控制所有视口图层的可见性。如果在某一个视口中关闭了某一个图层，系统将关闭所有视口中的相应图层。

2．创建平铺视口

平铺视口是指定将绘图窗口分成多个矩形区域，从而可得到多个相邻又不同的绘图区域，其中的每一个区域都可用来查看图形对象的不同部分。

要创建平铺视口，用户可以通过以下几种方式。

- 菜单栏：执行"视图 | 视口 | 新建视口"命令。
- 工具栏：单击"视口"工具栏中的"显示视口对话框"按钮 。
- 命令行：输入或动态输入"VPOINTS"。

例如：打开"楼梯施工图.dwg"文件，执行"视图 | 视口 | 新建视口"菜单命令，打开"视口"对话框，使用"新建视口"选项卡可以显示标准视口配置列表和创建并设置新平铺视口，

操作步骤如图 2-47 所示。

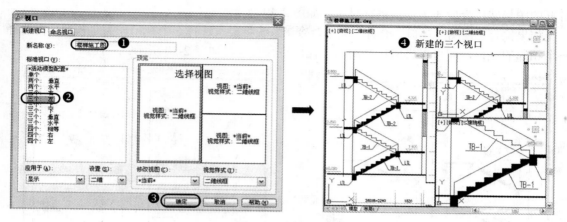

图 2-47　新建视口

3．设置平铺视口

在创建平铺视口时，需要在"新名称"中输入新建的平铺视口名称，在"标准视口"列表框中选择可用的的标准视口配置，此时"预览"区将显示所选视口配置以及已经赋给每个视口默认视图预览图象。

在"视觉"对话框中，使用"命名视口"选项卡可以显示图形中已命名的视口配置。当选择一个视口配置后，配置的布局将显示在预览窗口中，如图 2-48 所示。

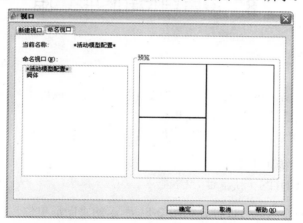

图 2-48　"命名视口"选项卡

 如果需要设置每个窗口，首先在"预览"窗口中选择需要设置的视口，然后在下侧依次设置视口的视图、视觉样式等。

4．分割与合并视口

在 AutoCAD 2012 中，执行"视图 | 视口"子菜单命令中，可以改变视口显示的情况，分割或合并当前视口。

例如：打开"楼梯施工图.dwg"文件，执行"视图｜视口｜四个视口"菜单命令，即可将打开的图形文件分成 3 个窗口进行显示，如图 2-49 所示。

如果执行"视图｜视口｜合并"菜单命令，系统将要求选择一个视口作为主视口，再选择一个相邻的视口，即可以将所选择的两个视口进行合并，如图 2-50 所示。

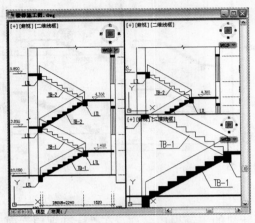

图 2-49　分割成 3 个视口

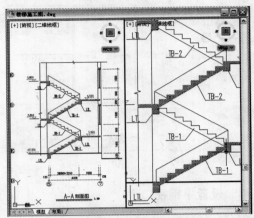

图 2-50　合并成 2 个视口

在多个视口中，其四周有粗边框的为当前视口。

2.8　设置单位和图形界限

2.8.1　设置图形单位

在 AutoCAD 中，用户可以采用 1:1 的比例因子绘图，也可以指定单位的显示格式。对绘图单位的设置一般包括长度单位和角度单位的设置。

在 AutoCAD 中，可以通过以下两种方法设置图形格式：

- 菜单栏：执行"格式｜单位"命令。
- 命令行：输入 UNITS（快捷键"UN"）。

使用上面任何一种方法都可以打开如图 2-51 所示的"图形单位"对话框，在该对话框中可以对图形单位进行设置。单击"方向"按钮，弹出如图 2-52 所示的"方向控制"对话框，在对话框中可以设置起始角度（OB）的方向。在 AutoCAD 的默认设置中，OB 方向是指向右（即正东）的方向，逆时针方向为角度增加的正方向。

图 2-51　"图形单位"对话框　　　　图 2-52　"方向控制"对话框

2.8.2　设置图形界限

图形界限是标明用户的工作区域和图纸边界。为了更好的绘图，需要设定作图的有效区域。在 AutoCAD 中，可以通过以下方法设置图形界限。

- 在菜单栏中执行"格式(O)"→"图形界限(I)"命令。
- 在命令行输入：LIMITS（快捷键 LIMI）。

执行"图形界限"命令过程中，其命令行中的选项如下。

- "开（ON）"：打开图形界限检查以防拾取点超出图形界限。
- "关（OFF）"：关闭图形界限检查（默认设置），可以在图形界限之外拾取点。
- "指定左下角点"：设置图形界限左下角的坐标。
- "指定右上角点"：设置图形界限右上角的坐标。

2.9　本章小节

通过对建筑设计基础的学习，了解 AutoCAD 2012 的启动、退出，熟悉其工作界面，文件的新建、打开、保存方法，系统配置与绘制环境的设置步骤，鼠标操作与执行命令的方法，捕捉、栅格、正交、极轴追踪的特点，图形的平移、缩放、平铺、命名，设置单位和图形界限等知识，让读者了解 CAD 强大的功能，为以后的工作及学习带来更多的乐趣。

第 3 章　绘制和编辑二维图形

在使用 AutoCAD 2012 绘图时，创建有简单的二维图形，也有复杂、不规则的图形，可使用直线、构造线、多线、多段线、样条曲线等；还可借助一些编辑工具，对图形进行操作，提供了一些常用的编辑命令，如移动、复制、旋转、延伸、阵列、偏移、打断、圆角等；以及对图形夹点的修改、对象的面域、图案填充等，能够辅助用户方便快捷地绘制图形。通过对本章的熟练操作，会让用户的绘图水平得到很大的提高。

主要内容

- 掌握点、直线、圆、平面图形的绘制方法
- 掌握多线、多段线、样条曲线的绘制方法
- 掌握选择对象和夹点编辑图形的方法
- 掌握图形几何特性的编辑方法、面域和图案填充

3.1　点对象

在 AutoCAD 2012 中，点对象可用做捕捉和偏移对象的节点和参考点，也可作为实体。

3.1.1　点对象

点的绘制相当于在图纸的指定位置放置一个特定的点符号。用户可以通过以下几种方法来执行点命令：

- 菜单栏：选择"绘图 | 点"子菜单下的相关命令，如图 3-1 所示。
- 工具栏：单击"绘图"工具栏的"点"按钮 。
- 命令行：在命令行输入或动态输入"point"命令（快捷键"PO"）。

在 AutoCAD 可以设置点的不同样式和大小，即可弹出"点样式"对话框，如图 3-2 所示。

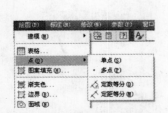

图 3-1　绘制点的几种方式

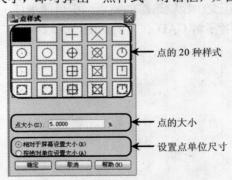

图 3-2　"点样式"对话框

3.1.2　定数等分点

等分点命令的功能是以相等的长度设置点图块的位置，被等分的对象可以是线段、圆、圆弧以及多段线等实体。

选择"绘图｜点｜定数等分"菜单命令，或者在命令行中输入"div"命令，然后按照命令行提示进行操作，如图 3-3 所示。

图 3-3　定数等分点

 在输入等分对象的数量时，其输入值为 2~32767。

3.1.3　定距等分点

定距等分命令用于在选择的实体上按给定的距离放置点或图块。

选择"绘图｜点｜定距等分"命令，或者在命令行输入"measure"命令，然后按照命令行提示进行操作，如图 3-4 所示。

图 3-4　定距等分点

 设置的起点一般是指定线的绘制起点。

3.2　直线类

直线类二维图形是 AutoCAD 2012 中最简单的绘图命令，主要包括直线及构造线。

3.2.1　直线

直线是各种绘图命令中最常见的一类图形对象，只要有起点与终点即可确定一条直线。用户可以通过以下几种方法来执行直线命令：

- 菜单栏：选择"绘制｜直线"命令。
- 工具栏：在"绘图"工具栏中单击"直线"按钮 ✐。
- 命令行：在命令行中输入或动态输入"Line"命令（其快捷键为"L"）。

49

3.2.2 构造线

构造线是两端无限长的直线，没有起点和终点，不作为图形的构成元素，只是作为辅助线。用户可以通过以下几种方法来执行构造线命令：

- 菜单栏：选择"绘制 | 构造线"命令。
- 工具栏：在"绘图"工具栏中单击"构造线"按钮 ✔。
- 命令行：在命令行中输入或动态输入"Xline"命令（其快捷键为"XL"）。

在执行命令时选项中有"指定点"、"水平"、"垂直"、"角度"、"二等分"、和"偏移"6 种方式绘制构造线，分别如图 3-5 所示。

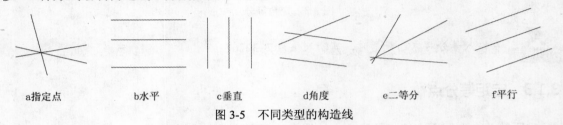

| a指定点 | b水平 | c垂直 | d角度 | e二等分 | f平行 |

图 3-5 不同类型的构造线

在绘制构造线时，用户可在视图中指定任意的两点来绘制一条构造线。

3.2.3 实例：正五角星的绘制

 视频\03\正五角星的绘制.avi
案例\03\正五角星.dwg

　　在绘制正五角星时，使用直线命令确定起点，再根据正五角星的特性，分别输入相应的直线段距离和角度来确定其他角点，从而连接相应的直线段来绘制正五角星对象。

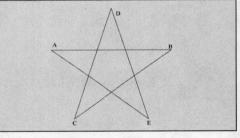

- 步骤 01 在命令行中输入或动态输入"Line"命令（其快捷键为"L"），执行直线命令。
- 步骤 02 在"指定第一点："提示下，输入"200，200"，从而确定起点 A。
- 步骤 03 在"指定下一点或[放弃（U）]："提示下，输入"@100，0"，从而确定点 B。
- 步骤 04 在"指定下一点或 [闭合(C)/放弃(U)]："提示下，依次输入"@100<216"确定点 C，"@100<72"确定点 D，"@100<-72"定点 E。
- 步骤 05 最后按"闭合（C）"选项，与 A 点闭合，从而完成正五角星的绘制，如图 3-6 所示。

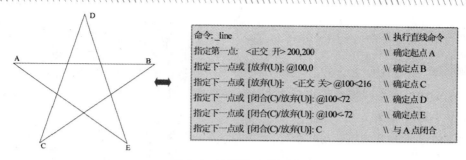

图 3-6 绘制的正五角星

3.3 圆类

在 AutoCAD 2012 中,圆、圆弧、椭圆和椭圆弧都是属于二维曲线对象,其绘制方法相对线性对象较复杂,也是使用得比较频繁的图形对象。

3.3.1 圆

圆是一种几何图形,当一条线段绕着它的一个端点在平面内旋转一周时,它的另一个端点的轨迹叫做圆。

用户可以通过以下几种方法来执行圆命令:

- 菜单栏:选择"绘图│圆"子菜单下的相关命令,如图 3-7 所示。
- 工具栏:在"绘图"工具栏上单击"圆"按钮⊘。
- 命令行:在命令行中输入或动态输入"circle"命令(快捷键"C")。

启动圆命令后,根据如下提示进行操作,即可绘制一个圆对象,如图 3-8 所示。

图 3-7 "圆"子菜单的相关命令

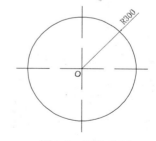

图 3-8 圆的绘制

在绘制圆对象时,主要有 6 种方式绘制圆,即"圆心、半径"、"圆心、直径"、"两点"、"三点"、"相切、相切、半径"和"相切、相切、相切"。

- 圆心、半径:用户确定圆的圆心点,然后输入圆的半径值即可,所绘制的"圆心、半径"效果如图 3-8 所示。
- 圆心、直径:用户确定圆的圆心点,然后输入圆的半径值即可,其命令行提示如下,绘制的"圆心、直径"效果如图 3-9 所示。

```
命令：CIRCLE          \\ 启动圆命令
指定圆的圆心或 [三点(3P)/两点(2P)/切点、切点、半径(T)]：   \\ 指定圆心点 O
指定圆的半径或 [直径(D)]：D     \\ 选择"直径（D）"选项
指定圆的直径或：400     \\ 输入圆的直径值 400
```

- 三点（3P）：在视图中指定三点来绘制一个圆，其命令行提示如下所示，绘制的效果如图 3-10 所示。

```
指定圆上的第一个点：   \\ 指定捕捉圆的第一点
指定圆上的第二个点：   \\ 指定捕捉圆的第二点
指定圆上的第三个点：   \\ 指定捕捉圆的第三点
```

- 两点（2P）：在视图中指定两点来绘制一个圆，相当于这两点的距就是圆的直径其命令行提示如下所示，绘制的效果如图 3-11 所示。

```
指定圆上的第一个端点：   \\ 指定捕捉圆的第一点
指定圆上的第二个端点：   \\ 指定捕捉圆的第二点
```

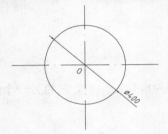

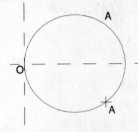

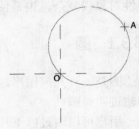

图 3-9　通过"圆心、直径"方式绘制圆　　图 3-10　三点画圆　　　　图 3-11　两点画圆

- 切点、切点、半径（T）：和已知两个对象相切，并输入半径来值来绘制的圆其命令行提示如下所示，绘制的效果如图 3-12 所示。

```
指定对象与圆的第一个切点：   \\ 指定第一个切点
指定对象与圆的第二个切点：   \\ 指定第二个切点
指定圆的半径：   \\ 指定圆的半径
```

- 相切、相切、相切（A）：即和三个已知对象相切来确定圆。其命令行提示如下所示，绘制的效果如图 3-13 所示。

```
命令：_circle 指定圆的圆心或 [三点(3P)/两点(2P)/切点、切点、半径(T)]：   \\ 启动命令
_3p 指定圆上的第一个点：_tan 到   \\ 指定圆的第一个切点
指定圆上的第二个点：_tan 到   \\指定圆的第一个切点
指定圆上的第三个点：_tan 到   \\指定圆的第一个切点
```

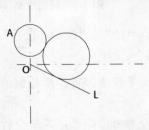

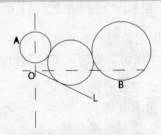

图 3-12　切点、切点、半径画圆　　　　图 3-13　相切、相切、相切

3.3.2　圆弧

在 AutoCAD 2012 中，提供了多种不同的画弧方式，可以指定圆心、端点、起点、半径、角度、弦长和方向值的各种组合形式。

用户可以通过以下几种方法来执行圆弧命令：

- 菜单栏：选择"绘图｜圆弧"子菜单下的相关命令，如图 3-14 所示。
- 工具栏：在"绘图"工具栏上单击"圆弧"按钮。
- 命令行：在命令行中输入或动态输入"arc"命令（快捷键"A"）。

图 3-14　圆弧的子菜单命令

 绘制圆弧时，注意圆弧的曲率是遵循逆时针方向的，所以在选择指定圆弧两个端点和半径模式时，需要注意端点的指定顺序，否则有可能导致圆弧的凹凸形状与预期的相反。

3.3.3　圆环

在 AutoCAD 2012 中提供圆环的绘制命令，只需指定它的内外直径和圆心，即可完成多个相同性质的圆环图形对象的绘制。

用户可以通过以下几种方法来执行圆环命令：

- 菜单栏：选择"绘制｜圆环"命令。
- 工具栏：在"绘图"工具栏中单击"圆环"按钮。
- 命令行：在命令行中输入或动态输入"Donut"命令（其快捷键为"DO"）。

启动圆环命令后，根据命令行提示进行操作，即可使用其命令绘制圆环，如图 3-15 所示。

在默认情况下，"绘图"工具栏上的"圆环"按钮是不会出现的，用户可以通过自定义工具栏来将其按钮添加到"绘图"工具栏中。

若指定圆环内径为 0，则可绘制实心填充圆，用命令 FILL 可以控制圆环是否填充，具体方法如下，如图 3-16、图 3-17 所示。

```
命令：FILL
输入模式 [开(ON)/关(OFF)] <开>：ON        \\ on 表示填充，off 表示不填充
```

图 3-15　绘制的圆环

图 3-16　填充的圆环图

图 3-17　不填充的圆环

当设置圆环的内径的值为 0 时，则可绘制一个实心圆环，如图 3-18 所示。

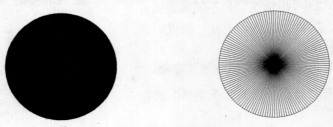

图 3-18　内径圆为 0 的效果

3.3.4　椭圆与椭圆弧

在绘图中，椭圆与圆的区别就是其圆周上的点到中心距离是变化的。是由中心、长轴与短轴这三个参数来控制的。

用户可以通过以下几种方法来执行椭圆命令：

- 菜单栏：选择"绘图 | 椭圆"子菜单下的相关命令，如图 3-19 所示。
- 工具栏：在"绘图"工具栏上单击"椭圆"按钮 ⬭。
- 命令行：在命令行中输入或动态输入"Ellipse"命令（快捷键"EL"）。

当用户执行椭圆命令过后，可通过中心点、轴点、端点，即可绘制相应的椭圆对象，如图 3-20 所示。

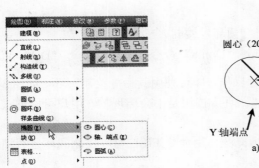

图 3-19　椭圆的子菜单命令

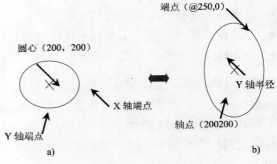

图 3-20　绘制的椭圆

如果用户要绘制椭圆弧，首先按照绘制椭圆的方法绘制一个椭圆，再确定椭圆弧的起始角度和终止角度即可，如图 3-21 所示。

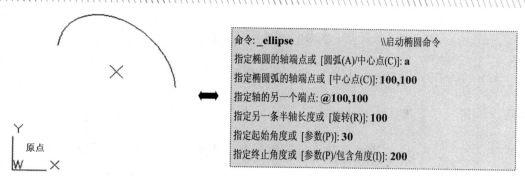

图 3-21　椭圆弧的绘制

3.3.5　实例：洗手盆的绘制

 视频\03\洗手盆的绘制.avi
案例\03\洗手盆.dwg

在绘制洗手盆时，首先启动圆命令绘制圆。再执行椭圆弧命令绘制圆弧，最后再启动圆命令绘制圆，从而完成洗手盆的绘制。

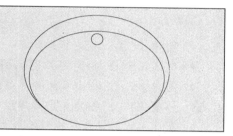

步骤 **01**　执行"椭圆"命令（EL），绘制长轴为 387，短轴为 267 的椭圆，如图 3-22 所示。

步骤 **02**　执行"椭圆"命令（EL），按照如下提示来绘制一个椭圆，如图 3-23 所示。

```
命令：_ellipse    \\ 启动椭圆命令
指定椭圆的轴端点或 [圆弧(A)/中心点(C)]： \\ 指定已知椭圆短轴端点
指定轴的另一个端点： @0,452    \\ 指定另一端点的坐标值
指定另一条半轴长度或 [旋转(R)]：287\\ 指定另一半轴长度值
```

步骤 **03**　执行"圆"命令（C），按照如下提示来绘制一个椭圆，如图 3-24 所示。

```
命令：_circle    \\ 启动圆命令
指定圆的圆心或 [三点(3P)/两点(2P)/切点、切点、半径(T)]:from 基点： \\ 输入"FROM"
<偏移>： @0,-33    \\ 指定偏移的距离
指定圆的半径或 [直径(D)] <23.0000>：23\\ 指定圆的半径值
```

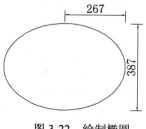

图 3-22　绘制椭圆

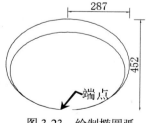

图 3-23　绘制椭圆弧

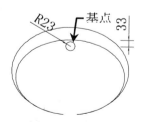

图 3-24　绘制圆

3.4 平面图形

在 AutoCAD 2012 绘图时，平面图形也是二维图形的重要组成部分。

3.4.1 矩形

矩形是一个上下、左右两边相等，且转角为 90° 所组成的封闭多段线图形对象。
用户可以通过以下几种方法来执行矩形命令：

- 菜单栏：选择"绘图 | 矩形"命令。
- 工具栏：在"绘图"工具栏上单击"矩形"按钮 ▭。
- 命令行：在命令行中输入或动态输入"rectangle"命令（快捷键"REC"）。

启动命令后，命令行提示的各选项含义如下：

- 倒角（C）：指定矩形的第一个与第二个倒角的距离，如图 3-25 所示。
- 标高（E）：指定矩形距 xy 平面的高度，如图 3-26 所示。
- 圆角（F）：指定带圆角半径的矩形，如图 3-27 所示。
- 厚度（T）：指定矩形的厚度，如图 3-28 所示。
- 宽度（W）：指定矩形的线宽，如图 3-29 所示。
- 面积（A）：通过指定矩形的面积来确定矩形的长或宽。
- 尺寸（D）：通过指定矩形的宽度、高度和矩形另一角点的方向来确定矩形。
- 旋转（R）：通过指定矩形旋转的角度来绘制矩形。

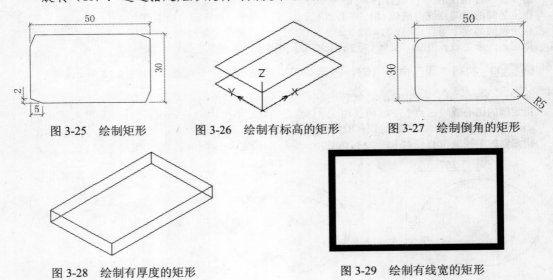

图 3-25 绘制矩形　　图 3-26 绘制有标高的矩形　　图 3-27 绘制倒角的矩形

图 3-28 绘制有厚度的矩形　　　　图 3-29 绘制有线宽的矩形

3.4.2 正多边形

由 3 条以上的线段所组成的封闭界限图形即称为多边形，若多边形的每条边相等，则称为正多边形。同样，绘制的正多边形是一个整体，不能单独对每条边进行编辑。

用户可以通过以下几种方法来执行多边形命令：

- 菜单栏：选择"绘图丨正多边形"命令。
- 工具栏：在"绘图"工具栏上单击"正多边形"按钮⬡。
- 命令行：在命令行中输入或动态输入"polygon"命令（快捷键"POL"）。

启动命令后，命令行提示信息的各选项含义如下：

- 中心点：指定某一个点，作为正多边形的中心点。
- 边（E）：指定多边形的边数。
- 内接于圆（I）：指定以正多边形内接圆半径绘制正多边形，如图 3-30 所示。
- 外接于圆（I）：指定以多边形外接圆半径绘制正式边形，如图 3-31 所示。

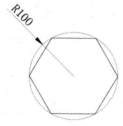

图 3-30　内接于圆

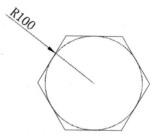

图 3-31　外接于圆

3.4.3　实例：单人床的绘制

视频\03\单人床的绘制.avi
案例\03\单人床.dwg

在绘制单人床时，首先启动矩形命令，设置其圆角与线宽，再分别绘制各个矩形对象，以完成单人床绘制。

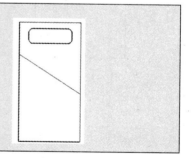

步骤01 执行"矩形"命令（REC），按照如下提示来绘制一个 1000mm×2000mm 的矩形，其圆角半径为 5，线宽为 5 的矩形，从而绘制床轮廓如图 3-32 所示。

```
命令：RECTANG       \\ 启动矩形命令
当前矩形模式：  圆角=0.0000  宽度=0.0000       \\ 当前设置
指定第一个角点或 [倒角(C)/标高(E)/圆角(F)/厚度(T)/宽度(W)]: f       \\ 设置"圆角(F)"
选项
    指定矩形的圆角半径 <70.0000>: 5     \\ 指定圆角半径为 5
    指定第一个角点或 [倒角(C)/标高(E)/圆角(F)/厚度(T)/宽度(W)]: w     \\ 设置"宽度(W)"
选项
    指定矩形的线宽 <5.0000>: 5     \\ 指定线宽值 5
    指定第一个角点或 [倒角(C)/标高(E)/圆角(F)/厚度(T)/宽度(W)]:     \\ 指定任意点为第一点
```

指定另一个角点或 [面积(A)/尺寸(D)/旋转(R)]：@1000,2000　\\ 指定另一个角点相对坐标

步骤 02 再执行 "矩形" 命令（REC），按照如下提示来绘制一个 700mm×250mm，其圆角半径为 70，线宽为 5 的矩形，从而绘制枕头轮廓，如图 3-33 所示。

命令：_rectang　\\ 启动矩形命令
当前矩形模式：圆角=5.0000　宽度=5.0000　　　\\ 当前设置
指定第一个角点或 [倒角(C)/标高(E)/圆角(F)/厚度(T)/宽度(W)]：f　　\\ 设置 "圆角(F)" 选项
指定矩形的圆角半径 <5.0000>：70　　\\ 指定圆角半径为 70
指定第一个角点或 [倒角(C)/标高(E)/圆角(F)/厚度(T)/宽度(W)]：w　　　\\ 设置 "宽度(W)" 选项
指定矩形的线宽 <5.0000>：5　　\\ 指定线宽值 5
指定第一个角点或 [倒角(C)/标高(E)/圆角(F)/厚度(T)/宽度(W)]：from\\ 输入 "FROM"
基点：　\\ 捕捉原矩形左角角点
<偏移>：@150,-100　　\\ 指定第一个角点相对坐标
指定另一个角点或 [面积(A)/尺寸(D)/旋转(R)]：@700,-250　\\ 输入第二个角点相对坐标

步骤 03 执行 "直线" 命令（L），绘制一条以床两边为起点和终点的直线段，从而绘制被子效果，如图 3-34 所示。

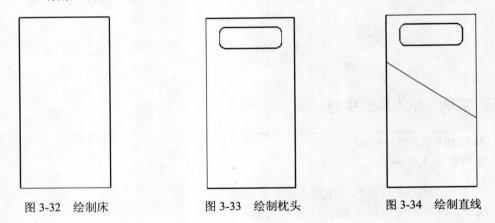

图 3-32　绘制床　　　　　　图 3-33　绘制枕头　　　　　　图 3-34　绘制直线

3.5　多线

多线通常会用来绘制墙体线、窗线等由两条或两条以上的平行线组合而成的图形对象。

3.5.1　多线的绘制

多线是由多条平行线组合形成的图形对象。用户可以通过以下几种方法来执行多线命令：

- 菜单栏：选择 "绘图 | 多线" 菜单命令。
- 工具栏：在 "绘图" 工具栏中单击 "多线" 按钮 ↖。
- 命令行：在命令行中输入或动态输入 "MLINE"，快捷键 "ML"。

当执行多线命令过后，系统将显示当前的设置（如对正方式、比例和多线样式），用户可

以根据如下命令行提示进行设置，然后依次确定多线起点和下一点，从而绘制多线，其操作步骤如图 3-35 所示。

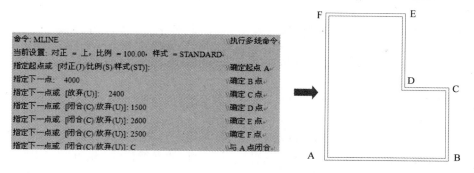

图 3-35　绘制的多线

 用户在绘制多线确定下一点时，可按 F8 键切换到正交模式，使用鼠标水平或垂直指向绘制的方向，然后在键盘上输入该多线的长度值即可。

在绘制多线时，其提示栏各选项的含义如下：

- 对正（J）：指定多线的对正方式。选择该项后，将显示如下提示，每种对正方式的示意图如图 3-36 所示。
- 比例（S）：可以控制多线绘制时的比例。选择该项后，将显示如下提示，不同比例因子的示意图如图 3-37 所示。

图 3-36　不同的对正方式

图 3-37　不同的比例因子

- 样式（ST）：用于设置多线的线型样式，其默认为标准型（STANDARD）。选择该项后，将显示如下提示，不同多线样式的示意图如图 3-38 所示。

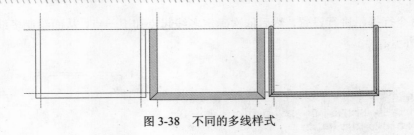

图 3-38　不同的多线样式

3.5.2　多线样式的设置

执行多线命令时，命令行显示"输入多线样式名或[？]"提示信息，当输入"？"时，命令行会显示已被定义的多线样式。用户可以直接用已存在的多线样式，也可以使用"多线样式"对话框来新建多线样式。

用户可以通过以下几种方法来新建多线样式：

- 菜单栏：选择"格式｜多线样式"菜单命令。
- 命令行：在命令行中输入或动态输入"MLSTYLE"。

启动多线样式命令之后，将弹出"多线样式"对话框，如图 3-39 所示。下面将"多线样式"对话框中各功能按钮的含义说明如下：

- "样式"列表框：显示已经设置好或加载的多线样式。
- "置为当前"按钮：将"样式"列表框中所选择的多线样式设置为当前模式。
- "新建"按钮：单击该按钮，将弹出"创建新的多线样式"对话框，从而可以创建新的多线样式，如图 3-40 所示。

图 3-39　"多线样式"对话框

图 3-40　"创建新的多线样式"对话框

- "修改"按钮：在"样式"列表框中选择样式并单击该按钮，将弹出"修改多线样式"对话框，即可修改多线的样式，如图 3-41 所示。

图 3-41　"修改多线样式"对话框

 若当前文档中已经绘制了多线样式，那么就不能对该多线样式进行修改。

3.5.3　多线样式的编辑

在 AutoCAD 2012 中，所绘制的多线对象，可通过编辑多线不同交点方式来修改多线，以完成对各种绘制的需要。

用户可以通过以下几种方法来修改多线样式：

- 菜单栏：选择"修改｜对象｜多线"命令。
- 命令行：在命令行中输入或动态输入"MLEDIT"。

执行上述操作后，将弹出"多线编辑工具"对话框，如图 3-42 所示。用户可直接选择不同按钮，返回绘图区，再单击需要修改的多线即可。

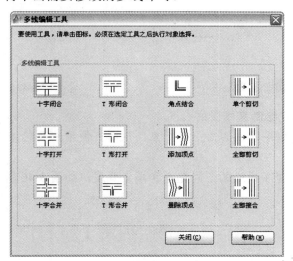

图 3-42　"多线编辑工具"对话框

3.6   多段线

多段线是在绘制不规则的线型对象时经常用到的命令，它是一个单独的对象，可以进行分别编辑，也可以多个单段线同时编辑，还可以设置不同的宽度来表现不同的绘制效果。

3.6.1   多段线的绘制

多段线是由多条直线或圆弧组成的，用户可以通过以下几种方法来执行多段线命令：

- 菜单栏：选择"绘图丨多段线"命令。
- 工具栏：在"绘图"工具栏中单击"多段线"按钮 ⌐。
- 命令行：在命令行中输入或动态输入"PLINE"命令，其快捷键为"PL"。

启动多段线命令后，根据如下提示进行操作，即可绘制多段线，如图3-43所示。

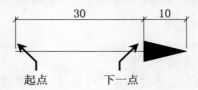

图 3-43   绘制的多段线

在绘制多段线的过程中，其各选项含义如下：

- 圆弧（A）：从绘制的直线方式切换到绘制圆弧方式，如图3-44所示。
- 半宽（H）：设置多段线的一半宽度，用户可分别指定多段线的起点半宽和终点半宽，如图3-45所示。

图 3-44   圆弧多段线　　　　　　　　　　　　图 3-45   半宽多段线

- 长度（L）：指定绘制直线段的长度。
- 放弃（U）：删除多段线的前一段对象，从而方便用户及时修改在绘制多段线过程中出现的错误。
- 宽度（W）：设置多段线的不同起点和端点宽度，如图3-46所示。

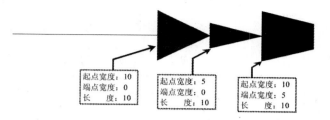

图 3-46　绘制不同宽度的多段线

当用户设置了多段线的宽度时，可通过 Fill 变量来设置是否对多段线进行填充。如果设置为"开（ON）"，则表示填充；如果设置为"关（OFF）"，则表示不填充，如图 3-47 所示。

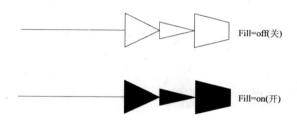

图 3-47　是否填充的效果

- 闭合（C）：与起点闭合，并结束命令。当多段线的宽度大于 0 时，若想绘制闭合的多段线，一定要选择"闭合（C）"选项，这样才能使其完全闭合，否则即使起点与终点再重合，也会出现缺口现象，如图 3-48 所示。

图 3-48　起点与终点是否闭合

3.6.2　多段线的编辑

在执行过"多段线"命令后，仍可对其进行编辑，在 AutoCAD 2012 中，可以一次只编辑一条多段线，也可以同时编辑多条多段线。

用户可以通过以下几种方法来执行直线命令：

- 菜单栏：选择"修改 | 对象 | 多段线"命令。
- 命令行：在命令行中输入或动态输入"PEDIT"，其快捷键为"PE"。

3.7　样条曲线

所谓样条曲线是指给定一组控制点而得到一条曲线，曲线的大致形状由这些点控制。

3.7.1 样条曲线的绘制

在 AutoCAD 2012 中，样条曲线是通过起点、控制点、终点以及偏差变量来进行控制的。适合用于表达不规则变化曲率半径的曲线。

用户可以通过以下几种方法来执行样条曲线命令：

- 菜单栏：选择"绘图|样条曲线"菜单命令。
- 工具栏：在"绘图"工具栏上单击"样条曲线"按钮 ～ 。
- 命令行：在命令行中输入或动态输入"SPLINE"命令，快捷键"SPL"。

执行样条曲线命令后，并根据命令行提示，即可绘制样条曲线，如图 3-49 所示。

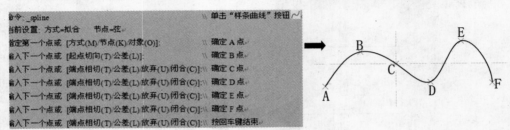

图 3-49　绘制样条曲线

提示：样条曲线的公差越大，绘制的曲线偏离指定的点越远。当用户绘制的样条曲线不符合要求时，可使用鼠标捕捉相应的夹点来改变即可。

3.7.2 样条曲线的编辑

同多段线一样，在执行样条曲线后，仍可以对其进行编辑。在 AutoCAD 2012 中，系统提供了许多编辑方式，但是样条曲线编辑命令是一个单对象编辑命令，所以执行命令时只能编辑一个样条曲线对象。

用户可以通过以下几种方法来执行样条曲线的编辑命令：

- 菜单栏：选择"修改|对象|样条曲线"，如图 3-50 所示。
- 工具栏：在"修改 II"工具栏上单击"编辑样条曲线"按钮。
- 命令行：在命令行中输入或动态输入"SPLINEDIT"。

图 3-50　"样条曲线"命令

3.8　选择对象

在对图形对象编辑之前，首先需要选择其编辑的对象，选择的方式有很多，包括点选、框选以及交叉窗口选择等。

3.8.1　选择集的设置

执行"工具 | 选项"菜单命令，在弹出的"选项"对话框中单击"选择集"选项卡，就可以对其进行设置。或者在打开的"草图设置"的对话框中单击"选项"按钮，再单击"选择集"项目，如图 3-51 所示。

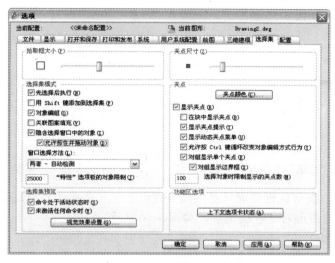

图 3-51　"选择集"选择卡

3.8.2　选择的模式

AutoCAD 2012 中提供了多种选择模式，如单击对象逐个拾取，或矩形框选或交叉选择等。用户在命令行的"选择对象"提示下输入"？"将会列出所有的选择模式供其选择。

```
选择对象：？
×无效选择×
需要点或窗口(W)/上一个(L)/窗交(C)/框(BOX)/全部(ALL)/栏选(F)/圈围(WP)/圈交(CP)/编组
(G)/添加(A)/删除(R)/多个(M)/前一个(P)/放弃(U)/自动(AU)/单个(SI)/子对象(SU)/对象(O)
```

命令行提示信息中常用的功能含义如下：

- 窗口（W）：用鼠标从左向右拖动形成矩形窗口（A、B 点），但凡全部在其窗口之内的图形对象皆被选中，如图 3-52 所示。
- 窗交（C）：用鼠标从右向左拖动形成矩形窗口（A、B 点），但凡全部在其窗口之内或与窗口任意边相交的图形对象皆被选中，如图 3-53 所示。

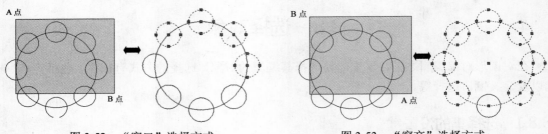

| 图 3-52　"窗口"选择方式 | 图 3-53　"窗交"选择方式 |

- 栏选（F）：拖动鼠标形成任意线段，但凡与此线相交的所有的图形对象均被选中，如图 3-54 所示。
- 圈围（WP）：拖动鼠标形成任意封闭多边形，但凡全部在其多边形窗口之内的图形对象皆被选中，如图 3-55 所示。

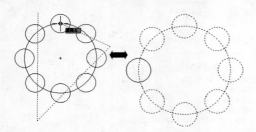 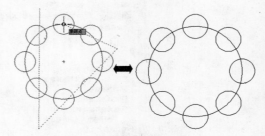

| 图 3-54　"栏选"选择方式 | 图 3-55　"圈围"选择方式 |

- 圈交（CP）：拖动鼠标形成任意封闭多边形，但凡全部在其多边形窗口之内或与窗口任意边相交的图形对象皆被选中，如图 3-56 所示。

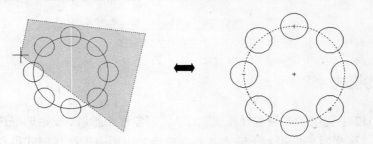

图 3-56　"圈交"选择方式

3.8.3　快速选择

若需要选择绘图区所具有某一特性的全部图形对象时，可利用"快速选择"的功能，用户可以根据对象的图层、颜色以及线宽等特性和类型来创建选择集。选择"工具｜快速选择"菜单命令，弹出"快速选择"对话框，如图 3-57 所示。

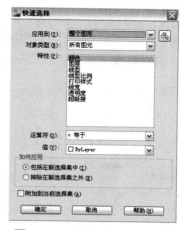

图 3-57　"快速选择"对话框

3.9　使用夹点编辑图形

在选中某一图形对象时，其对象上将会显示若干个小方框，这些小方框是用来标记被选中的对象的夹点，也是图形对象上的控制点，如图 3-58 所示。在 AutoCAD 2012 中，对已经绘制完成或已经存在的图形对象，采用夹点仍然可以继续执行编辑命令。

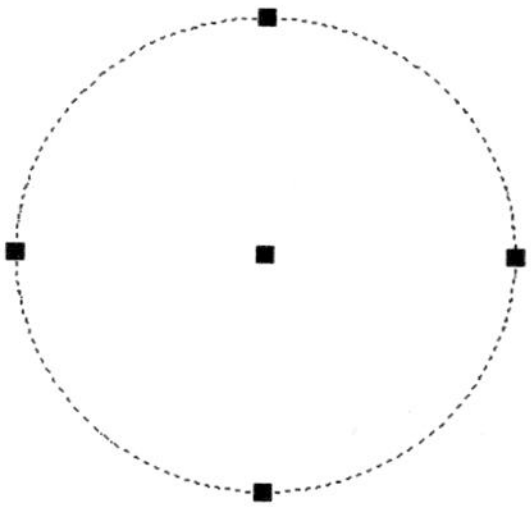

3.9.1　钳夹

图 3-58　显示的夹点对象

钳夹是一种方便快捷的编辑方式，它主要可以对图形对象进行拉伸、移动、旋转等操作。用户选择"工具|选项"菜单命令，在弹出的"选项"对话框中切换至"选择集"选项卡，勾选"显示夹点"复选框即可，如图 3-59 所示。

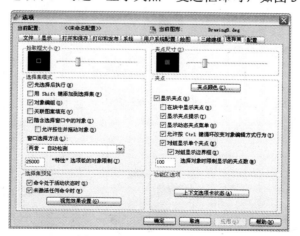

图 3-59　"选择集"选项卡

打开钳夹功能后，不执行任何命令，只选中图形对象，并单击其某一个夹点，使之进入编辑状态，系统只自动默认为拉伸基点，并进入"拉伸"编辑模式；同时，还可以对其进行夹点移动（MO）、夹点旋转（RO）、夹点缩放（SC）、夹点镜像（MI）等操作。

- 夹点拉伸操作，操作效果如图 3-60 所示。

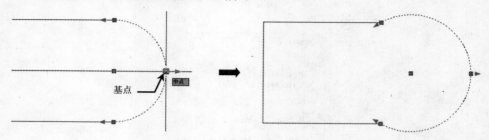

图 3-60　夹点拉伸图形

- 夹点移动操作（MO），操作效果如图 3-61 所示。

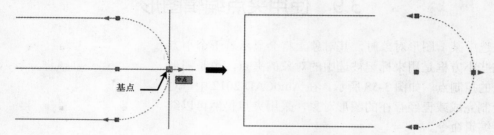

图 3-61　夹点移动图形

- 夹点旋转操作（RO），操作效果如图 3-62 所示。

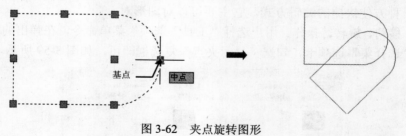

图 3-62　夹点旋转图形

- 夹点缩放操作（SC），操作效果如图 3-63 所示。

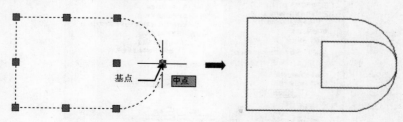

图 3-63　夹点缩放图形

● 夹点镜像操作（MI），操作效果如图 3-64 所示。

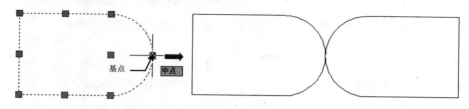

图 3-64 夹点镜像图形

3.9.2 对象特性的修改

在 AutoCAD 2012 中，系统提供一个"特性"面板，来帮助用户修改已绘制的图形对象特性。用户可以通过以下几种方法来打开对象特性的修改面板：

● 菜单栏：选择"修改 | 特性"菜单命令。
● 工具栏：在"标准"工具栏中单击"特性"特性 📖。
● 组合键：按"Ctrl+1"组合键。
● 命令行：在命令行中输入或动态输入"DDMODIFY"或者"PROPERTIES"。

例如，改变矩形的线宽从 0 到 10，如图 3-65 所示。

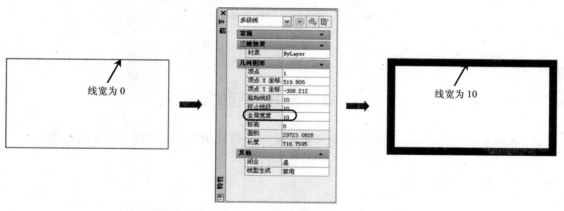

图 3-65 修改对象特性

3.9.3 对象特性的匹配

特性匹配是将图形对象的特性修改成源对象的特性，包括颜色，线型、样式等。用户可以通过以下几种方法来执行特性匹配命令：

● 菜单栏：选择"修改 | 特性匹配"菜单命令。
● 工具栏：在"标准"工具栏中单击"特性匹配"按钮 📖。
● 命令行：输入或动态输入"MATCHPROP"（快捷键 MA）命令。

执行上述操作后，根据命令行中的以下提示，即可执行特性匹配命令，如图 3-66 所示。

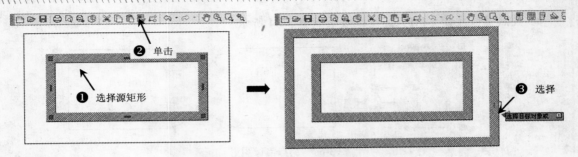

图 3-66 执行"特性匹配"命令

在进行特性匹配时，选择"设置(S)"选项时，会弹出"特性设置"对话框，用户可以根据不同的绘图要求来勾选所要"特性匹配"的性质，如图 3-67 所示。

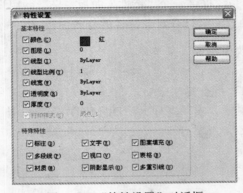

图 3-67 "特性设置"对话框

3.10 复制类命令

在 AutoCAD 2012 中，复制类命令主要用于对已有且相同性质的图形对象进行编辑。

3.10.1 复制对象

复制是对当前选中的图形对象的一种重复，且能达到再次绘制的目的。

用户可以通过以下任意一种方式来执行复制命令。

- 菜单栏：选择"修改 | 复制"命令。
- 工具栏：在"修改"工具栏中单击"复制"按钮 。
- 命令行：在命令行中或动态输入 COPY 命令，其快捷键"CO"，并按"Enter"键。

启动复制命令后，根据如下提示进行操作，即可复制选择的图形对象，如图 3-68 所示。

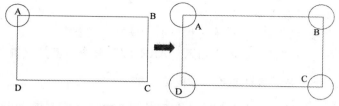

图 3-68　带基点多次复制

在执行命令时各选项内容的功能与含义如下:

- 指定基点: 指定复制的基点
- 位移(D): 通过与绝对坐标或相对坐标的 X、Y 轴的偏移来确定复制到新位置。
- 模式(O): 设置多次或单次复制。
- O 输入复制模式选项 [单个(S)/多个(M)]: 输入 "S" 只能执行一次复制命令。输入 "M" 能执行多次复制命令。

　CAD 中的图形对象复制到 WORD 文档里,直接用复制（Ctrl+C）、粘贴（Ctrl+V）命令即可。

3.10.2　镜像对象

镜像是复制的一种,其生成的图形对象与源对象以一条基线相对称,它也是在绘图时会经常使用的命令,执行该命令后,可以保留源对象,也可以对其执行删除命令。

用户可以通过以下几种方法来执行镜像命令:

- 菜单栏: 选择 "修改 | 镜像" 命令。
- 工具栏: 在 "修改" 工具栏中单击 "镜像" 按钮 。
- 命令行: 在命令行中输入或动态输入 "MIRROR" 命令,其快捷键为 "MI" 。

3.10.3　偏移对象

偏移是以指定的方位及距离来生成与源对象性质相同的图形对象,通常会用来绘制平行线或等距离分布图形对象等。

用户可以通过以下几种方法来执行偏移命令:

- 菜单栏: 选择 "修改 | 偏移" 命令。
- 工具栏: 在 "修改" 工具栏中单击 "偏移" 按钮 ,
- 命令行: 在命令行中输入或动态输入 "OPPSET" 命令,其快捷键为 "O" 。

3.10.4　阵列对象

阵列是以矩形或环形路径来复制指定数量的,与选择的图形对象性质相同的图形对象。
用户可以通过以下几种方法来执行阵列命令:

- 菜单栏：选择"修改|阵列"命令。
- 工具栏：在"修改"工具栏中单击相应的"阵列"按钮。
- 命令行：在命令行中输入或动态输入"ARRAY"命令，其快捷键为"AR"。

启动命令后，命令行提示信息的各选项的含义如下：

- 矩形（R）：以矩形方式来复制多个相同的对象，并设置阵列的行数及行间距、列数及列间距。
- 路径（PA）：以指定的中心点来进行环形阵列，并设置环形阵列的数量及填充角度。
- 极轴（PO）：沿着指定的路径曲线创建阵列，并设置阵列的数量（表达式）或方向。

3.10.5 实例：花朵的绘制

  视频\03\花朵的绘制.avi
案例\03\花朵.dwg

在绘制花朵时，首先打开辅助文件，执行阵列命令，将其设置为路径模式，再设置其项目数量及间距，从而完成花朵的绘制。

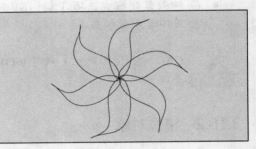

步骤01 执行"文件"→"打开"菜单命令，将光盘中"案例\03\花朵辅助.dwg"文件打开，如图 3-69 所示。

步骤02 执行"阵列"命令（AR），按照如下步骤来阵列对象；然后删除圆，如图 3-70 所示。

```
命令：array  \\ 启动阵列命令
选择对象：找到 1 个    \\ 选择花瓣
选择对象： 输入阵列类型 [矩形(R)/路径(PA)/极轴(PO)] <矩形>：pa  \\ 选择路径(PA)阵列
类型 = 路径  关联 = 是  \\ 当前设置
选择路径曲线：\\ 选择圆为阵列的路径
输入沿路径的项数或 [方向(O)/表达式(E)] <方向>：6\\ 指定阵列的数目
指定沿路径的项目之间的距离
或 [定数等分(D)/总距离(T)/表达式(E)] <沿路径平均定数等分(D)>：d \\ 指定等分其阵列对象
```

图 3-69 花朵辅助

图 3-70 绘制的花朵

3.11　删除、移动、旋转、缩放对象

在绘制图形对象的过程中，有时需要改变图形的位置、大小、方向等。

3.11.1　删除对象

在绘制图形对象时，对一些出现失误以及不需要的图形对象或辅助对象，则可以执行删除命令，能够让绘图区显现所有用户要求的图形对象。

用户可以通过以下任意一种方式来执行删除命令。

- 菜单栏：选择"修改 | 删除"命令。
- 工具栏：在"修改"工具栏中单击"删除"按钮 ✎ 。
- 命令行：在命令行中输入或动态输入"Erase"，其快捷键为"E"。

启动复制命令后，根据如下提示进行操作，即可删除选择的图形对象，如图 3-71 所示。

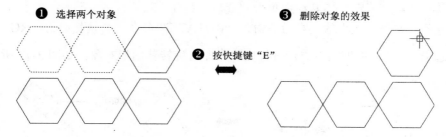

图 3-71　删除图形对象

 在 AutoCAD 中，用 Erase 命令删除对象过后，这些对象只是临时性地删除，只要不退出当前图形和没有存盘，用户还可以用 Oops 或 Undo 命令将删除的实体恢复。

3.11.2　移动对象

移动是指改变原有图形对象的位置，而不改变对象的方向、大小和性质等。

用户可以通过以下几种方法来执行移动命令：

- 菜单栏：选择"修改 | 移动"命令。
- 工具栏：在"修改"工具栏中单击"移动"按钮 ✛ 。
- 命令行：在命令行中输入或动态输入"MOVE"命令，其快捷键为"M"。

启动移动命令（M）后，根据如下提示进行操作，即可将指定的正多边形进行移动，如图 3-72 所示。

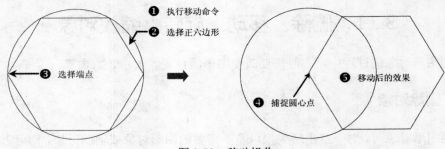

图 3-72　移动操作

3.11.3　旋转对象

对图形对象以指定的某一基点进行指定的角度旋转。

用户可以通过以下几种方法来执行旋转命令：

- 菜单栏：选择"修改 | 旋转"命令。
- 工具栏：在"修改"工具栏中单击"旋转"按钮 ○ 。
- 命令行：在命令行中输入或动态输入"ROTATE"命令，其快捷键为"RO"。

启动旋转命令后，根据如下提示进行操作，即可旋转其图形对象，如图 3-73 所示。

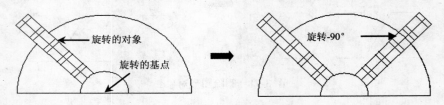

图 3-73　旋转对象

3.11.4　缩放对象

使用缩放命令可以将选定的图形对象进行等比例放大或缩小，使用此命令可以创建形状相同、大小不同的图形结构。

要缩放对象，用户可以通过以下三种方法：

- 菜单栏：选择"修改 | 缩放"命令。
- 工具栏：在"修改"工具栏上单击"缩放"按钮 。
- 命令行：在命令行中输入或动态输入"scale"命令，快捷键为"SC"。

当执行缩放命令过后，根据如下命令行提示，首先选择要缩放的对象，然后选择缩放的中心点，最后输入缩放的比例因子即可，如图 3-74 所示。

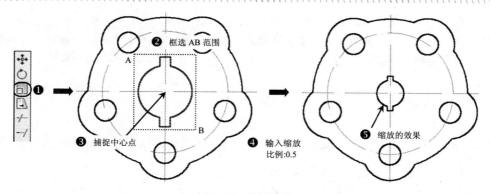

图 3-74　缩放对象

 如果在"指定比例因子或 [复制(C)/参照(R)]:"的提示下输入"C",系统对图形对象按比例缩放形成一个新的图形并保留缩放前的图形;如果输入"R",则对图形对象进行参照缩放,这时用户需要按照系统的提示依次输入参照长度值和新的长度值,系统将根据参照长度与新长度的值自动计算比例因子(比例因子=新长度值/参照长度值),然后进行缩放。

3.12　改变几何特性的命令

当用户在绘制图形对象时,有时需要改变图形的长度、宽度等,则可使用 AutoCAD 所提供的一些修剪、拉伸、拉长、延伸、打断、圆角、倒角等命令。

3.12.1　修剪对象

修剪是对图形对象不需要的部分进行剪切。用户可以通过以下几种方法来执行修剪命令:

- 菜单栏:选择"修改 | 修剪"命令。
- 工具栏:在"修改"工具栏中单击"修剪"按钮 -/-- 。
- 命令行:在命令行中输入或动态输入"TRIM"命令,其快捷键为"TR"。

启动修剪命令后,根据如下提示进行操作,即可修剪其图形对象。操作步骤如图 3-75 所示。

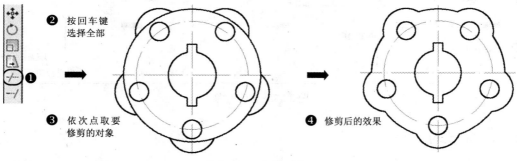

图 3-75　修剪对象

在进行修剪操作时按住 "Shift" 键，可转换执行延伸 EXTEND 命令。当选择要修剪的对象时，若某条线段未与修剪边界相交，则按住 "Shift" 键后单击该线段，可将其延伸到最近的边界。

3.12.2 拉伸对象

拉伸是对图形对象的拉伸、缩短、和移动。用户可以通过以下几种方法来执行拉伸命令：

- 菜单栏：选择 "修改 | 拉伸" 命令。
- 工具栏：在 "修改" 工具栏中单击 "拉伸" 按钮 □ 。
- 命令行：在命令行中输入或动态输入 "STRETCH" 命令，其快捷键为 "S"。

启动拉伸命令后，根据如下提示进行操作，即可拉伸其图形对象，如图 3-76 所示。

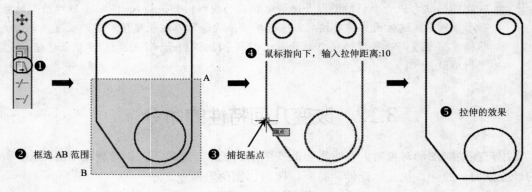

图 3-76 拉伸对象

通过拉伸对象的操作，可以非常方便快捷地修改图形对象。例如，当绘制了一个（2000×1000）的矩形时，发现这个矩形的高度为 1500，这时用户可以使用拉伸命令来进行操作。首先执行拉伸命令，再使用鼠标从左至右框选矩形的上半部分，指定左上角点作为拉伸基点，然后输入拉伸的距离为 500，从而将（2000×1000）的矩形快速修改为（2000×1500）的矩形，如图 3-77 所示。

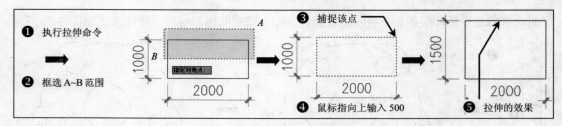

图 3-77 拉伸对象

3.12.3 拉长对象

拉长是对线型对象进行拉长的命令，它可以改变一些非闭全直线、圆弧、非闭合多段线、椭圆弧以及非闭合的样条曲线等的长度，它还可以改变圆弧的角度。

要延伸对象，用户可以通过以下几种方法：

- 菜单栏：选择"修改 | 拉长"命令。
- 命令行：在命令行中输入或动态输入"Lengther"命令，其快捷键为"LEN"。

执行拉长命令后，根据如下命令行的提示选择拉长选项，如"全部(T)"，再指定总长度值，再选择拉长的对象，并指定拉长对象的端点方向，从而将指定对象进行拉长，如图 3-78 所示。

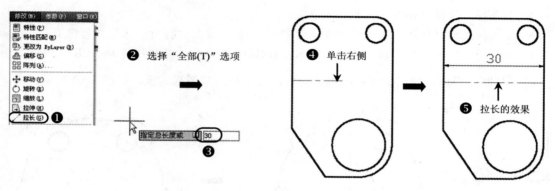

图 3-78 拉长对象

3.12.4 延伸对象

延伸是对未闭合的直线、圆等图形对象延伸到一个边界对象，使其与边界相交。

用户可以通过以下几种方法来执行延伸命令：

- 菜单栏：选择"修改 | 延伸"命令。
- 工具栏：在"修改"工具栏中单击"延伸"按钮 -/ 。
- 命令行：在命令行中输入或动态输入"EXTEND"命令，其快捷键为"EX"。

执行延伸命令后，根据如下提示进行操作，即可延伸其图形对象，如图 3-79 所示。

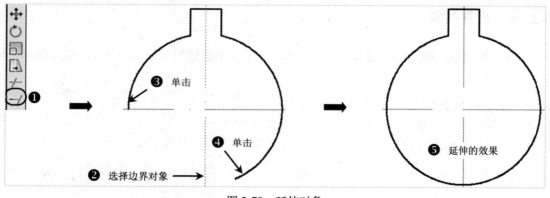

图 3-79 延伸对象

用户在选择要延伸的对象时，一定选择靠近延伸的端点位置处单击。

3.12.5 打断对象

打断是将图形对象在指定两点间的部分删除，或将一个对象打断成两个具有同一端点的对象。用户可以通过以下几种方法来执行打断命令：

● 菜单栏：选择"修改 | 打断"命令。
● 工具栏：在"修改"工具栏中单击"打断"按钮 或"打断一点"按钮 。
● 命令行：在命令行中输入或动态输入"BREAK"命令，其快捷键为"BR"。

执行打断命令后，根据如下提示进行操作，即可打断其图形对象，如图 3-80 所示。

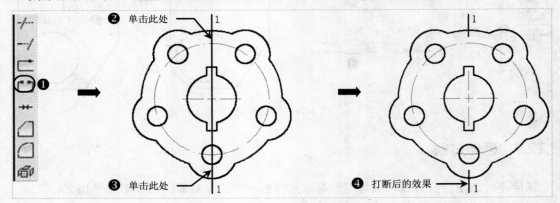

图 3-80　打断对象

 在"修改"工具栏上有一个与"打断"相似的命令——"打断于点"（ ）。它与"打断"命令的区别是，前者是将指定两点间的部分删除，而后者只是将图形对象从指定的某点上断开，并不删除任何一部分图形对象。

3.12.6 合并对象

合并是将相似的图形对象延长或延伸，形成一个完整的图形对象。用户可以通过以下几种方法来执行合并命令：

● 菜单栏：选择"修改 | 合并"命令。
● 工具栏：在"修改"工具栏中单击"合并"按钮 。
● 命令行：在命令行中输入或动态输入"JOIN"命令，其快捷键为"J"。

执行合并命令后，根据如下提示进行操作，即可合并其图形对象，如图 3-81 所示。

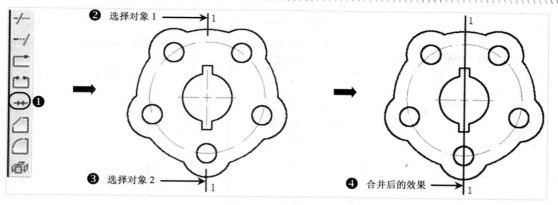

图 3-81 合并对象

 在进行合并时，其合并的对象必须是具有同一属性，如直线与直线合并，且这两条直线应该是在同一条直线上；圆弧与圆弧合并时，其圆弧的圆心点和半径值应相同，否则将无法合并，如图 3-82 所示。

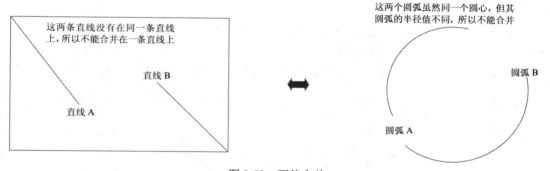

图 3-82 不能合并

3.12.7 倒角对象

倒角是将两个不平行线形对象用斜角边连接起来，可进行该操作的对象有直线、多段线、射线等。

用户可以通过以下几种方法来执行倒角命令：

- 菜单栏：选择"修改 | 倒角"命令。
- 工具栏：在"修改"工具栏中单击"倒角"按钮 ◻。
- 命令行：在命令行中输入或动态输入"CHAMFER"命令，其快捷键为"CHA"。

执行倒角命令后，根据如下提示进行操作，即可倒角其图形对象，如图 3-83 所示。

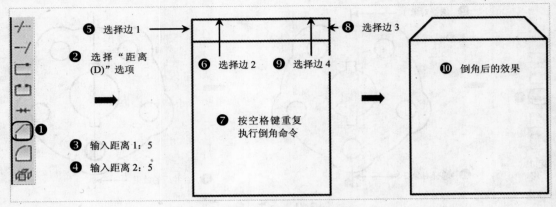

图 3-83　进行倒角操作

3.12.8　圆角对象

圆角是将两个图形对象以指定半径的圆弧平滑地相连接。用户可以通过以下几种方法来执行圆角命令：

- 菜单栏：选择"修改丨圆角"命令。
- 工具栏：在"修改"工具栏中单击"圆角"按钮 。
- 命令行：在命令行中输入或动态输入"FILLET"命令，其快捷键为"F"。

执行圆角命令后，根据如下提示进行操作，即可圆角其图形对象，如图 3-84 所示。

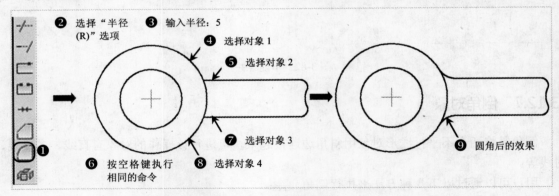

图 3-84　进行圆角操作

3.12.9　分解对象

若要对一些像多边形等由多个对象组合而成的图形对象的某单个对象进行编辑，就需要使用分解命令将其先解体。这时便需要执行分解命令。

用户可以通过以下几种方法来执行分解命令：

- 菜单栏：选择"修改丨分解"命令。

- 工具栏：在"修改"工具栏中单击"分解"按钮 。
- 命令行：在命令行中输入或动态输入"EXPLODE"命令，其快捷键为"X"。

执行分解命令后，根据如下提示进行操作，即可分解其图形对象，如图 3-85 所示。

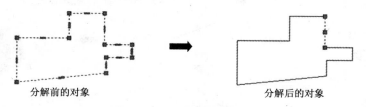

图 3-85　分解的前后比较

3.13　面域和填充

二维图形对象都是只有轮廓，而没有实体填充的。通过执行"面域"命令，将其转换为二维区域效果，使之可被填充，且具有边界轮廓。

3.13.1　面域的创建

面域表示用闭合的图形或环创建的二维区域效果。一般对象为几条相交并闭合的直线、多段线、圆、圆弧等。用户可以通过以下几种方法来执行面域命令：

- 菜单栏：选择"绘图 | 面域"菜单命令。
- 工具栏：在"绘图"工具栏中单击"面域"按钮 。
- 命令行：在命令行中输入或动态输入"REGION"。

执行面域命令后，根据如下提示进行操作，即可对指定的图形对象进行面域，如图 3-86 所示。

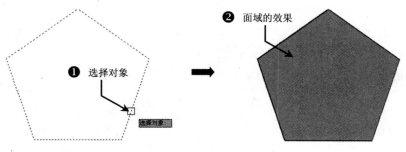

图 3-86　面域操作

 在"二维线框"模式下 ，面域前与面域后的效果看上去并无多大的差别，这时用户可以将其切换至"真实视觉"模式 和"概念视觉"模式 。

用户还可以执行"绘图 | 边界"命令，弹出"边界创建"对话框，在"对象类型"旁边的

下拉列表中选择"面域"选项，且单击"拾取点"按钮，然后在视图中的封闭区域内单击，再按"Enter"键结束，即可创建一个面域效果，如图 3-87 所示。

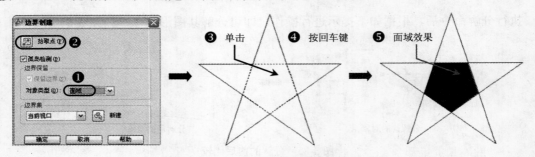

图 3-87 通过边界来创建面域

3.13.2 面域的布尔运算

布尔运算是处理三维实体之间关系的逻辑数学计算法，包括联合、相交、相减。在图形处理操作中引用了这种逻辑运算方法以使简单的基本图形组合产生新的形体。在 AutoCAD 2012 中，布尔运算包括并集、差集和交集三种方式。

用户可以在菜单栏中选择"修改｜实体操作"子菜单下的并集选项、交集或交集，如图 3-88 所示。其命令执行效果如图 3-89 所示。

图 3-88 "布尔运算"

两个面域的圆   并集   差集   交集

图 3-89 布尔运算实例

其中各选项含义如下：

- 并集：将两个面域对象相加，在选择面域时没有前后顺序之分。
- 差集：用一个面域对象去减去另一个面域对象，在执行命令时，先选择被减的面域，再选择去减的面域。
- 交集：是指两个或两个以上的面域对象相交的公共部分，在执行交集命令时，选择对象和并集一样并没先后的顺序之分。

3.13.3　图案的填充

面域对象除了具有一般的图形对象的特性外，还能够对其表面进行图案填充，它不仅能更准确地表现图形对象的外观，还能更直观地表达其图形对象的材质等。

用户可以通过以下几种方法来执行图案填充命令：

- 菜单栏：选择"绘图｜图案填充"菜单命令。
- 工具栏：在"绘图"工具栏中单击"图案填充"按钮 ▨。
- 命令行：在命令行中输入或动态输入"BHATCH"，快捷键为"H"。

启动图案填充命令之后，将弹出"图案填充或渐变色"对话框，根据要求选择一封闭的图形区域，并设置填充的图案、比例、填充原点等，即可对其进行图案填充，如图 3-90 所示。

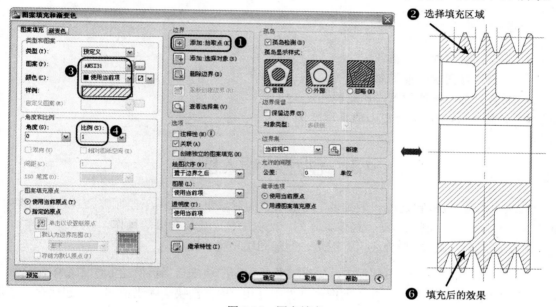

图 3-90　图案填充

3.14　本章小节

通过对正五角星、单人床、花朵等实例的绘制，让读者了解二维图形有简单也有复杂的，同时应借助点、直线、圆、矩形、多边形、样条曲线、多段线、多线等命令，再使用选择集、夹点编辑功能等，以及复制、镜像、偏移、阵列、删除、移动、旋转、缩放、拉伸、打断、合并、圆角等编辑命令，和对图形的面域和图案的填充等操作，让读者能够提高对图形的编辑水平。

第 4 章　AutoCAD 图块操作

在绘制图形时，如果图形中有大量相同或相似的内容，或者所绘制的图形与已有的图形文件相同，则可以把需要重复绘制的图形创建成块，在需要绘制图形的地方直接插入；也可以将已有的图形文件直接插入到当前图形中，从而提高绘图效率。另外，用户可以根据需要为块创建属性，用来指定块的名字、用途及设计等信息。

在绘制图形时，如果一个图形需要参照其他图形或图像来绘制，而又希望能节省存储空间，这时则可以使用 AutoCAD 的外部参照功能，它是把已有的图形文件或图像以参照的方式插入到当前图形中。

主要内容

- 掌握图块的创建与插入
- 掌握属性图块的编辑方法
- 掌握外部参照的插入、剪裁和绑定
- 掌握 AutoCAD 设计中心的操作方法

4.1　创建与插入图块

图块也简称为块，它是以一个或多个对象组成的对象集合，常用于绘制复杂且相同的图形。可对整个图块进行复制、移动、镜像、阵列、比例缩放、旋转角度等操作。

在 AutoCAD 中，图形分成内部图块、外部图块和匿名图块。

（1）内部图块。在绘图过程中，如果需要插入的图块来自当前所绘制的图形中，这种图块称为"内部图块"，且只能在当前图形文件中使用。内部图块会随当前图形一起保存到图形文件之中。"内部图块"用"B"命令保存到磁盘上。

（2）外部图块。以文件形式保存在计算机磁盘中，可插入到其他图形文件，这种图块称为"外部图块"。另外，一个已经保存在磁盘中的图形文件也可以当成"外部图块"，用插入命令可插入到当前图形中。"内部图块"用"W"命令保存到磁盘上。

（3）匿名块。匿名块是用 AutoCAD 绘图或标注命令绘制的一些图形元素组合，如尺寸线、尺寸界线、引线等，这些图形元素之所以被称之为匿名块，是由于它们没有像内部图块或外部图块那样有明确的命名过程，但是又具有图块的基本特性。

4.1.1　创建内部图块

用户可以将所绘制的图形对象创建为一个图块，以便多处或多个文件中同时享用该图形对象。用户可以通过以下几种方法来执行创建图块命令：

- 菜单栏：选择"绘图 | 块 | 创建"菜单命令。
- 工具栏：在"绘图"工具栏中单击"创建块"按钮。
- 命令行：在命令行中输入或动态输入"BLOCK"，其快捷键为"B"。

使用"块"（B）命令，创建一标高图块，如图 4-1 所示。

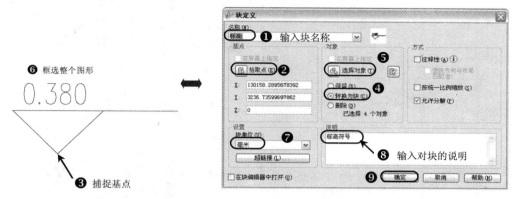

图 4-1　"块定义"对话框

其主要选项的功能与含义如下：

- "名称"文本框：在此框中输入块的名称，最多可使用 255 个字符。
- "基点"选项组：设置块的插入基点位置。用户可以直接在 X、Y、Z 文本框中输入，也可以单击"拾取点"按钮，切换到绘图窗口并选择基点。
- "对象"选项组：设置组成块的对象。
  - ➤ 单击"选择对象"按钮：可切换到绘图窗口去选择组成块的各个对象。
  - ➤ 单击"快速选择"按钮：可以使用弹出的"快速选择"对话框中设置所选择对象的过滤条件。
  - ➤ 选择"保留"单选按钮：创建块后仍在绘图窗口上保留组成块的各个对象。
  - ➤ 选择"转换为块"单选按钮：创建块后将组成的各个对象保留并把它们转换成块。
  - ➤ 选择"删除"单选按钮：创建块后则删除绘图窗口中组成块的原对象。
- "方式"选项组：设置组成块的对象的显示方式。
  - ➤ 勾选"注释性"复选框：设置块的注释说明。只有勾选了"注释性"复选框，此选项才可用。而"使块方向与布局匹配"复选框，则是指在图纸空间视口中块参照的方向与布局的方向匹配。
  - ➤ 勾选"按统一比例缩放"复选框：设置对象是否按统一的比例进行缩放。
  - ➤ 勾选"允许分解"复选框：设置对象是否允许被分解。

4.1.2　创建外部图块

在 AutoCAD 中，可以使用"写块"命令"WBLOCK"，其快捷键为"W"。将图块对象以文件的形式单独保存到磁盘中，从而能够在任何一个文件中调用。

执行写块"W"命令，系统将打开"写块"对话框，创建一标高图块，如图 4-2 所示。

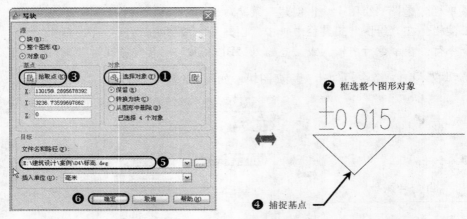

图 4-2　写块操作

 如果用户要将用 BLOCK 命令方式所定义的图块保存在磁盘上，那么这时就应在"源"区域中单击"块"单选按钮，并在其后的下拉列表中选择指定的块对象，然后确定保存的路径和名称即可，从而将"虚拟"图块保存为"实体"图块。

4.1.3　插入图块

用户可以通过以下几种方法来执行插入图块命令：

- 菜单栏：选择"插入 | 块"菜单命令。
- 工具栏：在"绘图"工具栏中单击"插入块"按钮 ⊡。
- 命令行：在命令行中输入或动态输入"INSERT"，其快捷键为"I"。

启动插入图块命令后，系统将打开"插入"对话框，如图 4-3 所示，则可将图块插入到当前视图文件中，进行比例、旋转角度等操作。

图 4-3　"插入"对话框

4.1.4　动态块

AutoCAD 从 2006 版新增了动态块功能，可对图块中进行修改、添加、删除、旋转等操作。

1．动态块编辑器

执行"工具 | 块编辑器"菜单命令，打开"编辑块定义"对话框，选择需要创建或编辑的图块名称，然后单击"确定"按钮。在打开的"块编辑器"和"块编写选项板"中可以创建动态块。"块编辑器"将打开一个专门的块编写空间，用于添加能够使图块变成动态块的元素。在这个专门的空间内，用户既可以重新创建图块，又可向原有的图块定义中添加动态行为，还可像在绘图区域中一样创建几何图形。通过该选项板，可向图块内添加动态参数及动作，如图4-4 所示。

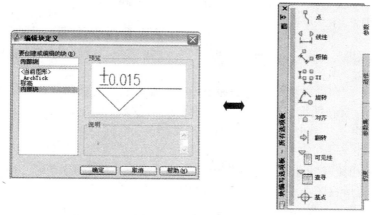

图 4-4　"编辑块定义"与"块编写选项板"

2．动态块的创建

（1）在创建动态块之前，应先了解块的外观及其在图形中的使用方式。确定当操作动态块参照时，块中的哪些对象会移动或修改，以及这些对象将如何修改。

（2）绘制几何图形。可在绘图区域或块编辑器中绘制动态块中的几何图形，也可使用现有几何图形或现有的块定义。

（3）了解块元素如何共同作用。在向块定义中添加参数和动作之前，应了解它们相互之间以及它们与块中的几何图形的相关性。在向块定义添加动作时，需要将动作与参数以及几何图形的选择集相关联，此操作将创建相关性。向动态块添加多个参数和动作时，需要设置正确的相关性，以便于块在图形中正常工作。

（4）添加参数。执行"工具 | 块编辑器"菜单命令，选择要进行动态定义的块，打开"块编写选项板"，进入动态块编辑。从"块编写选项板"选择向动态块定义添加的参数，指定动态参数的几何图形在块中的位置、距离和角度。

（5）动态块定义中必须至少包含一个参数。向动态块定义添加参数后，将自动添加与该参数的关键点相关联的夹点。然后用户必须向块定义添加动作并将该动作与参数相关联。参数类型、说明及支持的动作如表4-1 所示。

表 4-1　动态块部分参数及支持动作表

参数	说明	支持的动作
线性	可显示出两个固定点之间的距离，约束夹点沿预置角度的移动。在块编辑器中，外观类似于对齐标注。	移动、缩放、拉伸、阵列
旋转	可定义角度。在块编辑器中，显示为一个圆。	旋转
翻转	翻转对象。在块编辑器中，显示为一条投影线。可以围绕这条投影线翻转对象。将显示一个值，该值显示出了块参照是否已被翻转。	翻转
可见性	可控制对象在块中的可见性。可见性参数总是应用于整个块，并且无需与任何动作相关联。在图形中单击夹点可以显示块参照中所有可见性状态的列表。在块编辑器中，显示为带有关联夹点的文字。	无（此动作是隐含的，并且受可见性状态的控制。）

 使用块编写选项板的 "参数集" 选项卡可以同时添加参数和关联动作

（6）添加动作。向动态块定义中添加适当的动作，确保将动作与正确的参数和几何图形相关联。动作用于定义在图形中操作动态块参照的自定义特性时，该块参照的几何图形将如何移动或修改。动态块通常至少包含一个动作。通常情况下，向动态块定义中添加动作后，必须将该动作与参数、参数上的关键点以及几何图形相关联。关键点是参数上的点，编辑参数时该点将会驱动与参数相关联的动作。与动作相关联的几何图形称为选择集。

（7）保存块然后在图形中进行测试。保存动态块定义并退出块编辑器，然后将动态块参照插入到一个图形中，并测试该块的功能。

在创建动态块时，可以使用可见性状态来使动态块中的几何图形可见或不可见。一个块可以具有任意数量的可见性状态。使用可见性状态是创建具有多种不同图形表示的块的有效方式，用户可以轻松修改具有不同可见性状态的块参照，而不必查找不同的块参照以插入到图形中。

4.2　属性图块

图块属性是附属于块的非图形信息，是块的组成部分，可包含在块定义中的文字对象。在定义一个图块时，属性必须提前定义而后选定。通常属性用于在块的插入过程中进行自动注释。

4.2.1　属性图块的特点

在 AutoCAD 中，用户可以在图形绘制过程中或者绘制结束后，使用 ATTEXT 命令将图块属性数据从图形中提取出来，并将这些数据保存到一个文件中，从而就可从图形数据库文件中获取图块的数据信息了。图块属性具有以下特点：

- 块属性由属性标记名和属性值两部分组成。比如，可把 Name 定义为属性标记名，而具体的姓名 MM 就是属性值，即属性。
- 定义图块前，应先定义该块的每个属性，即规定每个属性的标记名、属性提示、属性默认值、属性的显示格式（隐然→显示）及属性在图中的位置等。如果定义了属性，该属性以其标记名将在图形中显示出来，并保存有关的信息。

- 定义图块时，应将图形对象和表示属性定义的属性标记名一起用来定义块对象。
- 插入有属性的块时，系统将提示用户输入需要的属性值。插入块后，属性用它的值表示。因此，同一个块在不同点插入时，可以有不同的属性值。如果属性值在属性定义时规定为常量，系统将不再询问它的属性值。

插入块后，用户可以改变属性的显示可见性，对属性作修改，把属性单独提取出来保存到文件，以供统计、制表时使用，还可以与其他高级语言或数据库进行数据通信。

4.2.2　创建带属性的图块

用户可以通过以下几种方法来打开"属性定义"对话框，如图 4-5 所示。

- 菜单栏：选择"绘图｜块｜定义属性"菜单命令。
- 命令行：在命令行中输入或动态输入"ATTDEF"（快捷键为"ATT"）。

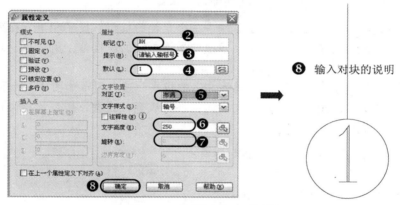

图 4-5　"属性定义"对话框

4.2.3　修改属性定义

当用户插入带属性的图块后，可对其图块的属性进行修改。用户可以通过以下几种方法来修改所插入的属性图块。

- 菜单栏：选择"修改｜对象｜文字｜编辑"菜单命令。
- 命令行：在命令行中输入或动态输入"DDEDIT"。
- 工具栏：在"文字"工具栏中单击"编辑"按钮 A 。
- 直接双击带属性块的对象。

在打开"增强属性编辑器"对话框中，单击"属性"选项卡，在列表中选择文字属性，在"值"文本框中可以编辑块中定义的标记和值属性，如图 4-6 所示。

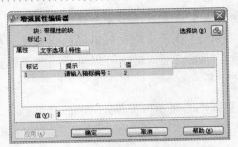

图 4-6　"增强属性编辑器"对话框

在创建好带属性的图块后，使用 EATTEDIT 命令和 DDEDIT 命令都可打开"增强属性编辑器"对话框。其中 EATTEDIT 命令选择的是"块"，而 DDEDIT 选择的是"标注对象"。

"增强属性编辑器"对话框各选项的功能与含义如下：

- "属性"选项卡：其列表框显示了块中每个属性的标识、提示和值。在列表框中选择某一属性后，在"值"文本框将显示出该属性对应的属性值，用户可通过它来修改属性值。
- "文字选项"选项卡：用于修改属性文字的格式，该选项卡如图 4-7 所示。
- "特性"选项卡：用于修改属性文字的图层、线宽、线型、颜色及打印样式等。该选项卡如图 4-8 所示。

图 4-7　"文字选项"选项卡

图 4-8　"特性"选项卡

- "选择块"按钮：可以切换到绘图窗口并选择要编辑的块对象。
- "应用"按钮：确定已进行的修改。

4.2.4　编辑块属性

如果用户需要对所创建的属性块进行编辑，可在命令行中输入或动态输入"ATTEDIT"，其快捷命令是"ATE"，系统提示选择属性块对象，此时将弹出"编辑属性定义"对话框，在其中输入要修改的内容，然后单击"确定"按钮，则该属性块将发生相应的变化，如图 4-9 所示。

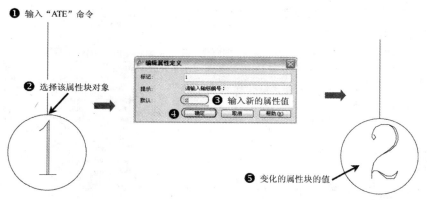

图 4-9　编辑块属性的方法

4.2.5　块属性管理器

用户可以通过以下几种方法来打开"块属性管理器"对话框，如图 4-10 所示。

- 菜单栏：选择"修改｜对象｜属性｜块属性管理器"菜单命令。
- 命令行：在命令行中输入或动态输入"BATTMAN"。
- 工具栏：在"修改 2"工具栏中单击"块属性管理器"按钮 。

图 4-10　"块属性管理器"对话框

在"块属性管理器"对话框中，各选项的功能与含义如下：

- "选择块"按钮 ：单击此按钮可切换到绘图窗口，在绘图窗口中可选择需要操作的块。
- "块"下拉列表框：列出了当前图形中含有属性的所有块的名称，选择需要操作的块。
- 属性列表框：显示了当前所选择块的所有属性。包括属性的标记、提示、默认值和模式等。
- "同步"按钮：用于更新已修改的属性特性实例。
- "上移"按钮：用于在属性列表框中选中的属性行向上移动一行。但是对属性值为固定值的行没有作用。
- "下移"按钮：用于在属性列表框中选中的属性行向下移动一行。
- "编辑"按钮：单击此按钮，将打开"编辑属性"对话框，如图 4-11 所示。
- "删除"按钮：用于从块定义中删除在属性列表框中选中的属性定义，并且块中对应的属性值也一起删除。

- "设置"按钮：单击此按钮，将打开"块属性设置"对话框，可勾选列表中能够显示的内容，如图 4-12 所示。

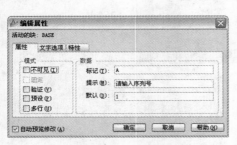

图 4-11 "编辑属性"对话框　　　　　　　　图 4-12 "块属性设置"对话框

4.3 外部参照

以外部参照的形式引用文件时，并不在当前图形中记录被引用文件的具体信息，只是在当前图形中记录了外部参照的关系，如路径、名称。操作当前图形文件则并不会改变外部参照图形文件的内容。另外，当打开具有外部参照的图形时，系统自动会把各外部参照图形文件调入内存并在当前图形中显示出来。

当一个含有外部参照的文件被打开时，它则会按照记录的路径去搜索外部参照文件。此时，含外部参照的文件会随着被引用文件的修改而更新。

用户可以通过以下几种方法来打开，将打开"外部参照"选项板，如图 4-13 所示。

- 菜单栏：选择"插入 | 外部参照"菜单命令。
- 命令行：在命令行中输入或动态输入"EXTERNALREFERENCES"，快捷命令是"XREF"。
- 工具栏：在"参照"工具栏上单击"外部参照"按钮，如图 4-14 所示。

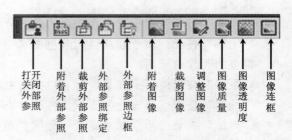

图 4-13 "外部参照"选项板　　　　　　　　图 4-14 "参照"工具栏

4.3.1　外部参照附着

可以将任意图形文件插入到当前图形中作为外部参照。

将图形文件附着为外部参照时，可将该参照图形链接到当前图形，打开或重新加载参照图形时，当前图形中将显示对该文件所做的所有更改。

一个图形文件可以作为外部参照同时附着到多个图形中。反之，也可以将多个图形作为参照图形附着到单个图形。

例如：对"客厅 A 立面图.dwg"文件进行外部参照操作，首先在"参照"工具栏上单击"外部参照"按钮，打开"外部参照"选项板；单击左上角的"附着 DWG"按钮，将打开"选择参照文件"对话框，选择需要作为外部参照的"立面电视.dwg"文件；单击"打开"按钮，将打开"附着外部参照"对话框，进行相应的参数设置；单击"确定"按钮，然后使用鼠标指定所插入文件的位置，从而将该图形文件以外部参照的形式插入到当前图形中，其操作步骤如图 4-15 所示。

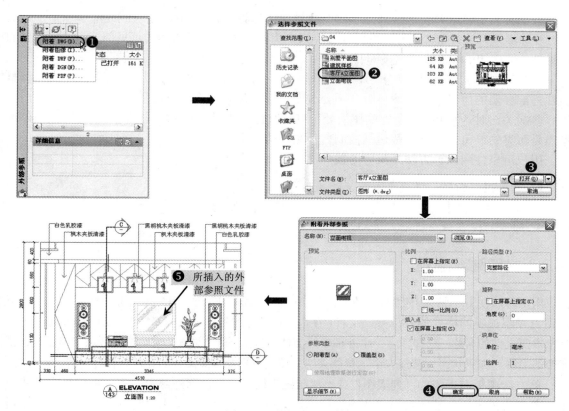

图 4-15　外部参照附着

在图形中插入外部参照的方法与插入块的方法有点相同，只是在"附着外部参照"对话框中多了几个特殊的按钮。其主要选项功能与含义如下：

- "参照类型"选项:可确定外部参照的类型。单击"附着型"按钮,将显示出嵌套参照中的嵌套内容;单击"覆盖型"按钮,则不显示嵌套参照中的嵌套内容。
- "完整路径"选项:当使用完整路径附着外部参照,外部参照的精确位置将保存到当前图形文件中。此选项的精确度最高,但灵活性最小。如果移动工程文件夹,AutoCAD将无法融入任何使用完整路径附着的外部参照。
- "相对路径"选项:使用相对路径附着外部参照时,将保存外部参照相对于当前图形文件的位置。此选项灵活性最大,即使移动工程文件夹,AutoCAD 仍可融入使用相对路径附着的外部参照,只要此外部参照相对当前图形的位置没有发生变化。
- "无路径"选项:在不使用路径附着外部参照时,AutoCAD 首先在当前图形的文件夹中查找外部参照。当外部参照文件与当前图形文件位于同一个文件夹时,此选项则十分实用。

4.3.2　外部参照剪裁

外部参照剪裁就是将选定外部参照剪裁到指定边界。剪裁边界决定块或外部参照中隐藏的部分(边界内部或外部)。可以将剪裁边界指定为显示外部参照图形的可见部分。剪裁边界的可见性由 XCLIPFRAME 系统变量控制。

剪裁边界可以是多段线、矩形,也可以是顶点在图像边界内的多边形。可以通过夹点调整剪裁外部参照的边界。剪裁边界时,不会改变外部参照的对象,而只会改变它们的显示方式。

剪裁关闭时,如果对象所在的图层处于打开且已解冻状态,将不显示边界,此时整个外部参照是可见的。可以通过剪裁边框控制剪裁边界的显示。

用户可以使用以下方法来执行剪裁外部参照命令。

- 菜单栏:选择"修改|剪裁|外部参照"菜单命令。
- 工具栏:"参照"工具栏上单击"剪裁外部参照"按钮🔲。
- 命令行:在命令行输入"XCLIP"。

4.3.3　外部参照管理

用户可以使用"外部参照"选项板对外部参照进行编辑和管理。用户单击选项板上方的"附着"按钮可以添加不同格式的外部参照文件;在选项板下方的外部参照列表框中显示当前图形中各个外部参照文件的名称;选择任意一个外部参照文件后,在下方"详细信息"选项区域中显示该外部参照的名称、加载状态、文件大小、参照类型、参照日期及参照文件的存储路径等内容。

单击选项板右上方的"列表图"或"树状图"按钮,可设置外部参照列表框以什么形式显示。单击"列表图"按钮可以"列表"显示,如图 4-16 所示;单击"树状图"按钮可以"树形"显示,如图 4-17 所示。

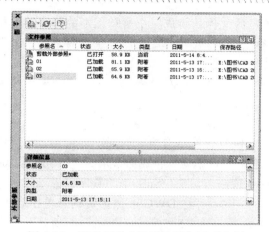

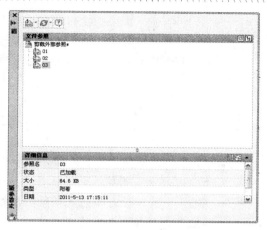

图 4-16　以列表形式显示外部参照列表框　　　　图 4-17　以树状图形显示外部参照列表框

当用户附着多个外部参照后，在外部参照列表框中的文件上单击鼠标右键，将弹出快捷菜单，如图 4-18 所示。在菜单上选择不同的命令可对外部参照进行相关的操作，下面详细介绍各个命令选项的含义。

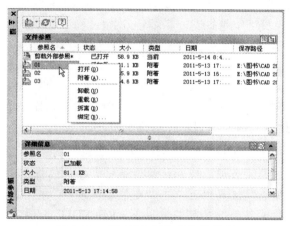

图 4-18　"外部参照"的快捷菜单

- "打开"命令：单击此按钮，可在新建窗口中打开选定的外部参照进行编辑。在"外部参照管理器"对话框关闭后，显示新建窗口。
- "附着"命令：单击此按钮，将打开"选择参照文件"对话框，在该对话框中可选择需要插入到当前图形中的外部参照文件。
- "卸载"命令：单击此按钮，可从当前图形文件中移去不需要的外部参照文件，但移去后仍保留该参照文件的路径，当用户希望下次参照该图形时，只需要再单击"重载"按钮即可。
- "重载"命令：单击此按钮，可在不退出当前图形的情况下，更新外部参照文件。
- "拆离"命令：单击此按钮，可从当前图形移去不再需要的外部参照文件。

● "绑定"命令：单击此按钮，可将外部参照的文件转换成一个当前图形的标准图块，即将所参照的图形永久地插入到当前图形中。将打开"绑定外部参照"对话框，如图 4-19 所示。其中各选项含义如下：

➢ 绑定：将选定的 DWG 参照绑定到当前图形中。依赖外部参照的命名对象的命名语法从"块名 | 定义名"变为"块名 n定义名"。在这种情况下，将为绑定到当前图形中的所有依赖外部参照的定义表创建唯一的命名对象。

➢ 在前面实例中，命名为"04"的外部参照包含有命名为"椭圆"的图层，则"绑定"外部参照之后，依赖外部参照的图层"04/椭圆"将成为命名为"04$0$ 椭圆"的内部定义图层。如果已存在同名的本地命名对象，n 中的数字将自动增加。

➢ 插入：用与拆离和插入参照图形相似的方法，可将 DWG 参照绑定到当前图形中。依赖外部参照的命名对象的命名不是使用"块名 n符号名"语法，而是从名称中消除外部参照名称。对于插入的图形，如果内部命名对象与绑定的依赖外部参照的命名对象具有相同的名称，符号表中不会增加新的名称，依赖外部参照的绑定命名对象采用本地定义的命名对象的特性。

 执行外部参照"绑定"后，此时前面选中的外部参照已转换为当前图形文件的内部图块，不可以再重新使用"外部参照"选项板，来附着到当前图形中。

4.3.4　参照编辑

首先在"外部参照"选项板中选中需要被编辑的参照对象。如果选择的对象是一个或多个嵌套参照的一部分，则此嵌套参照将显示在对话框中。

用户可以使用以下方法来执行外部参照的编辑命令。

● 菜单栏：选择"工具 | 外部参照和块在位编辑 | 在位编辑参照"菜单命令。
● 工具栏："参照编辑"工具栏上单击"在位编辑参照"按钮，如图 4-20 所示。
● 命令行：在命令行输入外部参照编辑命令"REFEDIT"，打开"参照编辑"对话框，如图 4-21 所示。

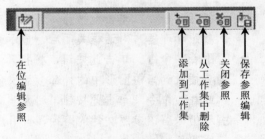

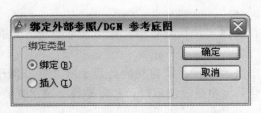

图 4-19　"绑定外部参照/DGN 参考底图"对话框　　　图 4-20　"参照编辑"工具栏

在"参照编辑"对话框中，其各选项的功能与含义如下：

● "标识参照"选项卡：标识需要编辑的参照提供视觉辅助工具并控制选择参照的方式，如图 4-21 所示。

- "设置"选项卡：为编辑参照提供选项，如图 4-22 所示。

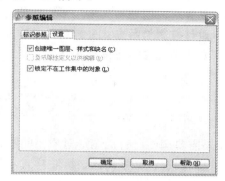

图 4-21　"参照编辑"对话框　　　　　图 4-22　"设置"选项卡

4.4　设计中心的使用

AutoCAD 的设计中心为用户提供了一个直观且高效的工具，它与 Windows 资源管理器类似，可以方便地在当前图形中插入块、引用光栅图像及外部参照，在图形之间复制块、复制图层、线型、文字样式、标注样式以及用户定义的内容等。

打开"设计中心"面板主要有以下三种方法：

- 菜单栏：选择"工具 | 选项板 | 设计中心"命令。
- 工具栏：在"标准"工具栏上单击"设计中心"按钮。
- 命令行：在命令行中输入或动态输入 adcenter，快捷键"Ctrl+2"。

执行以上任何一种方法后，系统将打开"设计中心"面板，如图 4-23 所示。

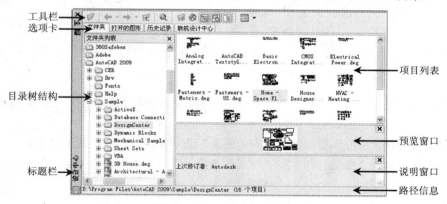

图 4-23　"设计中心"面板

在 AutoCAD 中，使用 AutoCAD 设计中心可以完成如下工作：

- 创建对频繁访问的图形、文件夹和 Web 站点的快捷方式。
- 根据不同的查询条件在本地计算机和网络上查找图形文件，找到后可以将它们直接加载到绘图区或设计中心。

- 浏览不同的图形文件，包括当前打开的图形和 Web 站点上的图形库。
- 查看块、图层和其他图形文件的定义并将这些图形定义插入到当前图形文件中。
- 通过控制显示方式来控制设计中心控制板的显示效果，还可以在控制板中显示与图形文件相关的描述信息和预览图像。

4.5　通过设计中心添加图层和样式

如果需要调用已有的图形对象中的图层、文字样式、标注样式等，这时就可以通过设计中心来拖曳其图层、文字样式、标注样式，从而可以方便、快捷、规格统一的绘制图形。

操作步骤如下：

步骤 01　启动 AutoCAD 2012 软件，选择"文件｜打开"菜单命令，将"案例\04\别墅平面图.dwg"图形文件打开；再新建"案例\04\建筑样板.dwg"图形文件。

步骤 02　在"标准"工具栏中单击"设计中心"按钮 （或者按 Ctrl+2 键）打开"设计中心"面板，在"打开的图形"选项卡下选择"别墅平面图.dwg"文件，可以看出当前已经打开的图形文件的已有图层对象和文字样式，如图 4-24 所示。

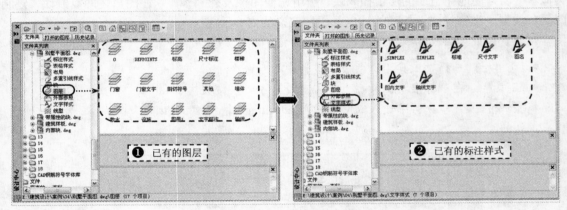

图 4-24　已有的图层和文字样式

步骤 03　使用鼠标依次将已有的图层对象全部拖曳到当前视图的空白位置，同样再将文字样式拖曳到视图的空白位置。

步骤 04　在"设计中心"面板的"打开的图形"选项卡中，选择"建筑样板.dwg"文件，并分别选择"图层"和"文字样式"选项，即可看到所拖曳到新图形中的对象，如图 4-25 所示。

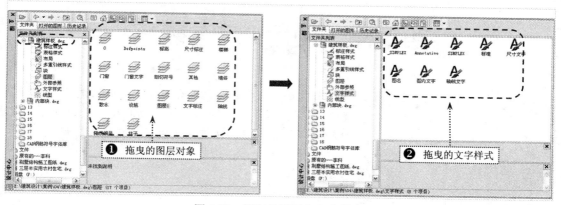

图 4-25　拖曳的图层和文字样式

4.6　本章小节

通过对内外部图块、动态图块、属性图块的创建和插入的掌握，外部参照的附着、剪裁、管理、编辑等知识的了解，以及设计中心对实际绘制图形时的运用技巧，让读者了解图块功能的强大，提高以后的工作效率。

第 5 章　使用文字与表格

文字是 AutoCAD 2012 制图的一个很重要的组成部分，在绘图时，对图形对象进行适当的文字注释和说明能够更加完善、直观地表达图形的内容。另外，系统所提供的表格功能可以更加方便、快捷地插入表格。通过表格的诠释，让图纸的边框和表中的数据更加智能化。

主要内容

- 掌握文字样式的新建及标注方法
- 掌握文字的编辑方法
- 掌握表格样式的新建及创建方法

5.1　创建文字样式

在 AutoCAD 2012 中，所有的文字都有与之相对应的文字样式，系统一般使用其"Standard"样式置为当前，也可修改当前文字样式或创建新的文字样式来满足不同绘图环境的需要。

用户可以通过以下几种方法来新建文字样式：

- 菜单栏：选择"格式 | 文字样式"菜单命令。
- 工具栏：在"文字"工具栏中单击"文字样式"按钮 ，如图 5-1 所示。

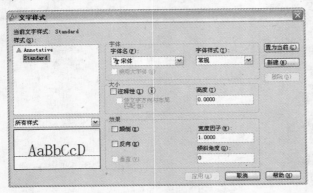

图 5-1　"文字"工具栏

- 命令行：在命令行中输入"STYLE"命令（快捷键为"ST"）。

执行上述操作后，将弹出"文字样式"对话框，如图 5-2 所示。单击"新建"按钮，将会弹出"新建文字样式"对话框，如图 5-3 所示，在"样式名"后的文字框中输入样式的名称，最后单击"确定"按钮开始新建文字样式。

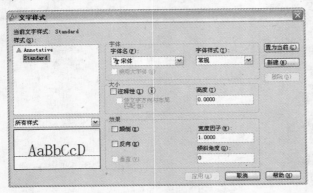

图 5-2　"文字样式"对话框

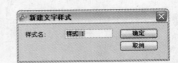

图 5-3　"新建文字样式"对话框

在"文字样式"对话框中各选项内容的功能与含义如下：

- "样式"：当在"样式"下拉列表中选择"所有样式"时，样式列表框中显示了当前图形文件中所有定义的文字样式；选择"当前样式"时，其样式列表框中，则只显示当前使用的文字样式。
- "字体名"：在其下拉列表中，选择文字样式所使用的字体。
- "字体样式"：在其下拉列表中选择字体的格式。
- "使用大体字"：勾选该复选框，"字体样式"的下拉列表框变为"大字体"下拉列表框，用于选择大字体文件。
- "注释性"：勾选该复选框，文字被定义为可注释的对象。
- "使注释方向与布局匹配"：勾选该复选框，则注释方向与布局对齐。
- "高度"：指定文字的高度，系统将按此高度来显示文字，而不再提示高度设置。
- "颠倒"：勾选该复选框，系统会上下颠倒显示输入的文字。
- "反向"：勾选该复选框，系统将左右旋转地显示输入的文字。
- "垂直"：勾选该复选框，系统将垂直显示输入的文字，但其功能对汉字无效。
- "宽度因子"：在其文字框中，设置文字字符的高度与宽度之比。当输入值小于 1 时，会压缩文字；当输入值大于 1 时，将会扩大文字。
- "倾斜角度"：在其文字框中，设置文字的倾斜的角度。设置为 0 时是不倾斜的，角度大于 0 时向右倾斜，角度小于 0 时向左倾斜。
- "置为当前"：将在"样式"列表框中选中的文字样式置为当前使用样式。
- "删除"：删除在"样式"列表框中选中的文字样式。

在如图 5-4 所示为各种不同的文字效果。

图 5-4　文字的各种效果

5.2　文字标注

在绘制图形时，文字说明可以传达很多有关图形的设计、位置及尺寸方面的信息，不管需要哪种类型的文字标注，都可以通过系统所提供的单行或多行文字命令来创建。

5.2.1 单行文字标注

单行文字可以用来创建单行或多行文字，所创建的每行文字都是独立的、可被单独编辑的对象。

用户可以通过以下几种方式来执行单行文字命令：

- 菜单栏：选择"绘图 | 文字 | 单行文字"菜单命令。
- 工具栏：在"文字"工具栏中单击"单行文字"按钮 **AI**。
- 命令行：在命令行中输入或动态输入"TEXT"，快捷键为"T"，如图 5-5 所示。

图 5-5　单行文字的创建

在执行单行文字命令后，命令行中各选项的功能与含义如下：

- "起点"：选中该项时，用户可使用鼠标来捕捉或指定视图中单行文字的起点位置。
- "对正（J）"：此项用来确定单行文字的排列方向，具体位置参考如图 5-6、图 5-7 所示的文字对正参考线以及文字对齐方式。

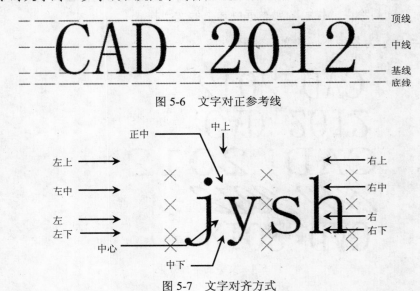

图 5-6　文字对正参考线

图 5-7　文字对齐方式

- "样式（S）"：此项用来选择已被定义的文字样式，选择该项后，命令行出现如下提示：

输入样式名或 [?] <Standard>：

- 启动多行文字命令后，根据如下命令行提示确定其多行文字的文字矩形编辑框后，将弹出"文字格式"工具栏，根据要求设置格式及输入文字并单击"确定"按钮即可。

```
命令: _mtext      \\ 启动多行文字命令
当前文字样式: "Standard" 文字高度: 500 注释性: 否   \\ 当前默认设置
指定第一角点: \\ 指定文字矩形编辑框的第一个角点
指定对角点或 [高度(H)/对正(J)/行距(L)/旋转(R)/样式(S)/宽度(W)/栏(C)]:   \\ 指定第
二个角点
```

5.2.2 多行文字标注

多行文字是一种更加易于管理与操作的文字对象，可以用来创建两行或两行以上的文字，而每行文字都是独立的、可被单独编辑的整体。

用户可以通过以下几种方式来执行多行文字命令:

- 菜单栏: 选择"绘图 | 文字 | 多行文字"菜单命令。
- 工具栏: 在"文字"工具栏中单击多行文字按钮 **A**。
- 命令行: 在命令行中输入或动态输入"METEXT"，其快捷键为"MT"。

启动多行文字命令后，根据命令行提示确定其多行文字的文字矩形编辑框后，将弹出"文字格式"工具栏，如图 5-8 所示。根据要求设置格式及输入文字并单击"确定"按钮即可。

其命令提示行各选项的主要功能与含义如下:

- "高度（H）": 指定其文字框的高度值。
- "对正（J）": 用于确定所标注文字的对齐方式，是将定文字的某一点与插入点对齐。
- "行距（L）": 设置多行文字的行间距，是指相邻两个文字基线之间垂直距离。
- "旋转（R）": 设置其文字的倾斜角度。
- "样式（S）": 指定当前文字的样式。
- "宽度（W）": 指定其文字编辑框的宽度值。
- "栏（C）": 用于设置文字编辑框的尺寸。

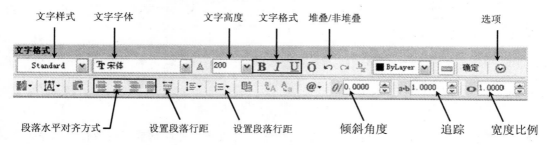

图 5-8　"文字格式"工具栏

在"文字格式"工具栏中，有许多的设置选项与 Word 文字处理软件的设置相似，下面介绍一些常用的选项:

- "堆叠"：是数学中分子/分母形式，其间使用符号"\"和"^"来分隔，然后选择这一部分文字，再单击该按钮即可，其操作步骤如图 5-9 所示。

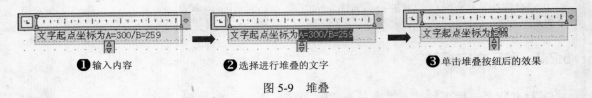

❶输入内容　　　　❷选择进行堆叠的文字　　　　❸单击堆叠按纽后的效果

图 5-9　堆叠

- "选项"：单击该按钮时，可打开多行文字的选项菜单，可对多行文字进行更多的设置，如图 5-10 所示。

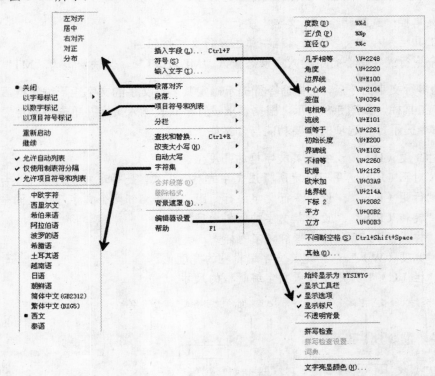

图 5-10　"选项"菜单

- "段落"：单击该按钮时，将弹出"段落"对话框，可以设置其制表位、段落对齐方式等，如图 5-11 所示。
- "插入字段"：单击该按钮，将弹出"字段"对话框，可在当前光标处播入字段域，包括打印域、日期或图纸集域、文档域等，如图 5-12 所示。

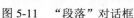
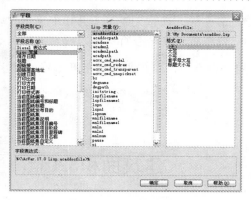

图 5-11 "段落"对话框　　　　图 5-12 "字段"对话框

在实际绘图时，会常常需要像正负号这样的一些特殊字符，这些特殊字符并不能在键盘上直接输入，因此 AutoCAD 2012 提供了相应的控制符，以实现这些标注的要求，如表 5-1 所示为 AutoCAD 中常用的标注控制符。

表 5-1　常用的标注控制符

控制符	功能
%%O	打开或关闭文字的上划线
%%U	打开或关闭文字的下划线
%%D	标注度（°）符号
%%P	标注正负公差（±）符号
%%C	标注直径（ϕ）字符

5.3　编辑文字对象

当单行或多行文字命令执行完成后，用户仍然可对其内容进行修改编辑，以满足精确绘图的需要。用户可以通过以下几种方法来执行文字编辑命令：

* 菜单栏：选择"修改 | 对象 | 文字 | 编辑"菜单命令，如图 5-13 所示。

图 5-13 "文字编辑"子菜单命令

- 工具栏: 在"文字"工具栏中单击"编辑"按钮 。
- 命令行: 在命令行中输入或动态输入"DDEDIT"命令, 快捷键为"ED"。

启动命令后, 单击需要被重新编辑的文字对象, 即进入到编辑状态下, 如图 5-14 所示。

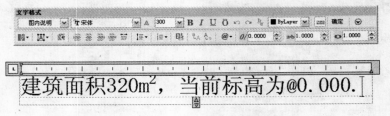

图 5-14　文字对象重新编辑状态

在 AutoCAD 2012 中, 在视图中选择需要编辑的文字对象, 并按"Ctrl+1"键打开"特性"面板, 同样可以对其文字的内容和特性进行修改, 如图 5-15 所示。

图 5-15　文字的"特性"面板

5.3.1　比例

文字的比例是图纸版式的一部分, 其比例的调整有助于图纸的协调性与美观性。用户可以通过以下几种方法来执行比例命令:

- 菜单栏: 选择"修改 | 对象 | 文字 | 比例"菜单命令。
- 工具栏: 在"文字"工具栏中单击"比例"按钮 。
- 命令行: 在命令行中输入或动态输入"SCALEXTEXT"。

启动文字比例命令后, 根据如下提示进行操作, 即可调整文字的比例, 如图 5-16 所示。

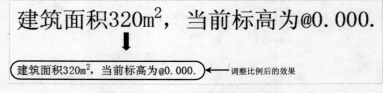

图 5-16　调整文字比例的对比效果

5.3.2　对正

文字的对正是将文字指定的某一点与插入点对齐，启动文字对正命令后，命令行的提示信息如下，文字对齐示意图如图 5-17 所示。

```
命令：_justifytext                          \\ 启动对正命令
选择对象：                                  \\ 选择文字对象
选择对象：                                  \\确定选择
输入对正选项
[左对齐(L)/对齐(A)/布满(F)/居中(C)/中间(M)/右对齐(R)/左上(TL)/中上(TC)/右上(TR)/
左中(ML)/正中(MC)/右中(MR)/左下(BL)/中下(BC)/右下(BR)]：          \\ 选择对正方式
```

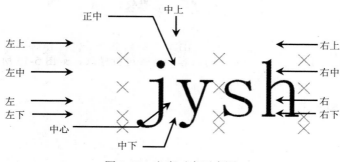

图 5-17　文字对齐示意图

其命令行中选项的功能与含义如下：

- "对齐（A）"：拾取文字基线的起点和终点后，系统会根据起点和终点的距离自动计算字高。
- "布满（F）"：拾取文字基线的起点与终点，系统会以两点之间的距离来自动调整宽度，但不改变其字高。
- "居中（C）"：拾取文字的中心点，即为文字基线的中心，再以基线的中点来对齐文字。
- "右对齐（R）"：拾取一点作为文字基线的右端点，并以基线的右端点来对齐文字。
- "左上（TL）"：拾取文字左上点，此点就是文字顶线的左端点，即以顶线的左端点对齐文字。
- "中上（TC）"：拾取文字的中上点，此点就是文字顶线的中点，即以顶点的中心对齐文字。
- "右上（TR）"：拾取文字的右上点，此点就是文字顶线的右端点，即以顶线右端点对齐文字。
- "左中（ML）"：拾取文字的左中点，此点就是文字中线的左端点，即以中线的左端点对齐文字。
- "正中（MC）"：拾取文字的中间点，此点就是文字中线的中点，即以中线的中点来对齐文字。

- "右中（MR）"：拾取文字的右中点，此点就是文字中线的右端点，即以中线的右端点来对齐文字。
- "左下（BL）"：拾取文字的左下点，此点就是文字的底线的中线的左端点，即以底线的左端点来对齐文字。
- "中下（BC）"：拾取文字的中下点，些点就是文字的底线的中点，即以底线的中点来对齐文字。
- "右下（BR）"：拾取文字的右下点，此点就是文字的底线的右端点，即以底线的右端点来对齐文字。

5.4 表格

表格作为一种信息的简洁表达方式，常用于像材料清单、零件尺寸一览表等由许多组件的图形对象中。

5.4.1 新建表格样式

表格样式与文字样式雷同，具有许多的性质参数，比如字体、颜色、文字、行距等，系统提供"Standard"为其默认样式。用户可以根据绘图环境的需要重新定义新的表格样式。

用户可以通过以下几种方法来新建表格样式：

- 菜单栏：选择"格式|表格样式"菜单命令。
- 工具栏：在"样式"工具栏中单击"表格样式"按钮 ，如图 5-18 所示。
- 命令行：在命令行中输入或动态输入"TABLESTYLE"。

图 5-18 "样式"工具栏

执行上述操作后，将弹出"表格样式"对话框，如图 5-19 所示。在"表格样式"对话框中，单击"新建"按钮，打开"创建新的表格样式"对话框来创建新的表格样式，如图 5-20 所示。

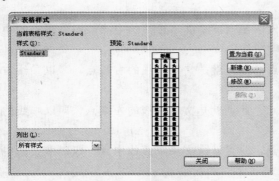

图 5-19 "表格样式"对话框

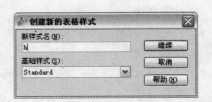

图 5-20 "创建新的表格样式"对话框

在"新样式名"的文本框中输入新建表格样式的名称，并在"基础样式"的下拉列表中选择默认的表格样式"Standard"或者其他的已被定义的表格样式。单击"确定"按钮，将弹出"新建表格样式"对话框，如图 5-21 所示。用户可以在此对话框中设置表格的各种参数，如表格方向、格式、对齐等。

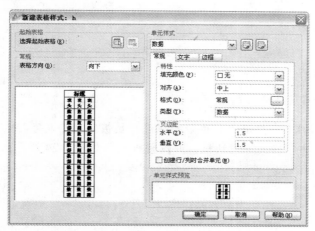

图 5-21 "新建表格样式"对话框

在"新建表格样式"对话框中，各选项的功能与含义如下：

- "选择起始表格（E）"：单击 按钮，将在绘图区选择一个表格作为将新建的表格样式的起始表格。
- "表格方向（D）"：表格的方向，选择"向上"，将创建由下而上读取的表格；选择"向下"，将创建由上而下读取的表格。
- "单元样式"：其下拉列表中有"标题"、"表头"和"数据"三种选项。三种选项的表格设置内容基本相似，都要对其"常规"、"文字"、"边框"三个选项卡进行设置。
- "填充颜色（F）"：在其下拉列表中设置表格的背景颜色。
- "对齐（A）"：调整表格单元格中的文字的对齐方式。
- "格式（O）"：单击 ，打开"表格单元格式"对话框，如图 5-22 所示。用户可在此对话框中设置单元格的数据格式。
- "类型（T）"：在其下拉列表框中，设置"数据"类型还是"标签"类型。
- "页边距"：在"水平"和"垂直"的文本框中，分别设置表格单元内容距连线的水平和垂直距离。
- "创建行/列时合并单元（M）"：将使用当前单元样式创建的所有新行或新列合并为一个单元。可以使用此选项在表格的顶部创建标题行。

选择"文字"选项卡，如图 5-23 所示，可以设置与文字相关的参数。

图 5-22 "表格单元格式"对话框　　　　　　　图 5-23 "文字"选项卡

- "文字样式（S）"：在其下拉列表框中选择已被定义的文字样式，也可以单击其后的按钮，打开"文字样式"对话框，并设置样式，如图 5-24 所示。

图 5-24 "文字样式"对话框

- "文字高度（I）"：在其文本框中，可以设置单元格中内容的文字高度。
- "文字颜色（C）"：在其下拉列表中设置文字的颜色。
- "文字角度（G）"：在其文本框中设置单元格中文字的倾斜角度。

选择"边框"选项卡，如图 5-25 所示，可以设置与边框相关的参数。

图 5-25 "边框"选项卡

- "线宽（L）"：在其下拉列表中选择线宽的样式。
- "线型（N）"：在其下拉列表中选择线型。
- "颜色（C）"：在其下拉列表中选择线和颜色。

- "双线（U）"：勾选该复选框，并在"间距"后的文字框中输入偏移的距离。

5.4.2　创建表格

在 AutoCAD 2012 中，表格可以从其他软件里复制，再粘贴过来生成或外部导入生成，也可以在 CAD 中直接创建生成表格。

用户可以通过以下几种方法来创建表格：

- 菜单栏：选择"绘图 | 表格"菜单命令。
- 工具栏：在"样式"工具栏中单击"表格样式"按钮 。
- 命令行：在命令行中输入或动态输入"TABLE"。

启动表格命令之后，系统将打开"插入表格"对话框，根据要求设置插入表格的列数、列宽、行数和行高等，然后单击"确定"按钮，即可创建一个表格，如图 5-26 所示。

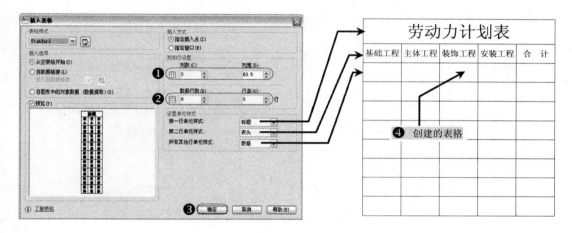

图 5-26　创建表格的方法和效果

在"插入表格"对话框中的选项的功能与含义如下：

- "表格样式"：在其下拉列表中选择已被创建的表格样式，或者单击其后的按钮，打开"表格样式"对话框，新建需要的表格样式。
- "从空表格开始（S）"：单击该单选按钮，可以插入一个空的表格。
- "自数据链接（L）"：单击该单选按钮，则可从外部导入数据来创建表格。
- "自图形中的对象数据（数据提取）（X）"：单击该单选按钮，则可以从可输出到表格或外部文件的图形中提取数据来创建表格。
- "预览（P）"：勾选该复选框，可在其下的预览框中进行预览插入的表格样式。
- "指定插入点（I）"：单击该单选按钮，则可以在绘图区中指定的点插入固定大小的表格。
- "指定窗口（W）"：单击该单选按钮，则可以在绘图区中通过移动表格的边框来创建任意大小的表格。

- "列数（C）"：在其下的文字框中设置表格的列数。
- "列宽（D）"：在其下的文字框中设置表格的列宽。
- "数据行数（R）"：在其下的文字框中设置行数。
- "行高（G）"：在其下的文字框中按照行数来设置行高。
- "第一行单元样式"：设置第一行单元样式为"标题"、"表头"、"数据"中的任意一个。
- "第二行单元样式"：设置第二行单元样式为"标题"、"表头"、"数据"中的任意一个。
- "所有其他行单元样式"：设置其他行的单元样式为"标题"、"表头"、"数据"中的任意一个。

5.4.3　表格的修改与编辑

当创建表格过后，用户可以单击该表格上的任意网格线以选中该表格，然后使用鼠标拖动夹点来修改该表格，如图 5-27 所示。

图 5-27　表格控制的夹点

在表格中单击某单元格，即可选中单个单元格；要选择多个单元格，请单击并在多个单元格上拖动；按住"Shift"键并在另外一个单元格内单击，可以同时选中这两个单元格以及它们之间的所有单元格。选中的单元格效果如图 5-28 所示。

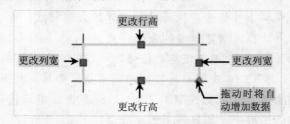

图 5-28　选中的单元格

在选中单元格的同时，将显示"表格"工具栏，从而可以借助该工具栏对 AutoCAD 的表格进行多项操作，如图 5-29 所示。

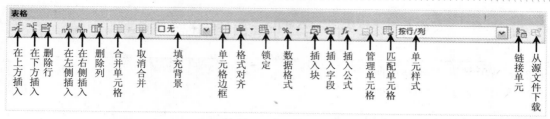

图 5-29　"表格"工具栏

 用户在选定表格单元后，可以从"表格"工具栏及快捷菜单中插入公式，也可以打开文字编辑器，然后在表格单元中手动输入公式。

- 单元格的表示。在公式中，可以通过单元的列字母和行号引用单元。例如，表格中左上角的单元为 A1；合并的单元使用左上角单元的编号；单元的范围由第一个单元和最后一个单元定义，并在它们之间加一个冒号（：），如范围 A2：E10 包括第 2～10 行和 A～E 列中的单元。

- 输入公式。公式必须以等号（＝）开始，用于求和、求平均值和计数的公式将忽略空单元以及未解析为数据值的单元；如果在算术表达式中的任何单元为空，或者包括非数据，则其他公式将显示错误（#）。

- 复制单元格。在表格中将一个公式复制到其他单元时，范围会随之更改，以反映新的位置。例如，如果 F6 中公式对 A6～E6 求和，则将其复制到 F7 时，单元格的范围将发生更改，从而该公式将对 A7～E7 求和。

- 绝对引用。如果在复制和粘贴公式时不希望更改单元格地址，应在地址的列或行处添加一个"$"符号。例如，如果输入$E7，则列会保持不变，但行会更改；如果输入E7，则列和行都保持不变。

 用鼠标右键单击选中的单元格，将打开其下拉菜单。用户也可以在此菜单中来编辑和修改文字内容，如图 5-30 所示。

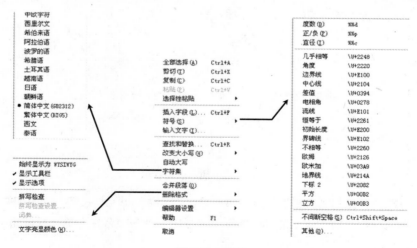

图 5-30　表格

5.5 实例：绘制建筑图纸标题栏

 视频\05\建筑图纸标题栏的绘制.avi

案例\05\建筑图纸标题栏.dwg

在建筑图纸标题栏的绘制中，首先在绘图区插入表格，再分别对指定的单元格进行合并，然后在相应的单元格中输入文字信息，从而完成建筑图纸标题栏的绘制。

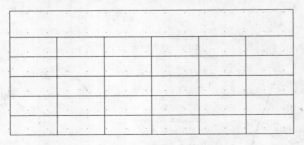

工程名称			图号	
子项名称			比例	
设计单位		监理单位	设计	
建设单位		制图	负责人	
施工单位		审核	日期	

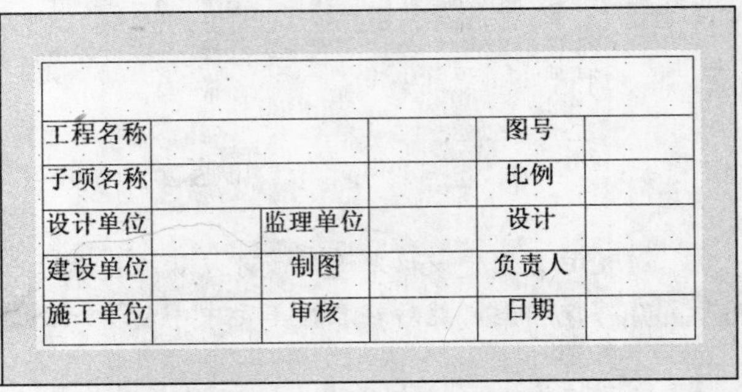

步骤 01 在 AutoCAD 2012 环境中，在"绘图"工具栏中单击"表格"按钮 ，打开"插入表格"对话框，并设置其参数，如图 5-31 所示。

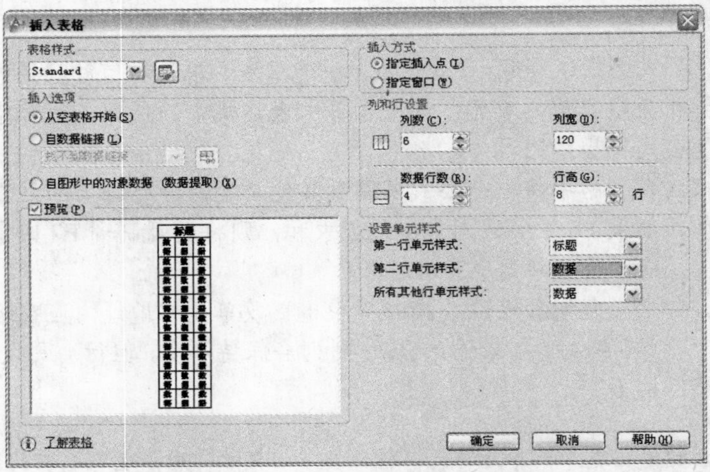

图 5-31 "插入表格"对话框

步骤 02 在绘图区的指定点单击，从而插入表格，如图 5-32 所示。

图 5-32 插入表格

步骤 03 在随之弹出的"表格"工具栏中，单击"合并"单元格按钮，选中如图 5-33 所示的单元格，在随之弹出的"表格"工具栏中，单击"合并"单元格按钮，并选择其下拉菜单中的"按行"选项。

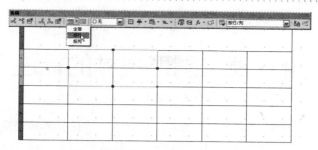

图 5-33　插入表格

步骤 04　双击选中单元格，呈文字输入状态，在相应的格子中输入文字对象，如图 5-34 所示。

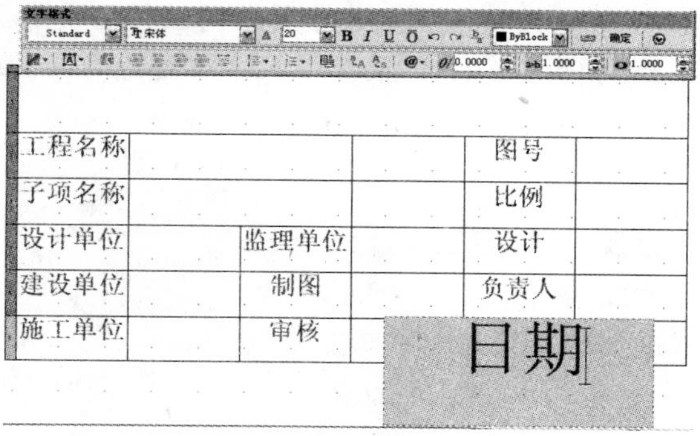

图 5-34　插入表格

步骤 05　单击"表格"工具栏上的"确定"按钮，完成建筑图纸标题栏的绘制，如图 5-35 所示。

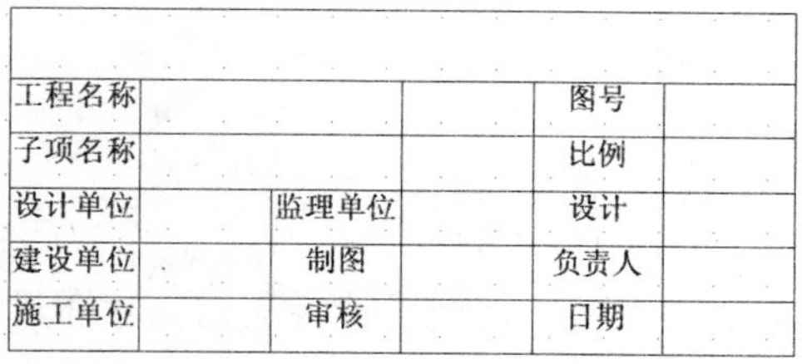

图 5-35　　插入表格

5.6　本章小节

　　学习单行、多行文字的创建、标注、设置比例、对正方式，掌握表格的样式、创建、编辑等知识，最后通过对建筑图纸标题栏的实例绘制，让读者灵活运用文字与表格的技巧，从而在实际生活工作中带来方便。

第 6 章　图形尺寸的标注

每一种类型的图纸的标注都有不同的规范，只有完全掌握其不同的规范，才能使标注符合图纸本身要求。在图纸中，尺寸标注是描述各个图形对象的真实形体大小、具体的位置以及与其他图形对象之间联系。在实际工作中，它是表达图纸信息的重要组成部分。

在本章中，首先讲解了尺寸标注样式的创建方法和各项设置方法；然后讲解了"标注"工具栏中主要标注功能的操作方法；接着讲解了尺寸标注的编辑与更新操作；最后讲解了多重引线标注样式的创建、多重引线的标注与编辑，最后以机械阀盖为实例来进行各种尺寸标注操作。

主要内容

- 掌握尺寸样式的创建及设置、尺寸的标注方法
- 掌握尺寸标注对象的编辑
- 掌握多重引线样式的创建、标注与编辑方法

6.1　尺寸样式的新建及设置

一个完整的尺寸样式包括尺寸线、标注文字、尺寸界线、标注文字等，用户可通过改变这些参数来控制其尺寸样式，并确定其符合图纸的格式。

6.1.1　新建或修改尺寸样式

在对图形对象进行标注时，可以使用系统已被定义的标注样式，也可以创建新的标注样式来适应不同风格或类型的图纸。

用户可以通过以下几种方法来创建新的标注样式：

- 菜单栏：选择"标注 | 标注样式"菜单命令。
- 工具栏：在"标注"工具栏中单击"标注样式"按钮 。
- 命令行：在命令行中输入或动态输入"DIMSTYLE"命令，快捷键为"D"。

执行上述操作后，系统将弹出"标注样式管理器"对话框，单击"新建"按钮，输入新的标注样式名称，再单击"继续"按钮，从而即可开始进行标注样式的设置，如图 6-1 所示。

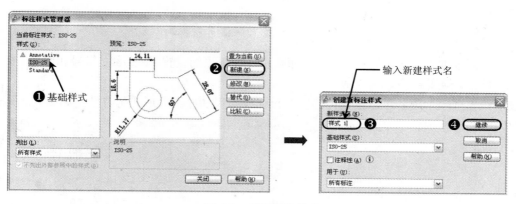

图 6-1　创建标注样式

　指定基础样式时，选择与新建样式相差不多的样式为基础样式，这样会减少后面的标注样式参数的修改量。

在"标注样式管理器"对话框中，各选项的功能与含义如下：

- "置为当前（U）"：将当前选中的标注样式设置为当前使用，并运用于当前创建的标注中。
- "新建（N）"：单击该按钮，将打开"创建新标注样式"对话框，从而定义新的标注样式。
- "修改（M）"：单击该按钮，将打开"修改标注样式"对话框，如图 6-2 所示。从而修改当前选中的标注样式。
- "替代（O）"：单击该按钮，将打开"替代当前样式"对话框，如图 6-3 所示。从中可设置当前标注样式的临时替代值，这种修改只对当前选中的标注起作用。

图 6-2　"修改标注样式"对话框

图 6-3　"替代当前样式"对话框

- "比较（C）"：单击该按钮，将打开"比较标注样式"对话框，如图 6-4 所示。从中可以比较两个标注样式的所有特性或列出一个标注样式的所有特性。

6.1.2 线

当用户新建或者修改标注样式过后，即可进行各选项的设置，包括线、符号和箭头、文字、调整、主单位、换算单位、公差等。

在"线"选项卡中，可以设置标注内的尺寸线与尺寸界线的形式与特性，如图 6-5 所示。

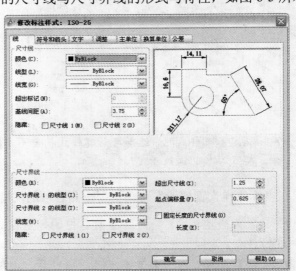

图 6-4 "比较标注样式"对话框

图 6-5 "线"选项卡

6.1.3 符号与箭头

在"符号和箭头"选项卡中，用户可以设置箭头的类型、大小以及引线类型等，结果如图 6-6～图 6-8 所示。

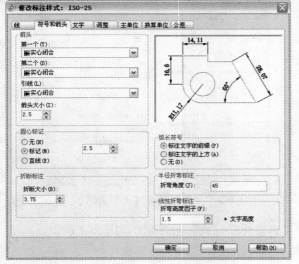

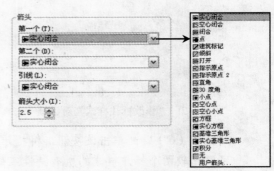

图 6-6 "符号和箭头"选项卡

图 6-7 "箭头"类型的下拉列表

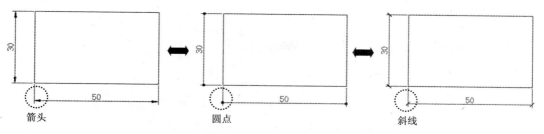

图 6-8 不同的箭头标记

6.1.4 文字

在"文字"选项卡中，用户可以通过此选项卡来设置文字的各项参数，如文字样式、颜色、高度、位置、对齐方式等，如图 6-9 所示，其主要选项的功能与含义如下。

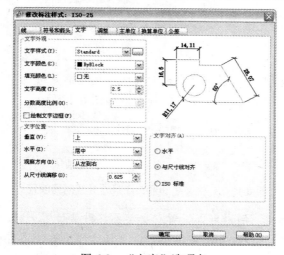

图 6-9 "文字"选项卡

- "文字外观"选项卡：主要用于设置标注文字的样式、颜色、大小。
- "文字位置"选项卡：主要用于设置标注文字的位置。
- "文字对齐"选项卡：主要用于设置"水平"、"与尺寸线对齐"、"ISO 标准"选项，选择其中任意一项来设置标注文字的对齐方式，如图 6-10 所示。

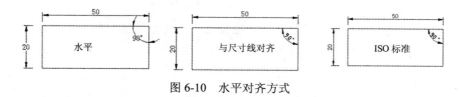

图 6-10 水平对齐方式

6.1.5 调整

在"调整"选项卡中，用户可以通过此选项卡来对其标注文字、尺寸线及比例等进行修改与调整，如图 6-11 所示，其主要选项的功能与含义如下。

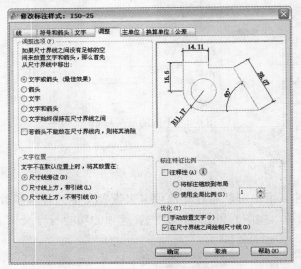

图 6-11 "调整"选项卡

- "调整选项"选项组：可以设置当尺寸界线之间没有足够的空间，但又需要放置标注文字和箭头时，可以移出到尺寸线的外面，如图 6-12 所示。

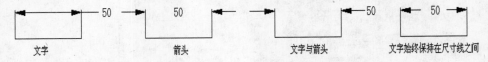

图 6-12 标注文字和箭头在尺寸界线间的放置

- "文字位置"选项组：用户可以设置当文字不在默认位置上时，将会放置的位置是"尺寸线旁边"、"尺寸线上方，带引线"、"尺寸线上方，不带引线"中哪一种，如图 6-13 所示。

图 6-13 标注文字的位置

- "标注特征比例"选项组：用于设置注释性文本及全局比例因子。
- "优化"选项组：用于优化设置标注文字的位置。

6.1.6 主单位

在"主单位"选项卡中，用户可以通过此选项卡来指定标注的单位及其格式、精度等，如图 6-14 所示，其主要选项的功能与含义如下。

- "线性标注"选项组：用来设置标注长度型尺寸时所采用的单位和精度。设置不同单位格式的标注，如图 6-15 所示。

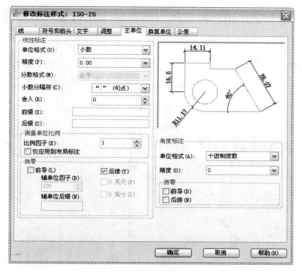

图 6-14　"主单位"选项卡

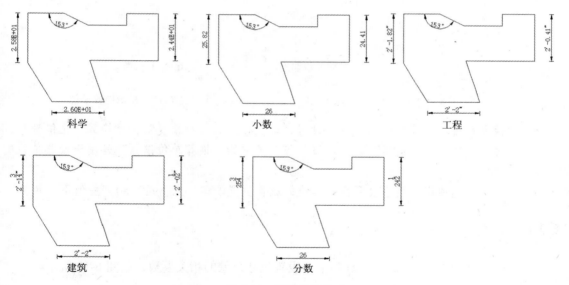

图 6-15　不同单位格式

- "测量单位比例"选项组：主要用于设置测量尺寸时的比例因子，以及布局标注的效果。
- "消零"选项组：主要用于设置是否显示尺寸标注中的"前导"和"后续"。
- "角度标注"选项组：用于设置标注角度时采用的角度单位，以及是否清零。

6.1.7 单位换算

在"换算单位"选项卡中，用户可以通过此选项卡来设置换算单位的格式，如图 6-16 所示，其主要选项的功能与含义如下。

- "显示换算单位"复选框：勾选该复选框表明采用公制或英制双套尺寸单位；若不勾选该复选框表明采用公制单位标注尺寸，如图 6-17 所示。只有勾选"显示换算单位"复选框时，其他选项卡中的各项才被激活。

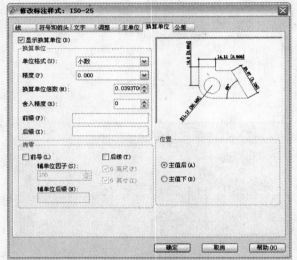

图 6-16 "换算单位"选项卡

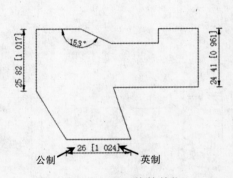

图 6-17 显示换算单位

- "换算单位"选项组：用户可以设置"单位格式"、"精度"、"换算单位倍数"、"含入精度"、"前缀"、"后缀"等。其中的"换算单位倍数"是用于设置单位的换算率。
- "位置"选项组：用于设置换算单位的放置位置，即"主值后"和"主值下"两种。

6.1.8 公差

在"公差"选项卡中，通过此选项卡来设置尺寸公差的相关参数，如图 6-18 所示。

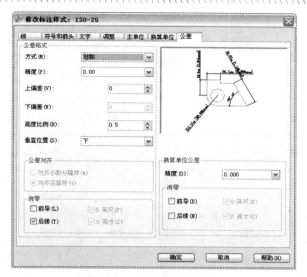

图 6-18　"公差"选项卡

6.2　图形对象的尺寸标注

在对图形进行尺寸标注时，可以将"尺寸标注"工具栏调出，并将其放置到绘图窗口的边缘，从而可以方便地输入标注尺寸的各种命令。如图 6-19 所示为"尺寸标注"工具栏及工具栏中的各项内容。

图 6-19　"尺寸标注"工具栏

6.2.1　线性标注

线性标注指标注图形对象在水平方向、垂直方向或指定方向上的尺寸，可以水平、垂直或对齐放置。

1．创建水平和垂直标注

AutoCAD 根据指定的尺寸界线原点或选择对象的位置自动应用水平或垂直标注。

在"标注"工具栏上单击"线性"按钮┠┤，按照提示选择标注的对象或者第一点和第二点，再指定尺寸线位置，从而即可对其进行水平或垂直的线性标注，如图 6-20 所示。

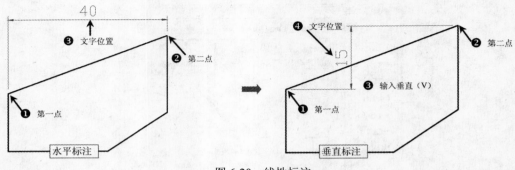

图 6-20　线性标注

 可根据提示选项来选择"水平（H）"或"垂直（V）"选项，此时不论尺寸线位置在何处，都将创建的是所指定方式的标注类型。

2．对齐标注

在对齐标注中，尺寸线平行于尺寸界线原点连成的直线。用户选对对象并指定对齐标注的位置，将自动生成尺寸界线。

在"标注"工具栏上单击"对齐"按钮 ，按照提示选择标注的对象或者第一点和第二点，再指定尺寸线位置，从而即可对其进行水平或垂直的线性标注，如图 6-21 所示。

3．基线标注和连续标注

基线标注是自同一基线处测量的多个标注，连续标注是首尾相连的多个标注。在创建基线或连续标注之前，必须创建线性、对齐或角度标注。可以从当前任务的最近创建的标注中以增量方式创建基线标注，如图 6-22 所示。

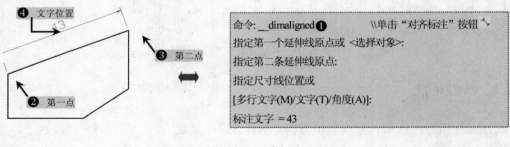

图 6-21　对齐标注

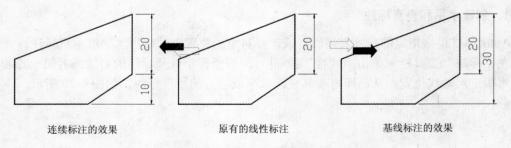

图 6-22　连续与线性标注效果

基线标注和连续标注都是从上一个尺寸界线处测量的，除非指定另一点作为原点。

6.2.2 半径标注

半径标注可以测量选定圆或圆弧的半径，并显示前面带有半径符号（R）的标注文字。

在"标注"工具栏上单击"半径"按钮 ⃝，根据命令行提示选择圆或圆弧对象，再确定尺寸线的位置，从而进行半径标注，如图 6-23 所示。

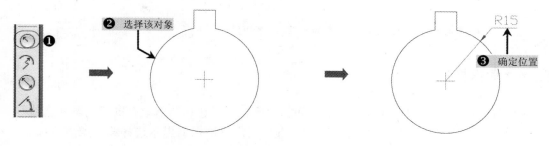

图 6-23 半径标注

 如果圆弧或圆的圆心位于图形边界之外并且无法在其实际位置显示时，可以使用"折弯" ⃝ 按钮创建折弯标注，可以在更方便的位置指定标注的原点（称为中心位置替代）来测量并显示其半径，如图 6-24 所示。

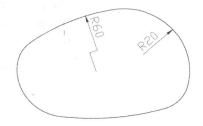

图 6-24 折弯标注的效果

在"修改标注样式"对话框的"符号和箭头"选项卡中的"半径标注折弯"下，用户可以设置折弯的默认角度。

6.2.3 直径标注

直径标注用于测量选定圆或圆弧的直径，并显示前面带有直径符号（ϕ）的标注文字。

在"标注"工具栏上单击"直径"按钮 ⃝，根据命令行提示选择圆或圆弧对象，再确定尺寸线的位置，从而进行直径标注，如图 6-25 所示。

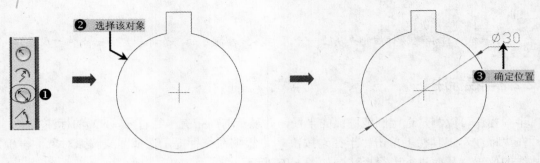

图 6-25　直径标注

　直径标注与半径标注类似，在此就不再详细说明。

6.2.4　角度标注

角度标注是测量两条直线或三个点之间的角度。可以选择的对象有圆弧、圆和直线等。

在"标注"工具栏上单击"角度"按钮 △，用户可以根据提示选择第一条直线和第二条直线，再确定弧线的位置，从而进行角度标注，如图 6-26 所示。

　当用户在"选择圆弧、圆、直线或 <指定顶点>:"提示下直接选择圆弧对象时，系统将直接标注圆弧的起点与端点之间的角度标注，如图 6-27 所示。

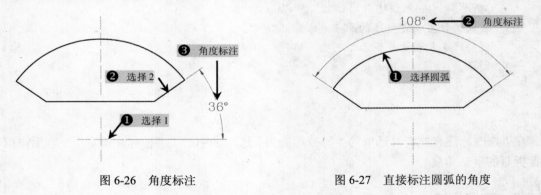

图 6-26　角度标注　　　　　　　　图 6-27　直接标注圆弧的角度

6.2.5　弧长标注

弧长标注用于测量圆弧或多段线弧线段上的距离，其弧长标注的延伸线可以正交或径向，在标注文字的上方或前面将显示圆弧符号（⌒）。

选择"标注 | 弧长"菜单命令，根据命令行提示选择弧线段或多段线弧线段，再指定弧长标注的位置即可，如图 6-28 所示。

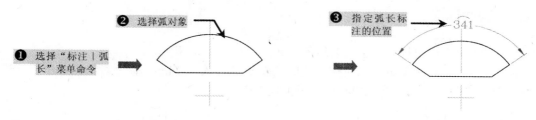

图 6-28　弧长标注

在进行弧长标注时，系统将提示很多的选项："[多行文字(M)/文字(T)/角度(A)/部分(P)/引线(L)]"。其中"部分（P）"选项表示对指定的弧线段的部分进行弧长标注，如图 6-29 所示；"引线（L）"选项表示用一个指引箭头来表示弧长标注的对象，如图 6-30 所示。

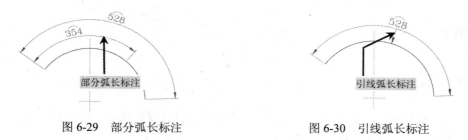

图 6-29　部分弧长标注　　　　　　　　图 6-30　引线弧长标注

6.2.6　坐标标注

坐标标注由 x 或 y 值和引线组成。x 基准坐标标注沿 x 轴测量特征点与基准点的距离，y 基准坐标标注沿 y 轴测量距离。如果指定一点，AutoCAD 将自动确定它是 x 基准坐标标注还是 y 基准坐标标注，这称为自动坐标标注。在"标注"工具栏中单击"坐标"按钮，根据提示选择要进行坐标标注的点，再使用鼠标确定是进行 X 或 Y 值标注即可，如图 6-31 所示。

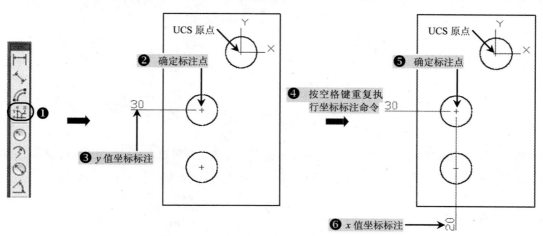

图 6-31　坐标标注的方法

6.2.7 快速标注

快速标注用于快速标注已创建成组的基线、连续、阶梯和坐标。

在"标注"工具栏上单击"快速标注"按钮 或输入"Qdim"命令。根据如下提示进行操作，即可对图形对象进行快速标注，如图 6-32 所示。

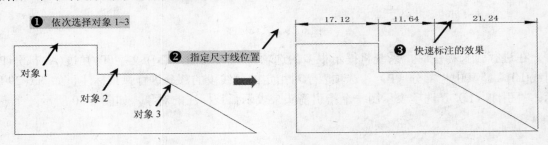

图 6-32　快速标注

6.2.8 等距标注

等距标注用于调整图形对象中已经标注的线性标注或角度标注的标注线位置间距大小，还可以选择连续设置的多个标注线之间的间距。

在"标注"工具栏上单击"等距标注"按钮 或输入"Dimspace"命令，根据如下提示进行操作，即可对图形对象进行等距标注，如图 6-33 所示。

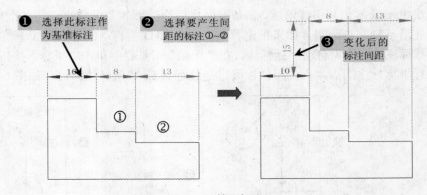

图 6-33　等距标注

 平行尺寸线之间的间距将设为相等；也可以通过使用间距值 0 使一系列线性标注或角度标注的尺寸线齐平，但是间距值不能为负数。

6.2.9 圆心标记

圆心标记是用于对圆或圆弧进行圆心或中心线的标记。

在"标注"工具栏上单击"圆心标记"按钮 或输入"dimcenter"命令，根据如下提示进行操作，即可对图形对象进行圆心标记，如图 6-34 所示。

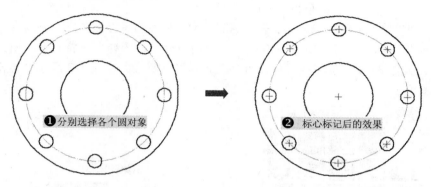

❶ 分别选择各个圆对象　　　❷ 标心标记后的效果

图 6-34　标记圆心

　圆心标记的形式可以由系统变量 DIMCEN 设定。当此变量值>0 时，作圆心标记，且此值是圆心标记线长度的一半；当此变量值<0 时，则将画出中心线，且此值是圆心处小十字线长度的一半。

6.2.10　形位标注

形位公差表示特征的形状、轮廓、方向、位置和跳动的允许偏差。其特征控制框至少由两个组件组成，如图 6-35 所示（一般用于机械设计中）。

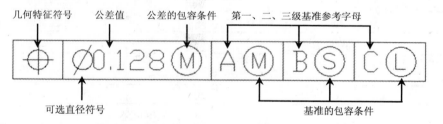

图 6-35　特征控制框架

在"标注"工具栏中单击"公差"按钮⊞或输入"TOL"命令，将弹出"形位公差"对话框，从而可以设置形位公差的符号、值及基准等参数，如图 6-36 所示。

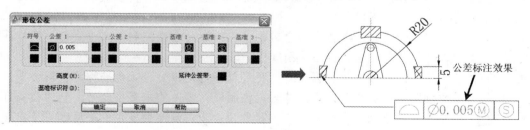

图 6-36　形位标注

在"形位公差"对话框中，各选项的含义如下。

- "符号"选项组：显示或设置所要标注形位公差的符号，如图 6-37 所示。在表 6-1 所示中给出了形位公差符号的含义。
- "公差 1"和"公差 2"选项组：表示 AutoCAD 将在形位公差值前加注直径符号"ϕ"。在中间的文本框中可以输入公差值，单击该列后面的图样框，将打开"附加符号"对话框，如图 6-38 所示，从而可以为公差选择附加符号。在表 6-2 所示中给出了附加符号的含义。

图 6-37　"特征符号"对话框　　　　　　图 6-38　"附加符号"对话框

表 6-1　形位公差符号及其含义

符　号	含　义	符　号	含　义
一	直线度	○	圆度
⌒	线轮廓度	⌒	面轮廓度
//	平行度	⊥	垂直度
⹀	对称度	◎	同轴度
⟋	圆柱度	∠	倾斜度
▱	平面度	⊕	位置度
↗	圆跳度	⚡	全跳度

表 6-2　附加符号及其含义

符　号	含　义
Ⓜ	材料的一般状况
Ⓛ	材料的最大状况
Ⓢ	材料的最小状况

- "基准 1"、"基准 2"、"基准 3"选项组：设置基准的有关参数，用户可在相应的文本框中输入相应的基准代号。
- "高度"文本框：可以输入投影公差带的值。投影公差带控制固定垂直部分延伸区的高度变化，并以位置公差控制公差精度。
- "延伸公差带"：除指定位置公差外，还可以指定延伸公差（也被称为投影公差），以使公差更加明确。例如，使用延伸公差控制嵌入零件的垂直公差带。延伸公差符号（Ⓟ）的前面是高度值，它指定最小的延伸公差带。延伸公差带的高度和符号出现在特征控制框下的边框中。
- "基准标识符"文本框：创建由参照字母组成的基准标识符号。

6.3 尺寸标注的编辑

在 AutoCAD 2012 中，可以对已标注对象的文字、位置、箭头及样式等内容进行修改，而不必删除所标注的尺寸对象再重新进行标注。

6.3.1 编辑尺寸

在"标注"工具栏中单击"编辑标注"按钮 ，即可编辑已有标注的标注文字内容和放置位置。选择此命令后，在命令行提示如下信息。

输入标注编辑类型 [默认(H)/新建(N)/旋转(R)/倾斜(O)] <默认>:

命令行中各选项的含义如下。

- "默认（H）"选项：选择该选项并选择尺寸对象，可以按默认位置和方向放置尺寸文字。
- "新建（N）"选项：选择该选项可以修改尺寸文字，此时系统将显示"文字格式"工具栏和文字输入窗口。修改或输入尺寸文字后，选择需要修改的尺寸对象即可。
- "旋转（R）"选项：选择该选项可以将尺寸文字旋转一定的角度，同样是先设置角度值，然后选择尺寸对象，如图 6-39 所示。
- "倾斜（O）"选项：选择该选项可以使非角度标注的尺寸界线倾斜一角度。这时需要先选择尺寸对象，然后设置倾斜角度值，如图 6-40 所示。

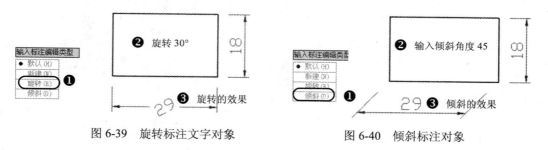

图 6-39　旋转标注文字对象　　　　　　图 6-40　倾斜标注对象

6.3.2 编辑标注文字的位置

选择"标注 | 对齐文字"子菜单中的命令，或在"标注"工具栏中单击"编辑标注文字"按钮 ，都可以修改尺寸的文字位置。选择需要修改的尺寸对象后，命令行提示如下。

为标注文字指定新位置或 [左对齐(L)/右对齐(R)/居中(C)/默认(H)/角度(A)]:

默认情况下，可以通过拖动光标来确定尺寸文字的新位置，也可以输入相应的选项指定标注文字的新位置。

6.3.3 替代与更新标注

选择"标注 | 替代"命令，可以临时修改尺寸标注的系统变量设置，并按该设置修改尺寸标注。该操作只对指定的尺寸对象作修改，并且修改后不影响原系统的变量设置。执行该命令后。

选择"标注 | 更新"命令，或者在"标注"工具栏中单击"标注更新"按钮，都可以更新标注，使其采用当前的标注样式。

6.4 多重引线的创建与编辑

引线对象是一条线或样条曲线，其一端带有箭头，另一端带有多行文字对象或块。在某些情况下，有一条短水平线（又称为基线）将文字或块和特征控制框连接到引线上，如图 6-41 所示。

在 AutoCAD 2012 中单击鼠标右键工具栏，从弹出的快捷菜单中选择"多重引线"选项，将打开"多重引线"工具栏，如图 6-42 所示。

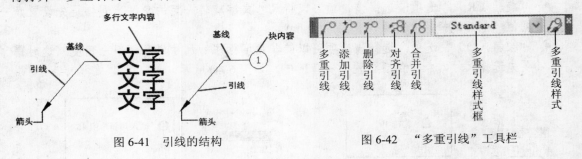

图 6-41　引线的结构　　　　　　　图 6-42　"多重引线"工具栏

6.4.1 创建多重引线

多重引线样式与标注样式一样，也可以创建新的样式来对不同的图形进行引线标注。

在"多重引线"工具栏中单击"多重引线样式"按钮，将弹出"多重引线样式管理器"对话框，如图 6-43 所示。

图 6-43　创建新的多重引线样式

当单击"继续"按钮后，系统将弹出"修改多重引线样式"对话框，从而用户可以根据需要来对其引线的格式、结构和内容进行修改，如图 6-44 所示。

图 6-44 修改多重引线样式

 在"修改多重引线样式"对话框中，各选项的设置方法与"新建标注样式"对话框中的设置方法大致相同，在这里就不一一讲解了。

6.4.2 创建与修改多重引线

当用户创建了多重引线样式后，就可以通过此样式来创建多重引线，并且可以根据需要来修改多重引线。

创建多重引线命令的启动方法：

- 下拉菜单：选择"标注丨多重引线"菜单命令。
- 工具栏：在"多重引线"工具栏上单击"多重引线"按钮 。
- 输入命令名：在命令行中输入或动态输入 mleader，并按回车键。

启动多重引线命令之后，用户根据如下的提示信息进行操作，即可对图形对象进行多重引线标注，如图 6-45 所示。

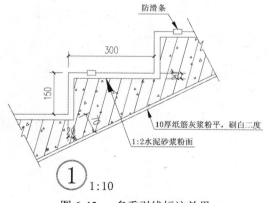

图 6-45 多重引线标注效果

用户可打开"案例\06\楼梯节点详图.dwg"文件进行操作。

当用户需要修改选定的某个多重引线对象时，用户可以单击鼠标右键该多重引线对象，从弹出的快捷菜单中选择"特性"命令，将弹出"特性"面板，从而可以修改多重引线的样式、箭头样式与大小、引线类型、是否水平基线、基线间距等，如图 6-46 所示。

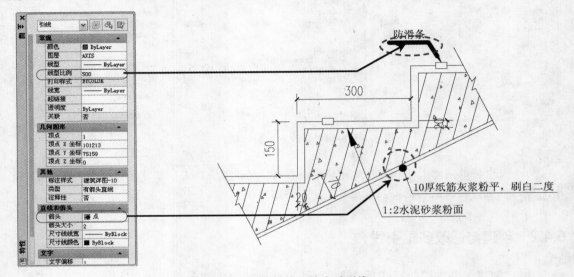

图 6-46   修改选择的多重引线

 在创建多重引线时，所选择的多重引线样式类型应尽量与标注的类型一致，否则所标注出来的效果与标注样式不一致。

6.5   本章小节

通过新建尺寸样式，让读者了解其各选项的具体含义、各标注的实际运用、尺寸标注的编辑方法、多重引线的创建与编辑步骤等。

第 7 章　图层的管理

图层是用户组织和管理图形的帮手，在一个复杂的图形中，有许多不同类型的图形对象，这些图形对象都具有图层、颜色、线宽、线型四个基本属性，为了区分和管理，可以通过创建多个图层，将特性相似的对象放在同一个图层上，以方便控制对象的显示、关闭、冻结、编辑等，从而提高绘图的水平和工作效率。

⬇ **主要内容**

- 掌握图层的规划技巧
- 掌握图层的设置方法
- 掌握图层的控制方法

7.1　图层的特点

在 AutoCAD 2012 绘图过程中，使用图层是一种最基本的操作，也是最有利的工作之一，它对图形文件中各类实体的分类管理和综合控制具有重要的意义。归纳起来主要有以下特点：

- 大大节省存储空间。
- 能够统一控制同一图层对象的颜色、线条宽度、线型等属性。
- 能够统一控制同类图形实体的显示、冻结等特性。
- 在同一图形中可以建立任意数量的图层，且同一图层的实体数量也没有限制。
- 各图层具有相同的性质、绘图界限及显示时的缩放倍数，可同时对不同图层上的对象进行编辑操作。

 每个图形都包括名为 0 的图层，该图层不能删除或者重命名。它有两个用途：一是确保每个图形中至少包括一个图层；二是提供与块中的控制颜色相关的特殊图层。

7.2　图层的创建

默认情况下，图层 0 将被指定使用 7 号颜色（白色或黑色，由背景色决定）、CONTINUOUS 线型、"默认"线宽及 NORMAL 打印样式。在绘图过程中，如果要使用更多的图层来组织图形，就需要先创建新的图层。

用户可以通过以下方法来打开"图层特性管理器"面板，如图 7-1 所示。

- 菜单栏：选择"格式｜图层"菜单命令。
- 工具栏：单击"图层"工具栏的"图层"按钮 。

● 命令行：在命令行输入或动态输入"Layer"命令（快捷键"LA"）。

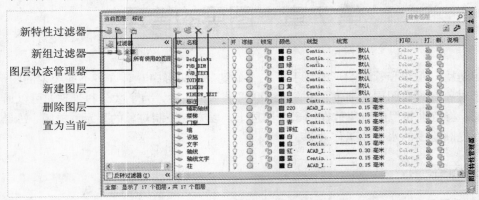

图 7-1　"图层特性管理器"面板

在"图层特性管理器"面板中单击"新建图层"按钮 ，在图层的列表中将出现一个名称为"图层 1"的新图层。默认情况下，新建图层与当前图层的状态、颜色、线性及线宽等设置相同。如果要更改图层名称，可单击该图层名，或者按 F2 键，然后输入一个新的图层名并按 Enter 键即可。

要快速创建多个图层，可以选择用于编辑的图层名并用逗号隔开输入多个图层名。但在输入图层名时，图层名最长可达 255 个字符，可以是数字、字母或其他字符，但不能允许有>、<、｜、\、""、：、|、=等，否则系统将弹出如图 7-2 所示的警告框。

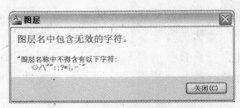

图 7-2　警告框

在进行建筑与室内装饰设计过程中，为了便于各专业信息的交换，图层名应采用中文或西方的格式化命名方式，编码之间用西文连接符"-"连接，如图 7-3 所示。

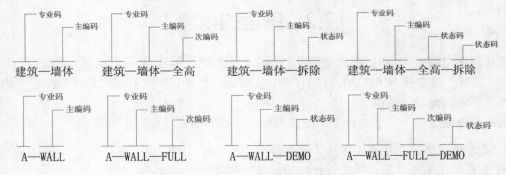

图 7-3　中、西文图层的命名格式

- 专业码：由两个汉字组成，用于说明专业类别（如建筑、结构等）。
- 主编码：由两个汉字组成，用于详细说明专业特征，可以和任意专业码组合（如墙体）。
- 次编码：由两个汉字组成，用于进一步区分主编码类型，是可选项，用户可以自定义次编码（如全高）。
- 状态码：由两个汉字组成，用于区分改建、加固房屋中该层实体的状态（如新建、拆除、保留和临时等），是可选项。

而对于西文命名的图层名，其专业码由一个字符组成，主编码、次编码、状态码均由四个字符组成。在如表 7-1 所示中给出了建筑设计中的专业码和状态码的中、西文名对照。

表 7-1　专业码与状态码的对照表

专业码		状态码	
中文名	英文名	中文名	英文名
建筑	A	新建	NEWW
电气	E	保留	EXST
总图	G	拆除	DEMO
室内	I	拟建	FUIR
暖通	M	临时	TEMP
给排	P	搬迁	MOVE
设备	Q	改建	RELO
结构	S	契外	NICN
通讯	T	阶段	PHSI
其他	X		

7.3　图层的删除

用户在绘制图形过程中，若发现有一些没有使用的多余图层，这时可以通过"图层特性管理器"面板来删除图层。

要删除图层，在"图层特性管理器"面板中，使用鼠标选择需要删除的图层，然后单击"删除图层"按钮 ✖ 或按 Alt+D 组合键即可。如果要同时删除多个图层，可以配合 Ctrl 键或 Shift 键来选择多个连续或不连续的图层。

在删除图层的时候，只能删除未参照的图层。参照图层包括"图层 0 "及 DEFPOINTS、包含对象（包括块定义中的对象）的图层、当前图层和依赖外部参照的图层。不包含对象（包括块定义中的对象）的图层、非当前图层和不依赖外部参照的图层都可以用 PURGE 命令删除。

7.4　设置当前图层

在 AutoCAD 中绘制的图形对象，都是在当前图层中进行的，且所绘制图形对象的属性也将继承当前图层的属性。在"图层特性管理器"面板中选择一个图层，并单击"置为当前"按

钮 ✓ ，即可将该图层置为当前图层，并在图层名称前面显示 ✓ 标记，如图 7-4 所示。

另外，在"图层"工具栏中单击 ⬛ 按钮，然后使用鼠标选择指定的对象，即可将选择的图形对象置为当前图层，如图 7-5 所示。

图 7-4　当前图层　　　　　　　　　　　　　　图 7-5　"图层"工具栏

7.5　设置图层颜色

颜色在图形中具有非常重要的作用，可用来表示不同的组件、功能和区域。图层的颜色实际上是图层中图形对象的颜色。每个图层都拥有自己的颜色，对不同的图层可以设置相同的颜色，也可以设置不同的颜色，绘制复杂图形时就可以很容易区分图形的各部分。

在"图层特性管理器"面板中，在某个图层名称的"颜色"列中单击，即可弹出"选择颜色"对话框，从而可以根据需要选择不同的颜色，然后单击"确定"按钮即可，如图 7-6 所示。

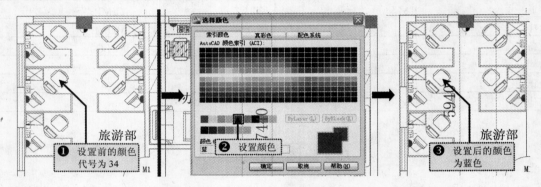

图 7-6　设置图层颜色

7.6　设置图层线型

线型是指图形基本元素中线条的组成和显示方式，如虚线和实线等。在 AutoCAD 中既有简单线型，也有由一些特殊符号组成的复杂线型，以满足不同国家或行业标准的要求。

在"图层特性管理器"面板中，在某个图层名称的"线型"列中单击，即可弹出"选择线型"对话框，从中选择相应的线型，然后单击"确定"按钮即可，如图 7-7 所示。

图 7-7 设置图层线型

用户可在"选择线型"对话框中单击"加载"按钮，将打开"加载或重载线型"对话框，从而可以将更多的线型加载到"选择线型"对话框中，以便用户设置图层的线型，如图 7-8 所示。

在 AutoCAD 中所提供的线型库文件有 acad.lin 和 acadiso.lin。在英制测量系统下使用 acad.lin 线型库文件中的线型；在公制测量系统下使用 acadiso.lin 线型库文件中的线型。

图 7-8 加载 CAD 线型

7.7 设置线型比例

用户可以选择"格式｜线型"菜单命令，将弹出"线型管理器"对话框，选择某种线型，并单击"显示细节"按钮，可以在"详细信息"设置区中设置线型比例，如图 7-9 所示。

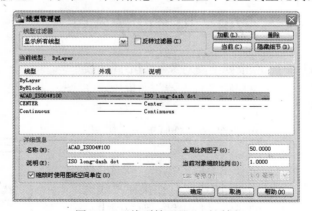

图 7-9 "线型管理器"对话框

线型比例分为三种：全局比例因子、当前对象的缩放比例和图纸空间的线型缩放比例。"全局比例因子"控制所有新的和现有的线型比例因子；"当前对象的缩放比例"控制新建对象的线型比例；"图纸空间的线型缩放比例"作用为当"缩放时使用图纸空间单位"被选中时，AutoCAD 自动调整不同图纸空间视窗中线型的缩放比例。这三种线型比例分别由 LTSCALE、CELTSCALE 和 PSLTSCALE 三个系统变量控制。如图 7-10 所示分别设置"辅助线"对象的不同线型比例效果。

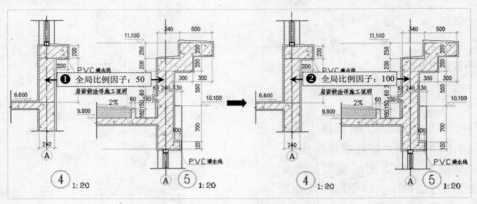

图 7-10　不同比例因子的比较

- "全局比例因子"：控制着所有线型的比例因子，通常值越小，每个绘图单位中画出的重复图案就越多。在默认情况下，AutoCAD 的全局线型缩放比例为 1.0，该比例等于一个绘图单位。在"线型管理器"对话框中的"详细信息"选项组中，可以直接输入"全局比例因子"的数值，也可以在命令行中输入 ltscale 命令进行设置。

- "当前对象的缩放比例"：控制新建对象的线型比例，其最终的比例是全局比例因子与该对象比例因子的乘积，设置方法和"全局比例因子"基本相同。所有线型最终的缩放比例是对象比例因子与全局比例因子的乘积，所以在 CELTSCALE=2 的图形中绘制的是点划线，如果将 LTSCALE 设为 0.5，其效果与在 CELTSCALE=1 的图形中绘制 LTSCALE=1 的点划线时的效果相同。

7.8　设置图层线宽

用户在绘制图形过程中，应根据不同对象绘制不同的线条宽度，以区分其特性。在"图层特性管理器"面板中，在某个图层名称的"线宽"列中单击，将弹出"线宽"对话框，如图 7-11 所示，在其中选择相应的线宽，然后单击"确定"按钮即可。

当设置了线型的线宽后，应在状态栏中激活"线宽"按钮 ，才能在视图中显示出所设置的线宽。如果在"线宽设置"对话框中，调整了不同的线宽显示比例，则视图中显示的线宽效果也将不同，如图 7-12 所示。

图 7-11　"线宽"对话框

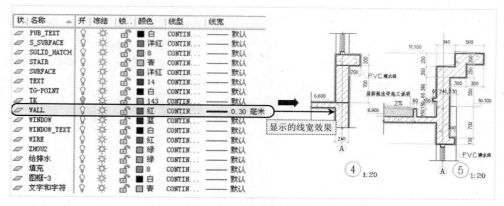

图 7-12　设置线型宽度

用户可选择"格式 | 线宽"菜单命令，将弹出"线宽设置"对话框，从而可以通过调整线宽的比例，使图形中的线宽显示得更宽或更窄，如图 7-13 所示。

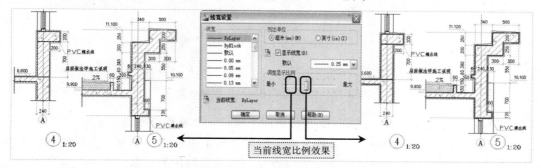

图 7-13　显示不同的线宽比例效果

7.9　控制图层状态

在"图层特性管理器"面板中，其图层状态包括图层的打开 | 关闭、冻结 | 解冻、锁定、解锁等；同样，在"图层"工具栏中，用户也可设置并管理各图层的特性，如图 7-14 所示。

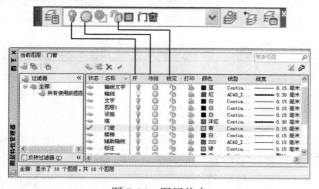

图 7-14　图层状态

面板中的选项含义如下：

- 打开 | 关闭图层：在"图层"工具栏的列表框中，单击相应图层的小灯泡图标💡，可以打开或关闭图层的显示与否。在打开状态下，灯泡的颜色为黄色，该图层的对象将显示在视图中，也可以在输出设置上打印；在关闭状态下，灯泡的颜色转为灰色💡，该图层的对象不能在视图中显示出来，也不能打印出来，如图7-15所示为打开或关闭图层的对比效果。

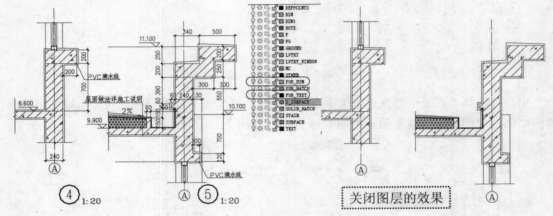

图 7-15 打开或关闭图层的比较效果

- 冻结 | 解冻图层：在"图层"工具栏的列表框中，单击相应图层的太阳☀或雪花❄图标，可以冻结或解冻图层。在图层被冻结时，显示为雪花❄图标，其图层的图形对象不能被显示和打印出来，也不能编辑或修改图层上的图形对象；在图层被解冻时，显示为太阳☀图标，此时的图层上的对象可以被编辑。
- 锁定 | 解锁图层：在"图层"工具栏的列表框中，单击相应图层的小锁🔒图标，可以锁定或解锁图层。在图层被锁定时，显示为🔒图标，此时不能编辑锁定图层上的对象，但仍然可以在锁定的图层上绘制新的图形对象。

 关闭图层与冻结图层的区别在于：冻结图层可以减少系统重新生成图形的计算时间。若用户的计算机性能较好，且所绘制的图形较为简单，则一般不会感觉到图层冻结的优越性。

7.10 实例：新农村住宅轴线网的绘制

 视频\07\新农村住宅轴线网的绘制.avi
案例\07\新农村住宅轴线网.dwg

首先启动 AutoCAD 2012 软件，并将其保存为"新农村住宅轴线网.dwg"，然后根据需要设置绘图环境等，在此要设置图层对象，然后使用直线命令绘制垂直和水平的轴线对象，再使用偏移命令对其轴线进行偏移，使之符合所需的轴线环境。其具体操作步骤如下：

步骤 01 启动好 AutoCAD 2012 软件，选择"文件 | 新建"菜单命令，新建一个"Drawing1.dwg"

文件。

步骤 02 选择"文件｜保存"菜单命令，将文件保存为"案例\07\新农村住宅轴线网.dwg"文件。

步骤 03 选择"格式｜图层"菜单命令，将弹出"图层特性管理器"面板，单击"新建图层"按钮 5 次，在"名称"列中将依次显示"图层 1"～"图层 5"，此时使用鼠标选择"图层 1"，并按【F2】键使之成为编辑状态，再输入图层名称"轴线"；再按照此方法依次分别将其他图层重新命名为"墙体"、"门窗"、"柱子"和"标注"，如图 7-16 所示。

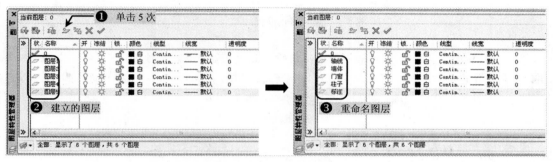

图 7-16 设置图层名称

步骤 04 选择"轴线"图层，在"颜色"列中单击该颜色按钮，将弹出"选择颜色"对话框，在该对话框中单击"红色"，然后单击"确定"按钮返回到"图层特性管理器"面板，从而设置该图层的颜色为红色，如图 7-17 所示。

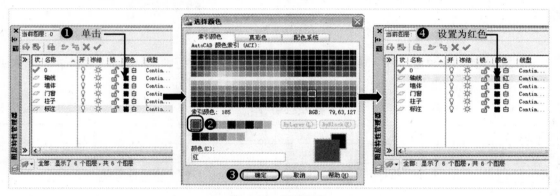

图 7-17 设置颜色

步骤 05 在"线型"列中单击线型，将弹出"选择线型"对话框，选择"DASHDOT"线型后单击"确定"按钮，从而设置该图层的线型对象为"DASHDOT"，如图 7-18 所示。

图 7-18　设置线型

 如果在"选择线型"对话框中找不到所需要的线型对象，此时用户可单击"加载"按钮，在弹出的"加载或重载线型"对话框中选择所需的线型对象，然后单击"确定"按钮即可将其加载到"选择线型"对话框中，如图 7-19 所示。

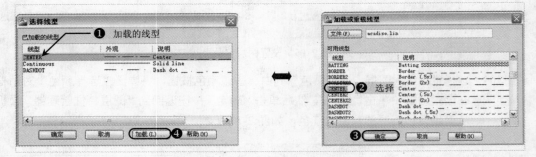

图 7-19　加载线型

步骤 06　再按照前面的方法，分别将"墙体"、"门窗"、"柱子"和"标注"图层的对象按照如表 7-2 所示进行设置，其设置的效果如图 7-20 所示。

表 7-2　设置图层

图层名称	颜色	线型	宽度
墙体	黑色	Continuous	0.30mm
门窗	蓝色	Continuous	默认
柱子	黄色	Continuous	0.30mm
标注	绿色	Continuous	默认

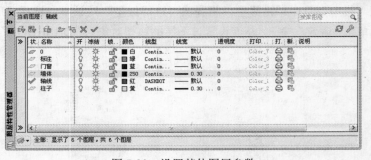

图 7-20　设置其他图层参数

步骤 07 在"图层"工具栏的"图层控制"下拉列表框中选择"轴线"图层，使之成为当前图层对象，如图 7-21 所示。

图 7-21　设置当前图层

步骤 08 在"绘图"工具栏中单击"直线"按钮 ∕，在命令行的"指定第一点："提示下输入"0，0"，再在"指定下一点或 [放弃(U)]:"提示下输入"@0,15000"，然后按回车键结束，从而自原点绘制一条垂直的线段，如图 7-22 所示。

步骤 09 同样，在"绘图"工具栏中单击"直线"按钮 ∕，在命令行的"指定第一点："提示下输入"0，0"，再在"指定下一点或 [放弃(U)]:"提示下输入"@10000，0"，然后按回车键结束，从而自原点绘制一条水平的线段，如图 7-23 所示。

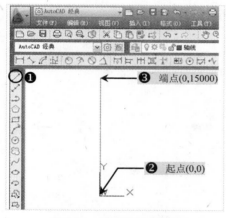

图 7-22　绘制的垂直线段

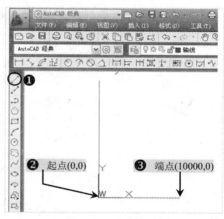

图 7-23　绘制的水平线段

步骤 10 在"修改"工具栏中单击"偏移"按钮 ⤷，在命令行的"指定偏移距离："提示下输入 3600 并按回车键，在"择要偏移的对象："提示下选择垂直线段，在"指定要偏移的那一侧上的点"提示上在选择垂直线段的右侧，从而将垂直线段向右偏移 3600，如图 7-24 所示。

步骤 11 再按照上面的方法将偏移的线段向右侧偏移 5700，将下侧的线段分别向上偏移 1500、4200、2700、4800，如图 7-25 所示。

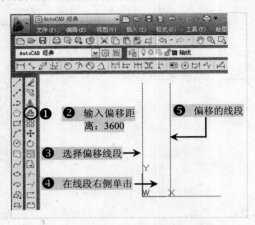

图 7-24 偏移的垂直线段

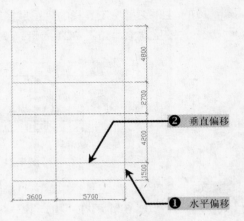

图 7-25 偏移其他线段

步骤 12 从当前图形对象可以看出，由于选择"轴线"图层，而"轴线"图层所使用线型为"DASHDOT"，应该是虚线的，但当前观察并非虚线而是实线，这时用户可选择"格式｜线型"命令，将弹出"线型管理器"对话框，在"全局比例因子"文本框中输入 100，再单击"确定"按钮，则视图中的轴线将呈点划线状，如图 7-26 所示。

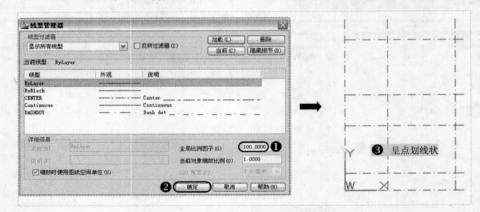

图 7-26 改变比例因子

步骤 13 至此，该新农村住宅轴线网已经绘制完成，用户可按 Ctrl+S 组合键对其进行保存。

7.11 本章小节

通过了解图层的创建、删除步骤，设置图层的颜色、线型、比例、线宽等，显示、隐藏、冻结图层的方法，以及农村住宅轴线网实例的绘制，让读者真正掌握图层的相关操作。

第 8 章　图形的规划与布局

只有将所绘制的图形打印出来，才能方便设计和施工人员阅读。AutoCAD 2012 为用户提供了方便的图纸布局、页面设置与打印输出操作，这对于同一图形对象，可进行多种不同的布局，以方便不同设计的需要；如果只做了很小的修改（如仅仅是图形的比例值不同），那么只需在"打印"对话框中进行一些必要的设置，即用打印机或绘图仪以不同的比例值将该图形对象输出到尺寸大小不同的图纸上即可，而不必绘制两张不同比例值的图形。

如果用户需要将所绘制的图形文件发布到网上，可以借助 AutoCAD 2012 提供的发布功能进行操作，可以发布为电子图形集、Web 文件、DXF 文件等。

主要内容

- 掌握图形的输入和输出方法
- 掌握图纸的布局方法和浮动视口的操作方法
- 掌握图纸的打印、发布方法

8.1　图形的输入与输出

AutoCAD 2012 除了可以打开和保存 dwg 格式的图形文件外，还可以导入或导出其他格式的图形对象。

8.1.1　导入图形

在 AutoCAD 2012 中选择"文件 | 输入"菜单命令，将打开"输入文件"对话框，在其"文件类型"下拉列表框中可以看到，系统允许输入 FBX、"图元文件"、ACIS、3D Studio 及 DGN 图形格式的文件，如图 8-1 所示。

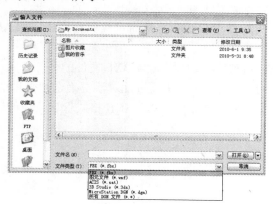

图 8-1　"输入文件"对话框

用户可以在"插入"菜单下选择相应的命令来输入图形对象，如图 8-2 所示。

图 8-2 "插入"菜单

8.1.2 DXF 文件的输入与输出

DXF 文件是标准的 ASCII 码文本文件，它是由标题段、表段、块段、实体段和结束段组成的。在 AutoCAD 2012 中，可以选择"文件 | 打开"菜单命令，或者在命令行中输入 DXFIN 命令，在弹出的"选择文件"对话框中选择相应的 DXF 文件来打开，如图 8-3 所示。

如果要以 DXF 格式输出图形，可选择"文件 | 保存"命令或"文件 | 另存为"菜单命令，在弹出的"图形另存为"对话框的"文件类型"下拉列表框中选择 DXF 格式，然后在对话框右上角选择"工具 |

图 8-3 "选择文件"对话框

选项"命令，打开"另存为选项"对话框，从而设置保存格式，如 ASCII 格式或者"二进制"格式，如图 8-4 所示。

二进制格式的 DXF 文件包括 ASCII 格式的 DXF 文件的全部信息，但它更为紧凑，AutoCAD 对它的读写速度也有很大的提高。此外，可通过此对话框确定是否将指定的对象以 DXF 格式保存，以及是否保存微缩预览图像。如果图形以 ASCII 格式保存，还能够设置小数的保存精度。

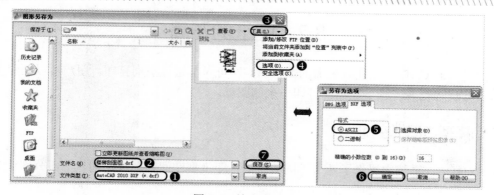

图 8-4 输出为 DXF

8.1.3 插入 OLE 对象

在 AutoCAD 2012 中还可以插入
诸如 Word、Excel、公式、画笔等应
用程序的对象。选择"插入 | OLE 对
象"菜单命令，打开"插入对象"对
话框，可以插入对象链接或者嵌入对
象，如图 8-5 所示。

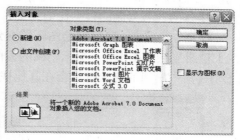

8.1.4 输出图形

图 8-5 "插入对象"对话框

选择"文件 | 输出"菜单命令，打开"输出数据"对话框，在"保存于"下拉列表框中设
置文件输出的路径，在"文件名"文本框中输入文件名称，在"文件类型"下拉列表框中选择
文件的输出类型，如图元文件、ACIS、平板印刷、封装 PS、DXX 提取、位图等，然后单击
"保存"按钮，将切换到绘图窗口中，可以选择需要以指定格式保存的对象，如图 8-6 所示。

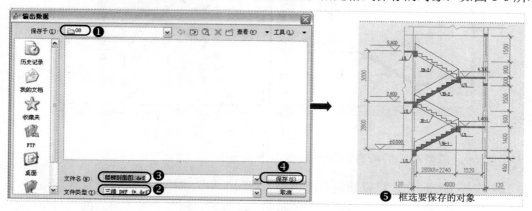

图 8-6 输出图形

8.2 图纸的布局

用户在 AutoCAD 中创建好所需的图形后，即可对其进行布局打印。用户可以创建多种布局，每个布局都代表一张单独需要打印出来的图纸。

8.2.1 模型与图纸空间

在 AutoCAD 系统中提供了两个不同的空间：即模型空间和图纸空间，下面分别针对两个不同空间的特征进行简要的介绍。

1. 模型空间

在新建或打开 DWG 图纸后，即可看到窗口下侧的视图选卡上显示有"模型"、"布局 1"和"布局 2"。在前面讲解的各个章节中，所绘制或打开的图形内容，都是在模型空间中进行绘制或编辑操作的，其绘制的模型比例为 1:1。

使用"模型"选项卡，可以将绘图区域拆分成一个或多个相邻的矩形视图，称为模型空间视口。在大型或复杂的图形中，显示不同的视图可以缩短在单一视图中缩放或平移的时间，而且，在一个视图中出现的错误可能会在其他视图中表现出来，如图 8-7 所示。

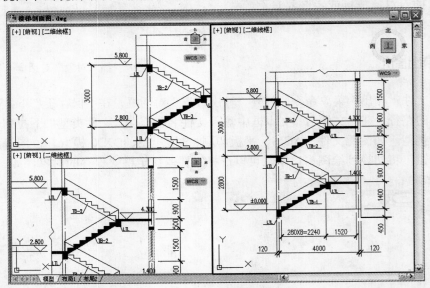

图 8-7　模型空间

下面就针对模型空间的所有特征归纳有以下几点。

（1）在模型空间中，可以绘制全比例的二维图形和三维模型，并带有尺寸标注。

（2）模型空间中，每个视口都包含对象的一个视图。例如，设置不同的视口会得到俯视图、正视图、侧视图和立体图等。

（3）用 VPORTS 命令创建视口和视口设置，并可以保存起来，以备后用。

（4）视口是平铺的，它们不能重叠，总是彼此相邻。

（5）在某一时刻只有一个视口处于激活状态，十字光标只能出现在一个视口中，并且也只能编辑该活动的视口(平移、缩放等)。

（6）只能打印活动的视口；如果 UCS 图标设置为 ON，该图标就会出现在每个视口中。

（7）系统变量 MAXACTVP 决定了视口的范围是 2~64。

2. 图纸空间

在 AutoCAD 中，图纸空间是以布局的形式来使用的。一个图形文件可包含多个布局，每个布局代表一张单独的打印输出图纸，主要用于创建最终的打印布局，而不用于绘图或设计工作。在绘图区域底部选择"布局 1"选项卡，就能查看相应的布局，也就是图纸空间，如图 8-8 所示。

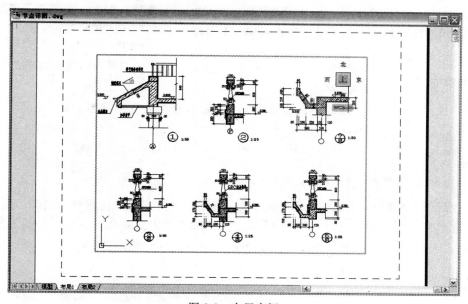

图 8-8　布局空间

下面针对图纸空间的所有特征归纳有以下几点。

（1）VPORTS、PS、MS 和 VPLAYER 命令处于激活状态（只有激活了 MS 命令后，才可使用 PLAN、VPOINT 和 DVIEW 命令）。

（2）视口的边界是实体。可以删除、移动、缩放、拉伸视口。

（3）视口的形状没有限制。例如：可以创建圆形视口、多边形视口或对象等。

（4）视口不是平铺的，可以用各种方法将它们重叠、分离。

（5）每个视口都在创建它的图层上，视口边界与层的颜色相同，但边界的线型总是实线。出图时如不想打印视口，可将其单独置于一图层上，冻结即可。

（6）可以同时打印多个视口。

（7）十字光标可以不断延伸，穿过整个图形屏幕，与每个视口无关。

（8）可以通过 MVIEW 命令打开或关闭视口；SOLVIEW 命令创建视口或者用 VPORTS 命令恢复在模型空间中保存的视口。

（9）在打印图形且需要隐藏三维图形的隐藏线时，可以使用"MVIEW 命令"并选择"隐藏(H)"选项，然后拾取要隐藏的视口边界即可。

（10）系统变量 MAXACTVP 决定了活动状态下的视口数是 64。

8.2.2　创建布局

用户在建立新图形的时候，AutoCAD 会自动建立一个"模型"选项卡和两个"布局"选项卡。其"模型"不能删除，也不能重命名；而"布局"选项卡用来编辑打印图形的图纸，其个数没有限制，且可以重命名。

在 AutoCAD 2012 系统中，选择"插入|布局"菜单，即可看到创建布局的三种方法：新建布局、来自样板的布局、创建布局向导，如图 8-9 所示。

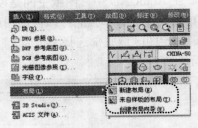

图 8-9　布局的方法

1．新建布局

当用户选择了"插入|布局|新建布局"命令后，在命令行中将显示如下提示：

```
命令：_layout      \\ 启动布局命令
输入布局选项 [复制(C)/删除(D)/新建(N)/样板(T)/重命名(R)/另存为(SA)
/设置(S)/?] <设置>：_new \\ 选择新建(N)选项
输入新布局名 <布局 3>：\\ 输入新的布局名称
```

用户也可以使用鼠标在绘图区底部单击鼠标右键，从弹出的快捷菜单中选择"新建布局"命令，则此时系统将自动创建以"布局 1"、"布局 2"等方式对布局命名，如图 8-10 所示。

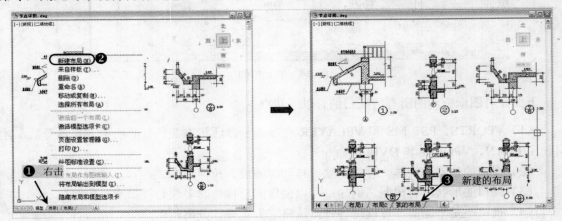

图 8-10　新建布局

2．使用样板

在 AutoCAD 2012 中，用户可通过系统提供的样板来创建布局。它是基于样板、图形或图形交换文件中出现的布局去创建新的布局选项卡。

同样，使用鼠标在绘图区底部单击鼠标右键，从弹出的快捷菜单中选择"来自样板"命令，将弹出"从文件选择样板"对话框，在文件列表中选择相应的样板文件，并依次单击"打开"

和"确定"按钮，即可通过选择的样板文件来创建新的布局，如图 8-11 所示。

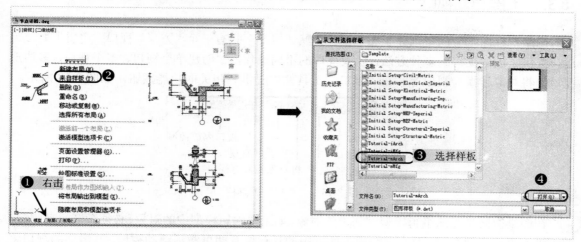

图 8-11　使用样板来创建布局

3. 创建布局向导

在 AutoCAD 2012 中，系统为用户提供了简单明了的布局创建方法。选择"插入 | 布局 | 创建布局向导"命令，然后根据提示来设置布局名称、打印机、图纸尺寸、方向、标题栏、定义视口、拾取位置等，如图 8-12 所示。

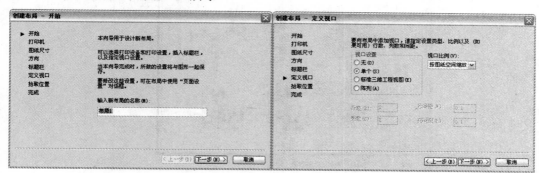

图 8-12　使用向导来创建布局

8.3　使用浮动窗口

在构造布局图时，可以将浮动视口视为图纸空间的图形对象，并对其进行移动和调整。浮动视口可以相互重叠或分离。在图纸空间中无法编辑模型空间中的对象，如果要编辑模型，必须激活浮动视口进入模型空间。

激活浮动视口的方法有多种，如可执行 MSPACE 命令、单击状态栏上的"图纸"按钮或双击浮动视口区域中的任意位置。

8.3.1 创建浮动视口

当用户在图纸空间中创建了布局后，其默认情况下只有一个"方形"视口。实质上系统为用户提供了创建视口的多种方法，以及视口的不同操作，如创建单个视口、多个视口、多边形视口、将对象转换为视口等。在"视口"工具栏中提供了相关的功能按钮，如图 8-13 所示。

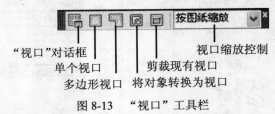

"视口"对话框   视口缩放控制
    单个视口   剪裁现有视口
    多边形视口   将对象转换为视口

图 8-13   "视口"工具栏

在图纸空间中无法编辑模型空间中的对象，如果要编辑模型中的对象，必须激活浮动视口，即可进入浮动模型空间，双击浮动视口区域中的任意位置即可激活浮动视口，其激活的视口将以粗边框显示。当用户需要取消激活的视口时，可在布局的图纸外侧双击即可。如图 8-14 所示是在图纸空间中新建的 3 个视口。

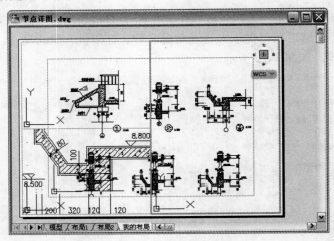

图 8-14   新建浮动视口

下面将布局选项卡中常用的视口操作介绍如下：

（1）删除视口：在布局视图中，直接单击浮动视口边界，此时该浮动视口被选择（即显示多个夹点），然后执行"删除"命令即可。

（2）新建视口：选择"视图｜视口｜新建视口"命令，根据需要设置视口的数量和排列方式，然后在布局视图中指定一个对角点来确定新建视口的大小。

（3）新建多边形视口：选择"视图｜视口｜多边形视口"命令，然后在布局视图中根据需要，像绘制多边形一样依次单击。

（4）将对象转换为视口：选择"视图｜视口｜对象"命令，然后在布局视图中选择封闭的图形对象，即可将其设置为新的视口。

（5）调整视口形状与大小：如果要更改布局视口的形状或大小，可以使用夹点编辑顶点，就像使用夹点编辑任何其他对象一样。

8.3.2　相对图纸空间比例缩放视图

如果布局中使用了多个浮动视口时，就可以为这些视口中的视图建立相同的缩放比例，这时可选择要修改其缩放比例的浮动视口，在"特性"面板的"标准比例"下拉列表框中选择某一比例，然后对其他的所有浮动视口执行同样的操作，就可以设置一个相同的比例值。如图 8-15 所示是将 3 个视口的比例均设置为 1:2 的效果。

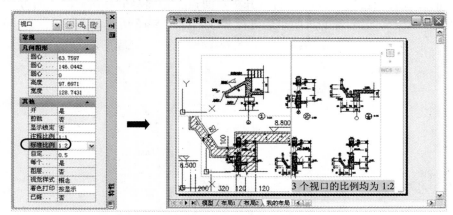

图 8-15　为浮动视口设置相同的比例

在 AutoCAD 2012 中，通过对齐两个浮动视口中的视图可以排列图形中的元素。要采用角度、水平和垂直对齐方式，可以相对一个视口中指定的基点平移另一个视口中的视图。

8.3.3　控制浮动视口中对象的可见性

在浮动视口中，可以使用多种方法来控制对象的可见性，如消隐视口中的线条、打开或关闭浮动视口等。使用这些方法可以限制图形的重生成，突出显示或隐藏图形中的不同元素。

如果图形中包括三维面、网格、拉伸对象、表面或实体，打印时可以删除选定视口中的隐藏线。视口对象的隐藏打印特性只影响打印输出，而不影响屏幕显示。打印布局时，在"页面设置"对话框中选中"隐藏图纸空间对象"复选框，可以只消隐图纸空间的几何图形，对视口中的几何图形无效。

在浮动视口中，利用"图层特性管理器"面板可在一个浮动视口中冻结／解冻某层，而不影响其他视口，使用该方法可以在图纸空间中输出对象的三视图或多视图。

 在浮动视口中，执行 MVSETUP 命令可以旋转整个视图。该功能与 ROTATE 命令不同，ROTATE 命令中能旋转单个对象。

8.4　打印输出

当用户在视图中设置好布局与视口后，将对其设置页面、打印机和绘图仪、打印比例、打印区域、打印样式等，从而使打印出来的图纸符合实际生产的需求。

8.4.1　页面设置管理

在 AutoCAD 2012 环境中，选择"文件 | 页面设置管理器"命令，或者在"布局"工具栏中单击"页面设置管理器"按钮，将打开"页面设置管理器"对话框，从而可以创建新的页面布局设置，或者对已创建的页面布局进行修改，如图 8-16 所示。

图 8-16　"页面设置管理器"对话框

　在"当前页面设置"列表框中列出了当前已经设置好的页面布局。若在该列表框中单击鼠标右键某一项布局，在弹出的快捷菜单中选择相应的命令即可对其进行删除或重命名等操作，但系统默认的两项布局无法进行"删除"或"重命名"等操作。

8.4.2　页面设置

如果需要对已经创建的页面布局进行重新调整，在"页面设置管理器"对话框中选择该布局，并单击右侧的"修改"按钮，将弹出"页面设置"对话框，从而进行相应的修改设置，如图 8-17 所示。

在"页面设置"对话框中，用户可根据需要对其进行相应的参数设置，如设置打印样式、打印机类型、打印区域、打印比例、图纸尺寸、打印方向、打印选项等，由于篇幅有限，在此就不一一讲解。

图 8-17　修改页面设置

8.4.3　打印输出

当设置好页面布局后，即可将其打印出来。选择"文件 | 打印"命令，或者在"标准"工具栏中单击"打印"按钮 🖨，弹出"打印"对话框，选择设置好的布局页面，再设置相应的打印参数，然后单击"确定"按钮即可进行打印，如图 8-18 所示。

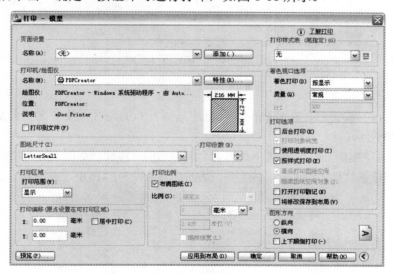

图 8-18　进行打印

8.5　发布文件

发布提供了一种简单的方法来创建图纸图集或电子图形集。电子图形集是打印图形集的数字形式，它是通过将图形发布至 DWF 文件来创建的。

8.5.1 发布为电子图形集

用户可以将图纸合并为一个自定义的电子图形集，它是打印图形集的数字形式。电子图形集保存为单个的多页 DWF 文件，从而可以通过电子邮件附件的形式发布电子图形集，也可以通过工程协作站点来共享电子图形集，或者将其发布到网站上。

例如，打开"案例\08\楼梯剖面图.dwg"文件，选择"文件｜发布"命令，将打开"发布"对话框，选择要发布的类型（如为 PDF 类型）、图纸名、页面设置、发布选项，然后单击"发布"按钮，如图 8-19 所示。

图 8-19 "发布"对话框

当单击"发布"按钮后，在弹出的对话框中选择发布的路径及文件名，然后单击"选择"按钮，如图 8-20 所示。

此时，用户在"案例\08"文件夹下即可看到所发布的"楼梯剖面图.PDF"文件，若用户的电脑安装有 PDF 阅读器软件，即可双击该文件，从而打开所发布的 PDF 文件效果，如图 8-21 所示。

图 8-20 指定发布的文件名称

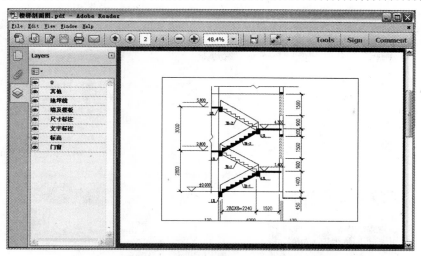

图 8-21 打开所发布的 PDF 文件

在其左侧的"选项"面板中，显示当前的图层有 0、其他、地坪线、墙及楼板尺寸标注、文字标注、标高和门窗图层，用户可单击左侧的眼睛按钮 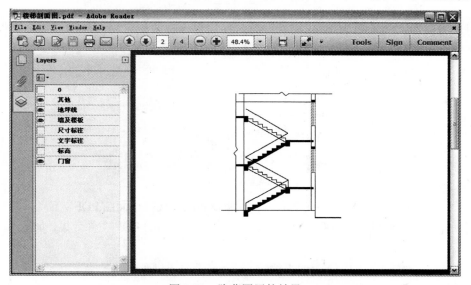，从而可以显示或隐藏相应的图层。如图 8-22 所示为隐藏"0"、"尺寸标注"、"文字标注"和"标高"图层的效果。

图 8-22 隐藏图层的效果

8.5.2 发布到 Web 页

如果需要将所绘制的图形发布到 Web 页，选择"文件|网上发布"，将弹出"网上发布-开始"对话框，用户依次单击"下一步"按钮，并进行相应的设置，即可将其发布到 Web 页上，如图 8-23 所示。

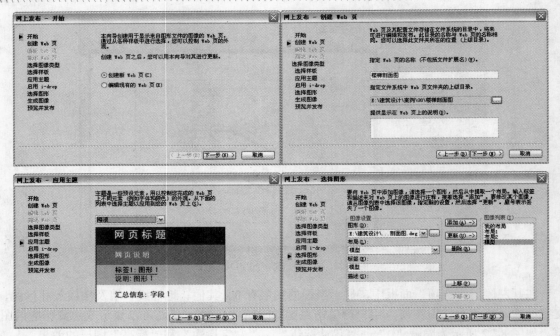

图 8-23　网上发布

当用户将图形文件发布为 Web 页文件时，在用户保存的位置将自动建立一个文件夹，在该文件夹中给出了所有 Web 页的相关文件，如图 8-24 所示。

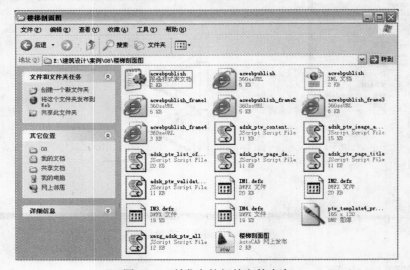

图 8-24　所发布的相关文件内容

双击 Web 页文件图标，即可在浏览器窗口中显示所发布的预览效果，如图 8-25 所示。

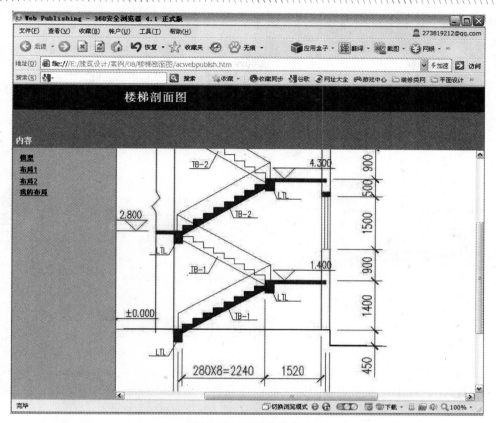

图 8-25　预览的效果

8.5.3　输出 DWF 文件

由于 DWF 文件支持图形文件的实时移动和缩放，并支持图层的控制操作，且 DWF 文件是矢量压缩格式的文件，可以提高图形文件打开和传输的速度，它也是目前国际上通常使用的一种图形格式文件，从而可以在任何操作装有网络浏览器和 Autodesk WHIP 插件的计算机中打开、查看和输出。

在 AutoCAD 2012 中要输出 DWF 文件，必须首先创建 ePlot 配置文件，然后再创建 DWF 文件。例如，打开"案例\08\楼梯剖面图.dwg"文件，选择"文件 | 打印"命令，将打开"打印"对话框，选择打印机类型为"DWF6 ePlot.pc3"，接着单击"确定"按钮，将弹出"浏览打印文件"对话框，选择保存的路径和名称，然后单击"保存"按钮即可，如图 8-26 所示。

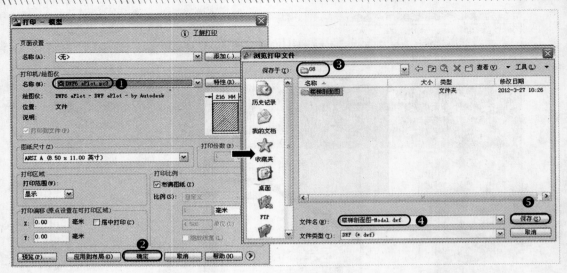

图 8-26　输出为 DWF 文件

8.6　本章小节

通过对图形的输入与输出，模型与图纸空间、创建布局的方法，如何在视图中使用浮动窗口，图纸的打印、输出、发布等知识的了解，让读者学习图纸的各种输出知识。

第9章　绘制建筑总平面图

建筑总平面图是新建房屋定位、施工放线、土方施工及有关专业管线布置和施工总平面布置的依据，主要表明新建平面形状、层数、室内外地面标高，新建道路、绿化、场地排水和管线的布置情况，并表明原有建筑、道路、绿化等和新建筑的邻近关系等。

本章节通过对一建筑总平面图的绘制，让用户学习建筑总平面图的基础知识、绘制方法、设置绘图环境、基本地貌、新建建筑、内部图形的绘制，添加尺寸、文字、图名标注、指北针、图框标题栏，最后进行打印输出。

主要内容

- 掌握建筑总平面图的基础知识
- 掌握建筑总平面图的绘制步骤
- 添加尺寸标注和文字说明
- 建筑总平面图的打印输出

9.1　建筑总平面图基础知识

将新建建筑物四周一定范围内的原有和拆除的建筑物、构筑物连同其周围的地形地物状况，用水平投影的方法和相应的图例所画出的图样，称为建筑总平面图。

9.1.1　建筑总平面图包含的内容

1. 概述

总平面图是新建建筑及一定范围内的原有建筑总体布局的水平投影。反映新建、拟建、原有和拆除的房屋、构筑物等的位置和朝向，室外场地、道路、绿化等的布置，地形、地貌、标高等与原有环境的关系和邻界情况等，如图9-1所示。

同时，建筑总平面图也是房屋及其他设施施工的定位、土方施工以及绘制水、暖、电等管线总平面图和施工总平面图的依据。

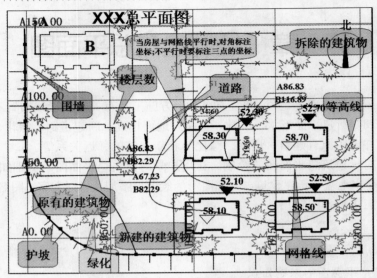

图 9-1　　建筑总平面图

2．图示方法

总平面图是用正投影的原理绘制的，图形主要是以图例的形式表示，总平面图的图例采用《总图制图标准》（GB／T50103—2001）规定的图例，如表 9-1 所示中给出了部分常用的总平面图图例符号，画图时应严格执行该图例符号，如图中采用的图例不是标准中的图例，应在总平面图下面说明。

图线的宽度 b，应根据图样的复杂程度和比例，按《房屋建筑制图统一标准》（GB／T50001—2001）中图线的有关规定执行。总平面图的坐标、标高、距离以米为单位，并应至少取至小数点后两位。

表 9-1　　总平面图的图例符号

图例	名称	图例	名称
8F ▲	新建建筑物 右上角以点数或数字 表示层数		原有建筑物
	计划扩建的建筑物	×　　　× ×　　　×	拆除的建筑物
151.00	室内地坪标高	143.00 ▼	室外整坪标高
	散状材料露天堆场		原有的道路

（续表）

图例	名称	图例	名称
	公路桥		计划扩建道路
	铁路桥		护坡
	草坪		指北针

3．图示内容

用户在绘制建筑总平面图时，大致包括以下的一些基本内容。

（1）新建建筑：拟建房屋，用粗实线框表示，并在线框内，用数字表示建筑层数。

（2）新建建筑物的定位：总平面图的主要任务是确定新建建筑物的位置，通常是利用原有建筑物、道路等来定位的。

（3）新建建筑物的室内外标高：我国把青岛市外的黄海海平面作为零点所测定的高度尺寸，称为绝对标高。在总平面图中，用绝对标高表示高度数值，单位为 m。

（4）相邻有关建筑、拆除建筑的位置或范围：原有建筑用细实线框表示，并在线框内，也用数字表示建筑层数；拟建建筑物用虚线表示；拆除建筑物用细实线表示，并在其细实线上打叉。

（5）附近的地形地物，如等高线、道路、水沟、河流、池塘、土坡等。

（6）指北针和风向频率玫瑰图：在总平面图中应画出的指北针或风向频率玫瑰图来表示建筑物的朝向。指北针的画法如表 9-1 所示，风向频率玫瑰图一般画出 8～16 个方向来表示该地区常年的风向频率，有箭头的方向为北向，其中实线为全年风向玫瑰图，虚线为夏季风向玫瑰图，如图 9-2～图 9-3 所示。

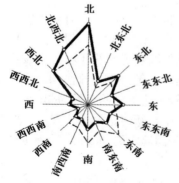

图 9-2　风（向频率）玫瑰图（1）

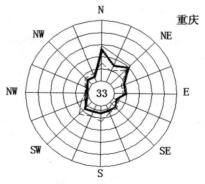

图 9-3　风（向频率）玫瑰图（2）

从风向玫瑰图中能了解到房屋和地物的朝向信息，所以在已经绘制了风向玫瑰图的图样上则不必再绘制指北针。在建筑总平面图上，通常应绘制当地的风向玫瑰图。没风向玫瑰图的城市和地区，则在建筑总平面图上画上指北针。风向频率图最大的方位则为该地区的主导风向。

（7）绿化规划、管道布置。

（8）道路（或铁路）和明沟等的起点、变坡点、转折点、终点的标高与坡向箭头。

以上内容并不是在所有总平面图上都是必须的，可根据具体情况加以选择。

在阅读总平面图时应首先阅读标题栏，以了解新建建筑工程的名称，再看指北针和风向频率玫瑰图，了解新建建筑的地理位置、朝向和常年风向，最后了解新建建筑物的形状、层数、室内外标高及其定位，以及道路、绿化和原有建筑物等周边环境。

4．图示特点

（1）绘图比例较小：总平面图所要表示的地区范围较大，除新建房物外，还要包括原有房屋和道路、绿化等总体布局。

因此，在《建筑制图国家标准》中规定，总平面图的绘图比例应选用 1∶500、1∶1000、1∶2000，在具体工程中，由于国土局及有关单位提供的地形图比例常为 1∶500，故总平面图的常用绘图比例是 1∶500。

（2）用图例表示其内容：由于总平面图绘图比例较小，图中的原有房屋、道路、绿化、桥梁边坡、围墙及新建房屋等均是用图例表示，书中列出了建筑总平面图的常用图例。

在较复杂的总平面图中，如用了《国标》中没有的图例，应在图纸中的适当位置绘出新增加的图例。

（3）总平面图中的尺寸单位为 m，注写到小数点后两位。

5．识读方法

如图 9-4 所示为某办公楼的总平面图，用户可以按以下步骤来识读此图。

（1）首先看图样的比例、图例以及文字说明。图中绘制了指北针、风向频率玫瑰图。该楼房坐北朝南，施工总平面图的比例为 1∶500。西侧大门为该区主要出入口，并设有门卫传达。

（2）了解新建建筑物的基本情况、用地范围、地形地貌以及周围的环境等。该营房紧邻西侧马路，楼前为停车场与训练场。楼房东侧为绿化带，紧邻东墙外侧的排洪沟。总平面图中新建的建筑物用粗实线画出外形轮廓。从图中可以看出，新建建筑物的总长为 36.64m，总宽为 14.64m。建筑物层数为四层，建筑面积为 2150m²。本例中，新建建筑物位置根据原有的建筑物及围墙定位：从图中可以看出新建建筑物的西墙与西侧围墙距离 8.8m，新建建筑物北墙体与门卫房距离 27m。

（3）了解新建建筑物的标高。总平面图标注的尺寸一律以米（m）为单位。图中新建建筑物的室内地坪标高为绝对标高 88.20m，室外整坪标高为 87.60m。图中还标注出西侧马路的标高 87.30m。

（4）了解新建建筑物的周围绿化等情况。在总平面图中还可以反映出道路围墙及绿化的情况。

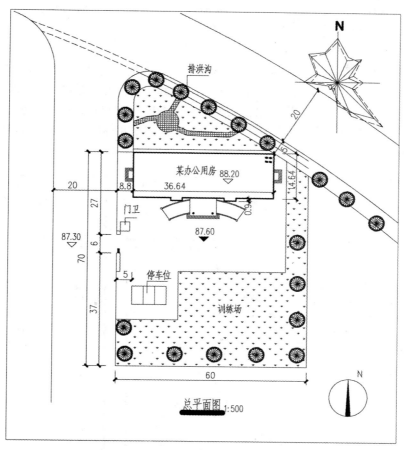

图 9-4　建筑总平面图

9.1.2　建筑总平面图的绘制方法

用户在绘制建筑总平面图时，可按照以下的方法步骤进行绘制。

（1）设置绘图环境；

（2）绘制道路以及各类控制界线和红线；

（3）以不同线型和比例绘制各种建筑物和构筑物；

（4）绘制建筑物局部和绿化细节；

（5）尺寸标注、文字说明、图例以及建筑密度、容积率、绿积率、建筑密度等各项技术经济指标；

（6）添加图框和标题栏；

（7）进行页面和打印设置，打印输出。

9.2 建筑总平面图的绘制

视频\09\建筑总平面图的绘制.avi
案例\09\建筑总平面图.dwg

在绘制该建筑总平面图时，首先根据要求设置绘图环境，包括设置图形界限、图层规划、文字和标注样式的设置等；然后根据要求绘制辅助线和主、次道路对象，使用多段线绘制建筑平面的轮廓；将绘制的平面建筑物对象移动到总平面图的相应位置，然后规划绿化带；进行尺寸、文字的标注，绘制总平面图的图例、指北针，添加图框和标题栏；最后打印输出，其绘制的效果如图 9-5 所示。

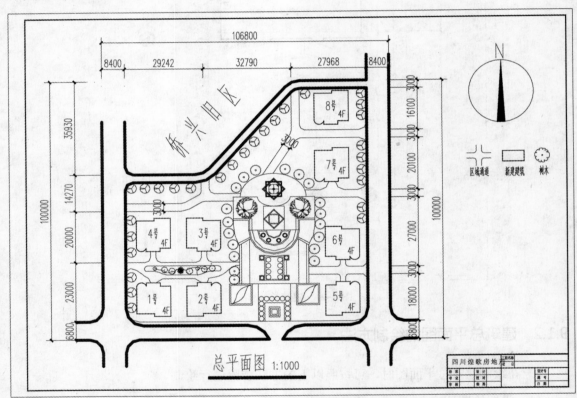

图 9-5 建筑总平面图的效果

9.2.1 设置绘图环境

在绘制建筑总平面图之前，首先要设置绘图环境，包括绘图区域界限及单位的设置、图层的规划、文字样式和尺寸标注样式的设置等。

1. 绘图区的设置

步骤 01 启动 AutoCAD 2012 软件，打开一空白文件，选择"文件｜保存"菜单命令，将该文件保存为"案例\09\建筑总平面图.dwg"文件。

步骤 02 选择"格式｜单位"菜单命令（UN），打开"图形单位"对话框，将长度单位类型设定为"小数"，精度为"0.000"，角度单位类型设定为"十进制"，精度精确到"0.00"，如图 9-6 所示。

图 9-6　图形单位设置

步骤 03 图纸图幅采用 A0、A1、A2、A3 四种标准，以 A1 图纸为主，见表 9-2 所示。

表 9-2　图纸尺寸规格

图纸种类	图纸宽度（mm）	图纸高度(mm)	备 注
A0	1189	841	
A1	841	594	
A2	594	420	
A3	420	297	
A4	297	210	主要用于目录、变更、修改等

软件技能：此处的单位精度是绘图时确定坐标的精度，不是尺寸标注的单位精度，通常长度精度取后面小数点的后三位，角度单位精度取小数点后两位。

步骤 04 选择"格式｜图形界限"菜单命令，依照提示，设定图形界限的左下角为(0，0)，右上角为(42000，29700)。

步骤 05 再在命令行输入 Z→空格→A，使输入的图形界限区域全部显示在图形窗口内。

2．规划图层

由前面如图 9-5 所示可知，该建筑总平面图主要由辅助线、主道路、次道路、绿化、新建建筑、其他、文字标注、尺寸标注等元素组成，因此绘制建筑总平面图形时，应建立如表 9-3 所示的图层。

表 9-3　图层设置

序号	图层名	线宽	线型	颜色	打印属性
1	主道路	0.3mm	实线	黑色	打印
2	辅助线	默认	点划线	红色	不打印
3	次道路	默认	实线	洋红色	打印
4	新建建筑	0.3mm	实线	青色	打印
5	其他	默认	实线	黑色	打印
6	绿化	默认	实线	绿色	打印
7	文字标注	默认	实线	黑色	打印
8	尺寸标注	默认	实线	蓝色	打印

步骤 01 选择"格式｜图层"菜单命令（**LA**），将打开"图层特性管理器"面板，根据前面如表 9-3 所示来设置图层的名称、线宽、线型和颜色等，如图 9-7 所示。

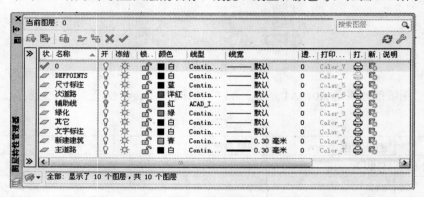

图 9-7　规划图层

在图层线宽设置过程中，大部分图层的线宽可以设置为"默认线宽"，通常 AutoCAD 默认线宽为 0.25mm。为了方便线宽的定义，默认线宽的大小可以根据需要进行设定，其设定方法为单击"格式｜线宽"，打开"线宽设置"对话框，在"线宽"列表框中选择相应的线宽数值，然后单击"确定"按钮，如图 9-8 所示。

图 9-8　默认线宽设置

步骤 02 选择"格式｜线型"菜单命令，打开"线型管理器"对话框，单击"显示细节"按钮，打开"详细信息"选项组，输入"全局比例因子"为"1000.0000"，然后单击"确定"按钮，如图 9-9 所示。

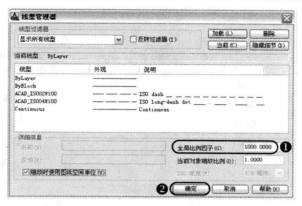

图 9-9　设置线型比例

　在设置轴线线型时，为了保证图形的整体效果，必须进行轴线线型的设定。AutoCAD 默认的全局线型缩放比例为 1.0，通常线型比例应和打印相协调，如打印比例为 1：1000，则线型比例大约设为 1000。

3．设置文字样式

由如图 9-5 所示可知，该建筑总平面图上的文字有尺寸文字、图内文字说明、图名文字等，打印比例为 1:1000，文字样式中的高度为打印到图纸上的文字高度与打印比例倒数的乘积。根据建筑制图标准，该总平面图文字样式的规划如表 9-4 所示。

表 9-4　文字样式

文字样式名	打印到图纸上的文字高度	图形文字高度（文字样式高度）	字体文件
图内说明及图名	7mm	7000mm	tssdeng　gbcbig
尺寸文字	3.5mm	3500mm	tssdeng
图样说明	5mm	5000mm	tssdeng　gbcbig

步骤 01　选择"格式｜文字样式"菜单命令，打开"文字样式"对话框，单击"新建"按钮打开"新建文字样式"对话框，样式名定义为"图内说明及图名"，单击"确定"按钮。

步骤 02　在"字体"下拉框中选择字体"tssdeng.shx"，勾选"使用大字体"复选框，并在"大字体"下拉框中选择字体"gbcbig.shx"，在"高度"文本框中输入"3500.0000"，"宽度因子"文本框中输入"0.7000"。

步骤 03　单击"应用"按钮，从而完成"图内说明及图名"文字样式的设置，如图 9-10 所示。

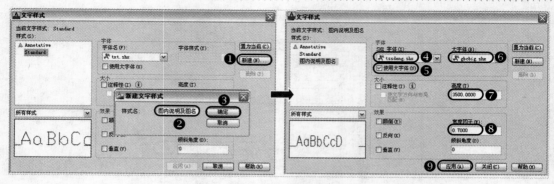

图 9-10　文字样式名称的定义

步骤 **04**　使用相同的方法，建立如表 9-4 所示中其他的文字样式，如图 9-11 所示。

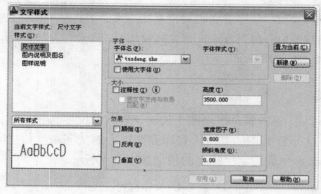

图 9-11　其他文字样式

 用户在设置文字样式的"SHX 字体"和"大字体"时，由于 AutoCAD 2012 系统本身并没有带有"Tssdeng｜Tssdchn"字体，用户可将"案例"文件夹"Tssdeng.shx"和"Tssdchn.shx"字体复制到 AutoCAD 2012 所安装的位置，即"*:\Program Files\Autodesk\CAD 2012\AutoCAD 2012 - Simplified Chinese\Fonts"文件夹中。

4．设置尺寸标注样式

步骤 **01**　选择"格式｜标注样式"菜单命令，打开"标注样式管理器"对话框，单击"新建"按钮，打开"创建新标注样式"对话框，新建样式名定义为"建筑总平面标注-1000"，单击"继续"按钮，则进入"新建标注样式"对话框，如图 9-12 所示。

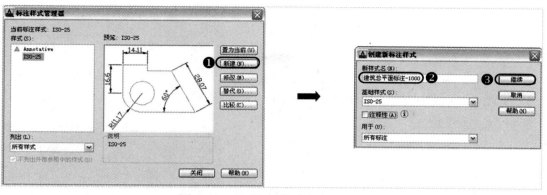

图 9-12 尺寸标注样式名称的建立

步骤 02 当单击"继续"按钮过后，则进入到"新建标注样式"对话框，然后分别在各选项卡中设置相应的参数，如表 9-5 所示。

表 9-5 "建筑总平面标注-1000"标注样式的设置

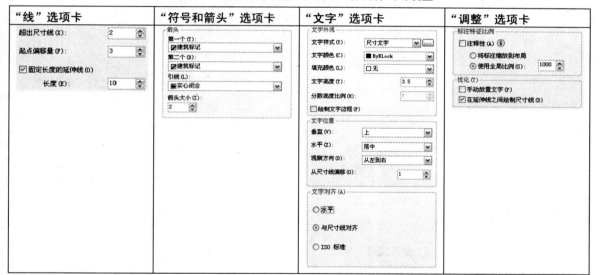

9.2.2 绘制基本地形

前面已经设置了绘图的环境，接下来绘制总平面图的地形。

步骤 01 单击"图层"工具栏的"图层控制"下拉列表框，将"辅助线"图层置为当前图层。

步骤 02 按"F8"键切换到"正交"模式；执行"直线"命令（L），绘制长度为 120000mm 的水平轴线和 120000mm 的垂直轴线，如图 9-13 所示。

步骤 03 执行"偏移"命令（O），将水平轴线向上偏移 6800mm、93200mm，垂直轴线向右偏移 8400mm、90000mm 和 8400mm，如图 9-14 所示。

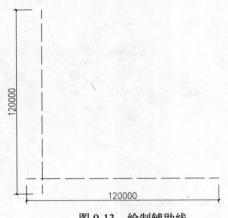

图 9-13　绘制辅助线　　　　　　　　　　图 9-14　偏移线段

步骤 04 执行"偏移"命令（O），将水平轴线向上偏移 64070mm 和 13830mm，左侧的垂直
线段向右各偏移 37642mm 和 32790mm，如图 9-15 所示。

步骤 05 执行"修剪"命令（TR），修剪多余的线段，如图 9-16 所示。

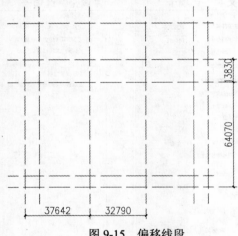

图 9-15　偏移线段

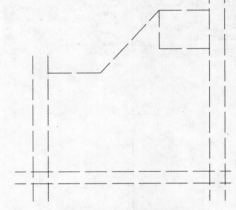

图 9-16　修剪多余的线段

步骤 06 执行"修剪"命令（TR），修剪十字口处的多余线段；执行"偏移"命令（O），将
线段偏移 3000mm；并将外侧的线段转换为"主道路"图层，内侧的线段转换为"次
道路"图层，如图 9-17 所示。

步骤 07 执行"圆角"命令（F），对斜线处进行半径为 4200mm、7200mm 和 10200mm 的圆
角操作，对外侧十字口进行半径为 5000mm 的圆角操作，其他进行半径为 3000mm
的圆角操作，结果如图 9-18 所示。

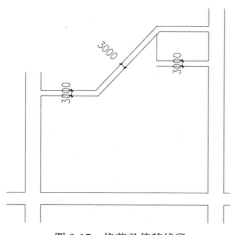

图 9-17　修剪及偏移线段

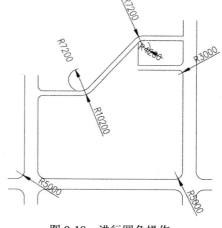

图 9-18　进行圆角操作

9.2.3　绘制建筑和内部设置

前面绘制了总平面图的基本地形，接下来绘制建筑物的平面轮廓、内部布置和次要道路。

步骤 01　单击"图层"工具栏的"图层控制"下拉框，选择"其他"图层为当前层。

步骤 02　执行"偏移"命令（O），将水平线段向上偏移 14465mm、15057mm 和 18883mm，将垂直线段向右偏移 40149mm、2259mm、25799mm 和 2259mm，如图 9-19 所示。

步骤 03　执行"修剪"命令（TR），修剪的多余线段；再执行"圆弧"命令（ARC），在 10878mm 处的位置绘制半径为 15315mm 的圆弧，结果如图 9-20 所示。

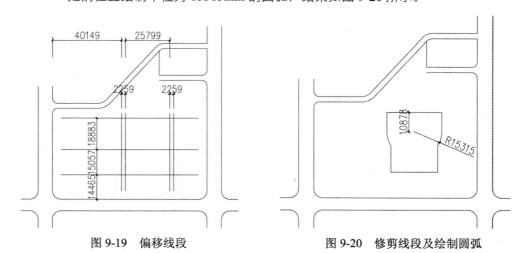

图 9-19　偏移线段　　　　　　　　　　图 9-20　修剪线段及绘制圆弧

步骤 04　执行"直线"（L）、"偏移"（O）和"修剪"（TR）等命令，绘制如图 9-21 所示的线段。

步骤 05　执行"矩形"（REC）和"偏移"（O）命令，绘制 8550×8304mm、4000×3800mm 的矩形，再将绘制的矩形向内偏移 480mm 和 500mm，如图 9-22 所示。

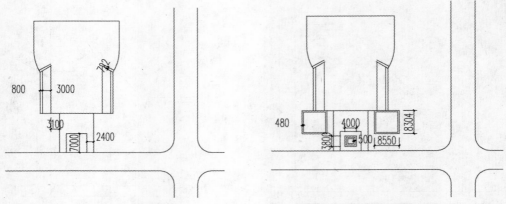

图 9-21　绘制线段　　　　　　　　　　　图 9-22　绘制及偏移矩形

步骤 06 执行"椭圆"（EL）、"圆弧"（A）、"直线"（L）和"修剪"（TR）等命令，结果如图 9-23 所示。

步骤 07 执行"矩形"（REC）、"圆弧"（A）、"直线"（L）和"修剪"（TR）等命令，结果如图 9-24 所示。

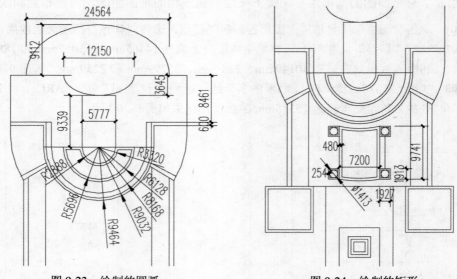

图 9-23　绘制的圆弧　　　　　　　　　　图 9-24　绘制的矩形

步骤 08 执行"偏移"命令（O），将底侧的水平线段向上各偏移 18200mm、3000mm、3000mm、3000mm 和 3000mm；再执行"修剪"命令（TR），修剪多余的线段，如图 9-25 所示。

步骤 09 接下来绘制建筑物的平面轮廓。单击"图层"工具栏的"图层控制"下拉列表框，选择"新建建筑"图层为当前层。

步骤 10 执行"多段线"命令（PL），绘制如图 9-26 所示的图形。

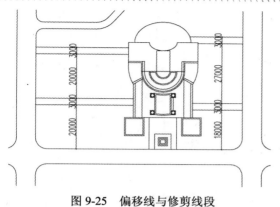

图 9-25　偏移线与修剪线段

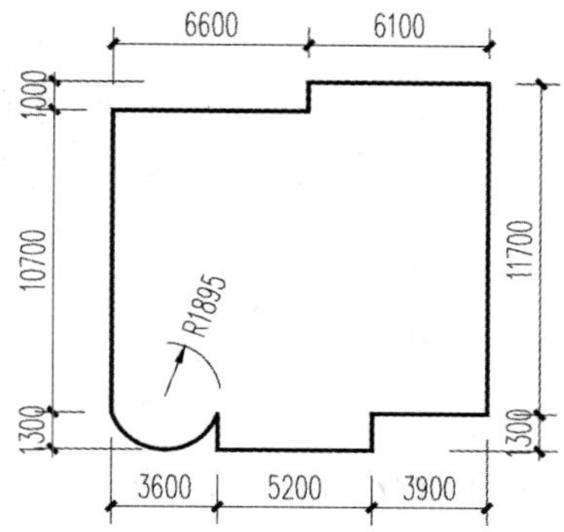

图 9-26　绘制的平面轮廓

步骤 11　执行"移动"（M）、"镜像"（MI）、"旋转"（RO）等命令，将绘制的平面轮廓对象移动到相应的位置，如图 9-27 所示。

步骤 12　执行"直线"（L）、"圆弧"（A）、"样条曲线"（SPL）、"偏移"（O）等命令，绘制如图 9-28 所示的内部布置线段。

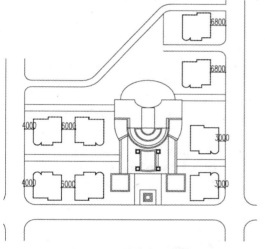

图 9-27　镜像复制操作

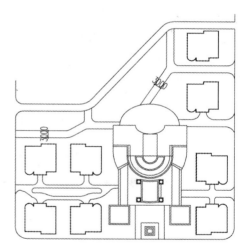

图 9-28　绘制的内部布置线段

9.2.4　布置绿化

1．绘制绿化植物

步骤 01　在"图层"工具栏的"图层控制"组合框中选择"绿化"图层，使之成为当前图层。

步骤 02　使用"圆"、"圆弧"、"直线"、"云线"和"修剪"等命令，绘制如图 9-29 所示的绿化植物。

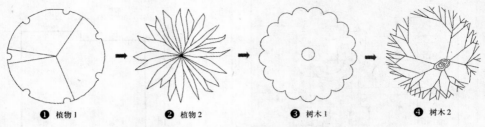

图 9-29 绘制的绿化植物

2．布置绿化

步骤 01 在"图层"工具栏的"图层控制"组合框中选择"其他"图层，使之成为当前图层。

步骤 02 使用"矩形"、"偏移"、"旋转"、"修剪"等命令，绘制如图 9-30 所示的图形。

步骤 03 使用"矩形"、"偏移"、"旋转"、"直线"、"修剪"、"图案填充"等命令，绘制如图 9-31 所示的图形。

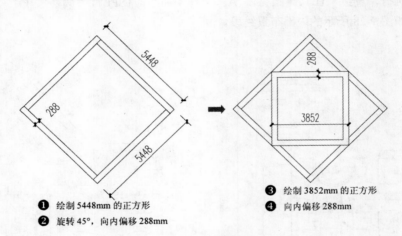

❶ 绘制 5448mm 的正方形

❷ 旋转 45°，向内偏移 288mm

❸ 绘制 3852mm 的正方形

❹ 向内偏移 288mm

图 9-30 绘制的图形 1

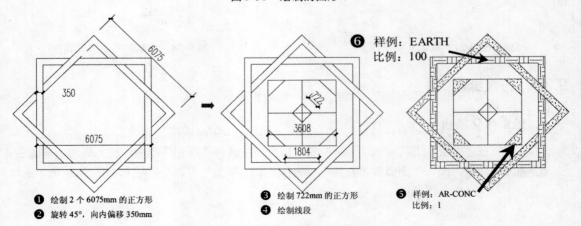

❶ 绘制 2 个 6075mm 的正方形

❷ 旋转 45°，向内偏移 350mm

❸ 绘制 722mm 的正方形

❹ 绘制线段

❺ 样例：AR-CONC
比例：1

❻ 样例：EARTH
比例：100

图 9-31 绘制的图形 2

步骤 **04**　使用"移动"命令，将绘制的图形移动到相应的位置，如图 9-32 所示。

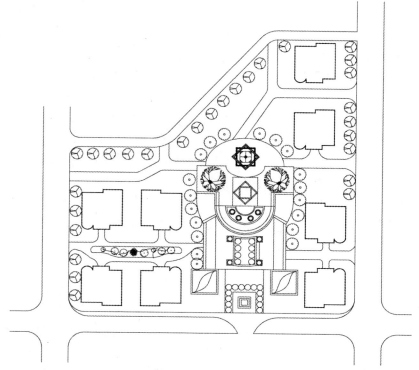

图 9-32　布置绿化后的效果

9.3　添加尺寸标注和文字说明

9.3.1　尺寸、文字标注

前面对尺寸标注样式进行了设置，接下来对总平面图进行尺寸和文字标注。

1. 尺寸标注

步骤 **01**　在"图层"工具栏的"图层控制"组合框中选择"尺寸标注"图层，使之成为当前图层。

步骤 **02**　在"标注"工具栏中单击"线性"按钮 ⊢⊣ 和"连续"按钮 ⊞，对图形进行第一、二道尺寸的标注，如图 9-33 所示。

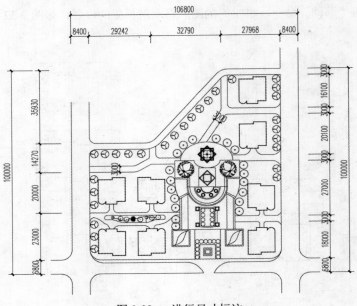

图 9-33　进行尺寸标注

2. 文字标注

步骤 01　在"图层"工具栏的"图层控制"组合框中选择"文字标注"图层，使之成为当前图层。

步骤 02　执行"单行文字"命令（DT），对图形进行图内说明，如图 9-34 所示。

图 9-34　进行文字标注

3. 绘制图例

在绘制建筑总平面图时，少不了相应的图例对象，在本实例中，有区内通道、新建建筑、树木等图例。

步骤 01　在"图层"工具栏的"图层控制"下拉框中，将"次道路"图层置为当前层。

步骤 02　使用"直线"命令（L），在视图的空白区域绘制一条水平长 9000mm 和垂直长 8000mm 的线段，再对其水平和垂直线段分别向上和向右偏移 2000mm，再使用"修剪"命令（TR）对其进行修剪，然后使用"圆角"命令（F）按照半径为 1000mm 进行圆角处理，从而完成"区域道路"图例的绘制，如图 9-35 所示。

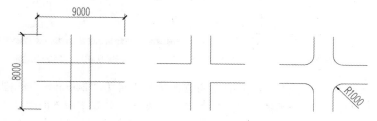

图 9-35　"区域道路"图例的绘制

步骤 03　在"图层"工具栏的"图层控制"下拉列表中，将"新建建筑"图层置为当前层。

步骤 04　使用"矩形"命令（REC），在"区域道路"图例的右侧绘制 8000×4000 的矩形，再按 Ctrl+1 组合键打开"特性"面板，设置其全局宽度为 100，从而完成"新建建筑"图例的绘制，如图 9-36 所示。

步骤 05　在"图层"工具栏的"图层控制"下拉列表中，将"绿化"图层置为当前层。

步骤 06　使用多段线、云线、曲线、圆、圆弧等命令，绘制"树木"图例，其尺寸没有严格的限制，如图 9-37 所示。

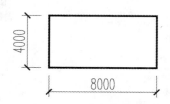

图 9-36　"新建建筑"图例的绘制

图 9-37　"树木"图例的绘制

步骤 07　在"图层"工具栏的"图层控制"下拉列表中，将"文字标注"图层置为当前层。

步骤 08　将"图样说明"文字样式置为当前，使用"单行文字"（DT）命令，书写各图例的名称，如图 9-38 所示。

图 9-38　图例文字标注

4. 绘制指北针和图名标注

步骤 01 单击工具栏中"单行文字"按钮 **A**，设置其对正方式为"居中"，然后在相应的位置输入"总平面图"和比例"1:1000"，然后然后分别选择相应的文字对象，按 Ctrl+1 键打开"特性"面板，并修改相应文字大小为"7000"和"3500"， 如图 9-39 所示。

步骤 02 使用"多段线"命令（PL），在图名的下侧绘制一条宽度为 1000 的水平多段线，效果如图 9-40 所示。

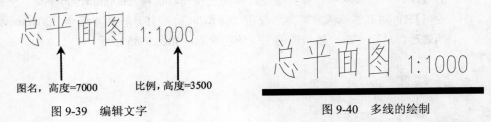

图 9-39　编辑文字

图 9-40　多线的绘制

步骤 03 执行"圆"命令（C），在相应的位置绘制半径为"2400mm"的圆；再执行"多段线"命令（PL），圆的上侧"象限点"作为起始点至下侧"象限点"作为端点，多段线起始点宽度"0"，下侧宽度为"600"，再执行"单行文字"命令（MT），圆上侧输入"N"，从而完成指北针的绘制，如图 9-41 所示。

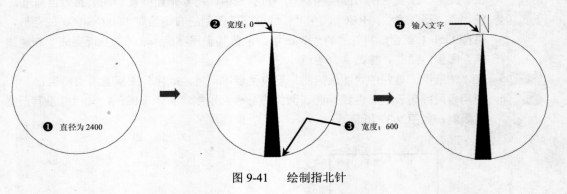

图 9-41　绘制指北针

9.3.2　添加图框和标题栏

用户可以根据图幅的需要为总平面图加上图框，一般 A3 图幅为 420mm×297mm，按照 1:1000 的比例，用户可以绘制一个图框并将它放到图纸的合适位置。由于标准图纸对图框标题栏的要求是一样的，在添加图框标题时，一般将图框标题制作成一个单独的文件，这样方便用户调用，简化了绘图步骤，提高了绘图效率。此例调用了"案例\09\图框标题栏.dwg"文件，插入图框后的效果如图 9-42 所示。

至此，建筑总平面图绘制完毕，用户可按 Ctrl+S 组合键文件进行保存。

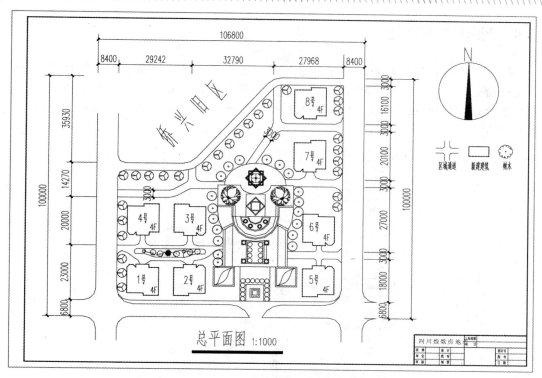

图 9-42　建筑总平面图

9.3.3　打印机的设置

用户执行"工具 | 选项"菜单命令，或在命令行输入"OP"命令，将打开"选项"对话框，选择"打印和发布"选项卡，在"新图形的默认打印设置"区域设定打印机的类型，然后单击"确定"按钮，则完成打印机的设置，如图 9-43 所示，

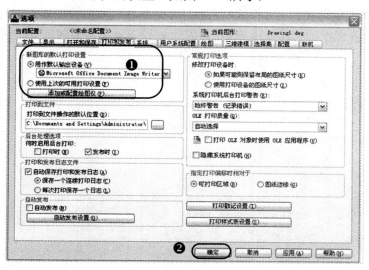

图 9-43　打印机的设置

9.3.4　图纸的打印输出

对打印机进行设置后，最后就是对总平面图图纸进行打印输出。用户执行"文件 | 打印"菜单命令，或按 Ctrl+P 组合键，将打开"打印—模型"对话框，在其中设置页面、选择图纸类型、打印区域、打印比例等，最后单击"确定"按钮即可，完成打印的设置，如图 9-44 所示。

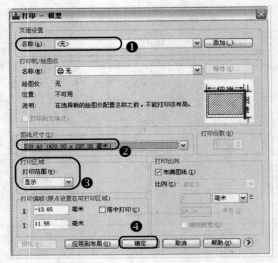

图 9-44　打印输出

9.4　本章小节

首先读者掌握建筑总平面图的基础知识，然后通过实例学习其绘图环境的设置（包括绘图区、图层的规划、文字样式、尺寸样式），掌握其绘制总平面图的步骤，添加尺寸标注和文字说明、图名等，以及图纸的打印输出等知识，从而让读者真正掌握建筑总平面图的绘制方法与技巧。

第 10 章　绘制建筑平面图

本章首先讲解了建筑平面图的基础知识；然后讲解建筑平面图的绘制步骤，即设置其绘图环境、尺寸标注、文字说明等；接着通过某住宅楼一层平面图为实例，讲解了在 AutoCAD 环境中绘制建筑平面图的方法，包括绘制轴网结构、墙体、开启门窗洞口、绘制门窗、楼梯、散水、设施布置，以及进行尺寸、文字、剖切号、图名的标注等，以及进行布局与打印输出；最后在拓展学习中给出住宅楼的二、三、四层平面图的预览效果，让读者自行练习，达到熟练掌握建筑平面图的目的。

主要内容

- 掌握建筑平面图的基础知识
- 掌握建筑平面图的绘制步骤
- 添加尺寸标注和文字说明
- 建筑平面图的打印输出

10.1　建筑平面图基础知识

用户在绘制建筑平面图时，首先应掌握建筑平面图的形成与用途、平面图的命名与图示内容、平面图的绘制要求与常用图例等。

10.1.1　建筑平面图的内容

1. 建筑平面图的分类

（1）底层平面图（又称首层平面图）：表示第一层各房间的布置、建筑入口、门厅以及楼梯的布置等情况。

（2）标准层平面图：表示房屋中间几层的布置情况。

（3）顶层平面图：表示房屋最高层的平面布置图。有的房屋顶层平面图与标准层平面图相同，在这种情况下，顶层平面图可以省略。

（4）屋顶平面图：由屋顶的上方向下作屋顶外形的水平投影而得到的平面图，用它来表示屋顶的情况，如屋面排水的方向、坡度、雨水管的位置及屋顶的构造等。

2.建筑平面图的表达内容

（1）建筑物平面的形状及总长、总宽等尺寸，可计算建筑物的规模和占地面积。

（2）建筑物内部各房间的名称、尺寸、大小、承重墙和柱的定位轴线、墙的厚度、门窗的宽度等，以及走廊、楼梯（电梯）、出入口的位置。

（3）各层地面的标高。一层地面标高定为±0.000，并注明室外地坪和其余各层的相对标高。

（4）门、窗的编号、位置、数量及尺寸，一般图纸上还有门窗数量表用以配合说明。

（5）室内的装修做法，如地面、墙面及顶棚等处的材料做法。较简单的装修，一般在平面图内直接用文字注明；较复杂的工程应另列房间明细表及材料做法表。

（6）标注出建筑物及其各部分的平面尺寸。在平面图中，一般标注三道外部尺寸。对于底层平面图，还应标注室外台阶、花池、散水等局部尺寸。此外，在平面图内还需注明局部的内部尺寸，以表示内门、内窗、内墙厚及内部设备等尺寸。

（7）其他细部的配置和位置情况，如楼梯、搁板、各种卫生设备等。

（8）室外台阶、花池、散水和雨水管的大小与位置。

（9）在底屋平面图上画有指北针符号，以确定建筑物的朝向，另外还要画上剖面图的剖切符号，以便与剖面图对照查阅。

（10）索引符号。在平面图中，对于需要另用详图说明的部位或构件，都要加索引符号，以便互相查阅、核对。

3. 建筑立面图的识读重点

（1）根据首层平面图的指北针和轴线编号，确定该立面在整个建筑形体中所处的位置和朝向。

（2）立面图是一座房屋的立面形象，因此主要的应记住它的外形，了解建筑物立面形状。

（3）其次是参照平面图与门窗表，分析立面上门窗位置、种类、型号、数量等。

（4）识读立面中关键部位的标高及尺寸，如室内外地坪、台阶、阳台、雨篷、檐口、屋顶等位置。

（5）再次通过文字说明和符号记住装修做法，哪一部分有出檐或有附墙柱等，哪些部分做抹面，都要分别记住。

（6）此外如附加的构造如爬梯、雨水管等的位置，在施工时就可以考虑随施工的进展进行安装。

总之建筑立面图是结合建筑平面图来说明房屋外形的图纸，图示的重点是外部构造，因此这些仅从平面图上是想象不出的，必须依靠立面图结合起来，才能把房屋的外部构造表达出来。

10.1.2 建筑平面图绘图规范和要求

1. 建筑平面图的规范

建筑平面图的规范，即从规范化、标准化和网络化来考虑。

（1）规范化——有效提高建筑设计的工作质量；

（2）标准化——提高建筑设计的工作效率；

（3）网络化——便于网络上规范化管理和成果的共享。

本标准是建筑 CAD 制图的统一规则，适用于房屋建筑工程和建筑工程相关领域中的 CAD

制图及软件开发。

本标准为形成设计院绘图表达的风格的统一，不提倡个人绘图表达风格。建筑制图的表达应清晰、完整、统一。

2．建筑平面图制图要求

在绘制建筑平面图时，需注意以下几点要求：

（1）制图规范：工程制图严格遵照国家有关建筑制图规范制图，要求所有图面的表达方式均保持一致。

（2）建筑专业图纸目录参照下列顺序编制：建筑设计说明、室内装饰一览表、建筑构造做法一览表、建筑定位图、平面图、立面图、剖面图、楼梯、部分平面、建筑详图、门窗表、门窗图。

（3）图纸深度：工程图纸除应达到国家规范规定深度外，还必须满足业主提供例图深度及特殊要求。

（4）图纸字体：除投标及其特殊情况外，均应采取以下字体文件，尽量不使用 TureType 字体，以加快图形的显示，缩小图形文件。同一图形文件内字型数目不要超过四种。以下字体为标准字体，将其放置在 CAD 软件的 FONTS 目录中即可。Romans.shx（西文花体）、Romand.shx （西文花体）、Bold.shx（西文黑体）、Txt.shx（西文单线体）、Simpelx（西文单线体）、St64f.shx（汉字宋体）、Ht64f.shx（汉字黑体）、Kt64f.shx（汉字楷体）、Fs64f.shx（汉字仿宋）、Hztxt.shx（汉字单线）。

汉字字体优先考虑采用 Hztxt.shx 和 Hzst.shx；西文优先考虑 Romans.shx 和 Simplex 或 Txt.shx。所有中英文标注应按下表（表 10-1）执行。

表 10-1　常用字体表

用途		字型	字高	宽高比
图纸名称	中文	St64f.shx	10mm	0.8
说明文字标题	中文	St64f.shx	5.0mm	0.8
标注文字	中文	Hztxt.shx	3.5mm	0.8
说明文字	中文	Hztxt.shx	3.5mm	0.8
总说明	中文	St64f.shx	5.0mm	0.8
标注尺寸	西文	Romans.shx	3.0mm	0.8

注：中西文比例设置为 1:0.7，说明文字一般应位于图面右侧。字高为打印出图后的高度。

3．图纸版本及修改标记

（1）图纸版本：图纸修改等改用版本标志，停用原先采用的建修、结修、电修、水修、暖修等及其他编号标志。

（2）施工图版本号：第一次出图版本号为 0，第二次修改图版本号为 1，第三次修改图版本号为 2。

（3）方案图或报批图等非施工用图版本号：第一次图版本号为 A，第二次图版本号为 B，第三次图版本号为 C。

（4）图面修改标记：图纸修改可以版本号区分，每次修改必须在修改处做出标记，并注明版本号，（简单或单一修改仍使用变更通知单），如图 10-1 所示。

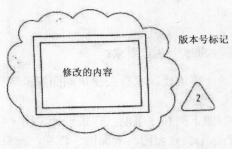

版本号标记

修改的内容

2

图 10-1　图面修改标记

4．图纸幅面

图纸图幅采用 A0、A1、A2、A3 四种标准，以 A1 图纸为主，如表 10-2 所示。

表 10-2　图纸尺寸规格

图纸种类	图纸宽度（mm）	图纸高度(mm)	备　注
A0	1189	841	
A1	841	594	
A2	594	420	
A3	420	297	
A4	297	210	主要用于目录、变更、修改等

特殊需要可采用按长边 1/8 模数加长尺寸（按房屋建筑制图统一标准）。一个专业所用的图纸，不宜多于两种幅面（目录及表格所用 A4 幅面除外）。

5．图纸比例

同一张图纸中，不宜出现三种以上的比例，如表 10-3 所示。

表 10-3　常用比例表

常用比例	1:1、1:2、1:5、1:10、1:20、1:50、1:100、1:200、1:500、1:1000
可用比例	1:3、1:15、1:25、1:30、1:150、1:250、1:300、1:1500

10.1.3　定位轴线的画法和轴线编号的规定

定位轴线以外的网格线均称为定位线，它用于确定模数化构件尺寸。模数化网格可以采用单轴线定位、双轴线定位或二者兼用，应根据建筑设计、施工及构件生产等条件综合确定，连续的模数化网格可采用单轴线定位。当模数化网格需加间隔而产生中间区时，可采用双轴线定位。定位轴线应与主网格轴线重合。定位线之间的距离（如跨度、柱距、层高等）应符合模数尺寸，用以确定结构或构件等的位置及标高。结构构件与平面定位线的联系，应有利于水平构件梁、板、屋架和竖向构件墙、柱等的统一和互换，并使结构构件受力合理、构造简化。

定位轴线一般应编号，编号应注写在轴线端部的圆内。圆应用细实线绘制，直径为 8～10mm。定位轴线圆的圆心，应在定位轴线的延长线上或延长线的折线上、横轴圆内用数字依次表示，纵轴圆内用大写字母依次表示，如图 10-2 所示。

轴线编号宜标注在图样的下方与左侧，横向编号应用阿拉伯数字，从左至右顺序编写，竖向编号应用大写拉丁字母，从下至上顺序编写，如图 10-3 所示。

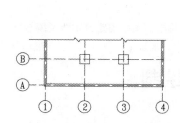

图 10-2　定位轴线及编号

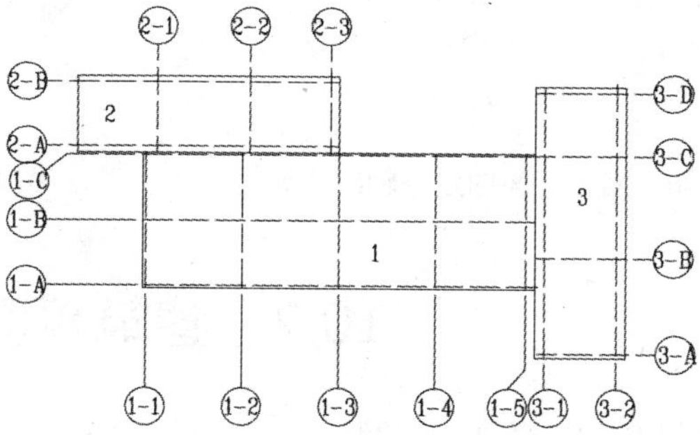

图 10-3　分区定位轴线及编号

拉丁字母的 I、O、Z 不得用做轴线编号。如字母数量不够使用，可增用双字母或单字母加数字注脚，如 A_A、B_A…Y_A 或 A_1、B_1…Y_1；组合较复杂的平面图中定位轴线也可采用分区编号，编号的注写形式应为"分区号——该分区编号"。分区号采用阿拉伯数字或大写拉丁字母表示，如图 10-4 所示。

附加定位轴线的编号，应以分数形式表示，并应按下列规定编写:两根轴线间的附加轴线，应以分母表示前一轴线的编号，分子表示附加轴线的编号，编号宜用阿拉伯数字顺序编写。在 1 或 A 号轴线之前附加的轴线应以 01 或 0A 来表示，如图 10-5 所示。

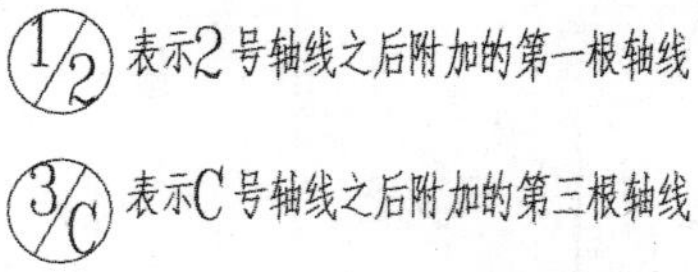

$\frac{1}{2}$ 表示2号轴线之后附加的第一根轴线

$\frac{1}{01}$ 表示1号轴线之后附加的第一根轴线

$\frac{3}{C}$ 表示C号轴线之后附加的第三根轴线

$\frac{3}{0A}$ 表示A号轴线之后附加的第三根轴线

图 10-4　在轴线之后附加的轴线

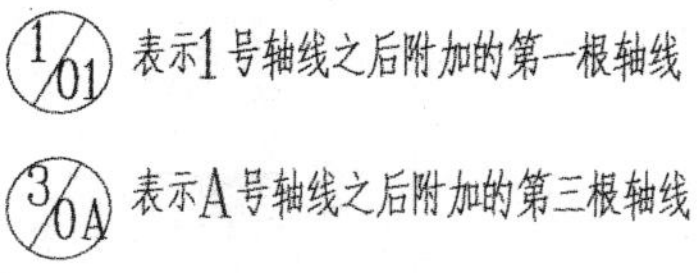

图 10-5　在 1 或 A 号轴线之前附加的的轴线

一个详图适用于几根轴线时，应同时注明各有关轴线的编号。通用详图中的定位轴线，应只画圆，不注写轴线编号。

圆形平面图中定位轴线的编号，其径向轴线宜用阿拉伯数字表示，从左下角开始，按逆时针顺序编写；其圆周轴线宜用大写拉丁字母表示，从外向内顺序编写，如图 10-6 所示。

折线形平面图中的定位轴线及编号，如图 10-7 所示。

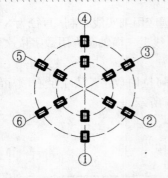

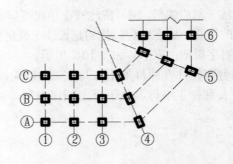

图 10-6　圆形平面图定位轴线及编号　　　　图 10-7　折线形平面图中的定位轴线及编号

10.2　建筑平面图的绘制

 视频\10\建筑平面图的绘制.avi
案例\10\建筑平面图.dwg

　　在绘制某农村住宅一层平面图时，首先根据要求设置绘图环境，包括规划图层、设置尺寸、文字的样式等；再根据要求绘制轴网线、墙体线、柱子、楼梯、散水；然后绘制门、窗子、阳台；接着进行尺寸标注、文字标注、剖切符号的标注、标高标注、指北针标注、图名及比例的标注，从而完成建筑一层平面图的绘制；最后绘制 A2 图框，并对其按照 1:100 的比例进行布局与打印操作，其最终的效果如图 10-8 所示。

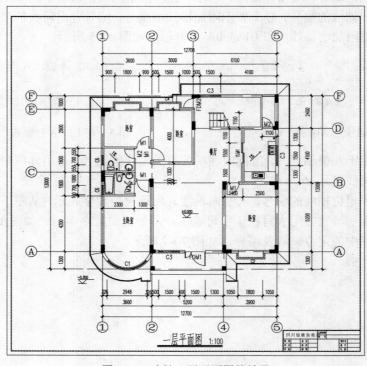

图 10-8　建筑一层平面图的效果

10.2.1 设置绘图环境

在绘制建筑平面图之前，首先要设置好绘图环境，从而使用户在绘制建筑平面图时更加方便、灵活、快捷。设置绘图环境，包括绘图区域界限及单位的设置、图层的设置、文字和标注样式的设置等。

1. 绘图区的设置

绘图区设置包括绘图单位和图形界限的设定。依据如图 10-8 所示可知，该建筑平面图的长度为 12700mm，宽度为 13000mm，考虑尺寸线等所占位置，平面图形范围取实际长度的 1.3~1.5 倍，而本实例采用 A2 图纸，1:100 出图，故将图形界限的左下角确定为（0、0），右上角确定为（59400、42000）。

 A1、A2、A3、A4 纸张的尺寸大小如表 10-2 所示。

按照纸张幅面的基本面积，把幅面规格分为 A 系列、B 系列和 C 系列，复印纸的幅面规格只采用 A 系列和 B 系列。若将 A0 纸张沿长度方式对开成两等分，便成为 A1 规格，将 A1 纸张沿长度方向对开，便成为 A2 规格，如此对开至 A8 规格、B8 纸张亦按此法对开至 B8 规格。如图 10-9 所示。

步骤 01 启动 AutoCAD 2012 软件，选择"文件｜保存"菜单命令，将该文件保存为"案例\10\建筑一层平面图.dwg"文件。

步骤 02 选择"格式｜单位"菜单命令（UN），打开"图形单位"对话框，将长度单位类型设定为"小数"，精度为"0.000"，角度单位类型设定为"十进制度数"，精度精确到"0.00"，如图 10-10 所示。

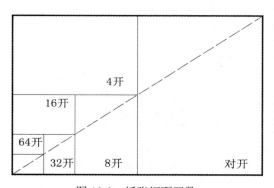

图 10-9　纸张幅面开数

图 10-10　图形单位设置

 此处的单位精度是绘图时确定坐标的精度，不是尺寸标注的单位精度，通常长度精度取后面小数点的后三位，角度单位精度取小数点后两位。

步骤 03 选择"格式｜图形界限"菜单命令，依照提示，设定图形界限的左下角为(0、0)，右

上角为(59400、42000)。

步骤 04 再在命令行输入 Z→空格→A，使输入的图形界限区域全部显示在图形窗口内。

2. 规划图层

如图 10-8 所示可知，该建筑平面图主要由轴线、门窗、墙体、楼梯、设施、文本标注、尺寸标注等元素组成，因此绘制平面图形时，应建立如表 10-4 所示的图层。

表 10-4 图层设置

序号	图层名	描述内容	线宽	线型	颜色	打印属性
1	轴线	定位轴线	默认	点划线 (ACAD_ISOO4W100)	红色	不打印
2	墙体	墙体	0.30mm	实线(CONTINUOUS)	18 色	打印
3	柱子	墙柱	默认	实线(CONTINUOUS)	黑色	打印
4	轴线编号	轴线圆	默认	实线(CONTINUOUS)	绿色	打印
5	散水	散水	0.30mm	实线(CONTINUOUS)	黄色	打印
6	门窗	门窗	默认	实线(CONTINUOUS)	114 色	打印
7	尺寸标注	尺寸标注	默认	实线(CONTINUOUS)	蓝色	打印
8	文字标注	图内文字、图名、比例	默认	实线(CONTINUOUS)	黑色	打印
9	标高	标高文字及符号	默认	实线(CONTINUOUS)	洋红色	打印
10	设施	布置的设施	默认	实线(CONTINUOUS)	244 色	打印
11	楼梯	楼梯间	默认	实线(CONTINUOUS)	8 色	打印
12	其他	附属构件	默认	实线(CONTINUOUS)	黑色	打印

步骤 01 选择"格式｜图层"菜单命令（LA），将打开"图层特性管理器"面板，根据前面如表 10-4 所示来设置图层的名称、线宽、线型和颜色等，如图 10-11 所示。

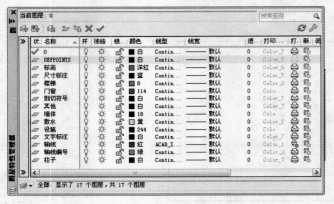

图 10-11 规划图层

步骤 02 选择"格式｜线型"菜单命令，打开"线型管理器"对话框，单击"显示细节"按钮，打开"详细信息"选项组，输入"全局比例因子"为 100，然后单击"确定"按钮，如图 10-12 所示。

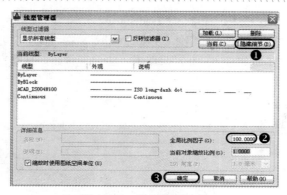

图 10-12　设置线型比例

　在设置轴线线型时，为了保证图形的整体效果，必须进行轴线线型的设定。AutoCAD 默认的全局线型缩放比例为 1.0，通常线型比例应和打印相协调，如打印比例为 1:100，则线型比例大约设为 100。

3．设置文字样式

由如图 10-8 所示可知，该建筑平面图上的文字有尺寸文字、标高文字、图内文字说明、剖切符号文字、图名文字、轴线符号等，打印比例为 1:100，文字样式中的高度为打印到图纸上的文字高度与打印比例倒数的乘积。根据建筑制图标准，该平面图文字样式的规划如表 10-5 所示。

表 10-5　文字样式

文字样式名	打印到图纸上的文字高度	图形文字高度（文字样式高度）	宽度因子	字体｜大字体
图内说明	3.5mm	350mm	0.7	Tssdeng｜Tssdchn
尺寸文字	3.5mm	350mm		
轴号文字	5mm	500mm		
图名文字	7mm	700mm		

步骤 01　选择"格式｜文字样式"菜单命令，打开"文字样式"对话框，单击"新建"按钮打开"新建文字样式"对话框，样式名定义为"图内说明"，如图 10-13 所示。

图 10-13　文字样式名称的定义

步骤 02 在"字体"下拉框中选择字体"Tssdeng.shx",勾选"使用大字体"复选框,并在"大字体"下拉列表框中选择字体"Tssdchn.shx",在"高度"文本框中输入"350","宽度因子"文本框中输入"0.7",单击"应用"按钮,从而完成该文字样式的设置,如图 10-14 所示。

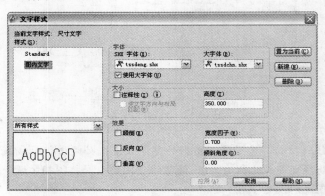

图 10-14　设置"图内说明"文字样式

步骤 03 重复前面的步骤,建立如表 10-5 所示中其他各种文字样式,如图 10-15 所示。

图 10-15　其他文字样式

 用户在设置文字样式的"SHX 字体"和"大字体"时,由于 AutoCAD 2012 系统本身并没有带有"Tssdeng | Tssdchn"字体,用户可将"案例"文件夹"Tssdeng.shx"和"Tssdchn.shx"字体复制到 AutoCAD 2012 所安装的位置,即"X:\Program Files\Autodesk\CAD 2012\AutoCAD 2012 - Simplified Chinese\Fonts"文件夹中。

步骤 04 选择"格式 | 标注样式"菜单命令,打开"标注样式管理器"对话框,单击"新建"按钮,打开"创建新标注样式"对话框,新建样式名定义为"建筑平面-100",如图 10-16 所示。

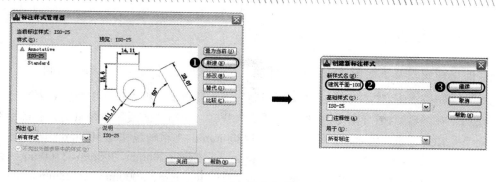

图 10-16 标注样式名称的定义

步骤 05 当单击"继续"按钮，则进入到"新建标注样式"对话框，然后分别在各选项卡中设置相应的参数，如表 10-6 所示。

表 10-6 "建筑平面-100"标注样式的参数设置

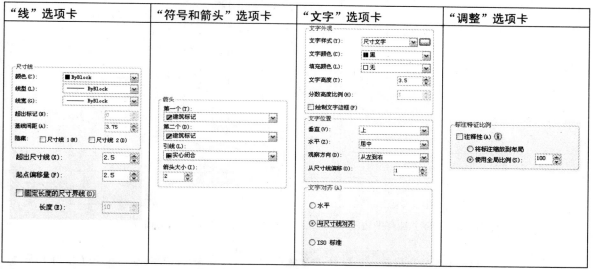

步骤 06 选择"文件｜另存为"菜单命令，打开"图形另存为"对话框，保存为"案例\10\平面图样板.dwt"文件，如图 10-17 所示。

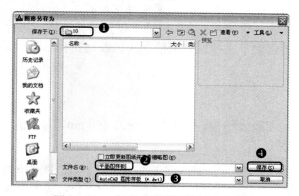

图 10-17 保存"平面图样板"文件

10.2.2 绘制定位轴线

在前面已经设置好了绘图比例、绘图环境，接下来应进行轴线网结构的绘制。

步骤 01 单击"图层"工具栏的"图层控制"下拉列表框，将"轴线"图层置为当前图层。

步骤 02 在键盘上按"F8"键切换到"正交"模式。执行"直线"命令（L），在图形窗口的适当位置作为起始点绘制长度为 14800mm 的水平轴线和 17500mm 的垂直轴线；再使用"偏移"命令（O）将水平轴线向上依次偏移 5200mm、798mm、3300mm、1400mm 和 1000mm，再将垂直轴线依次向右偏移 3600mm、3000mm、2228mm 和 3872mm，如图 10-18 所示。

步骤 03 使用"偏移"（O）和"修剪"（TR）命令，按照尺寸对轴线进行偏移和修剪，如图 10-19 所示。

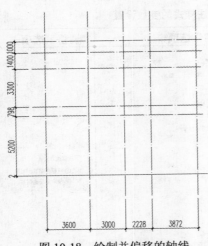

图 10-18 绘制并偏移的轴线

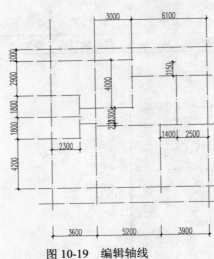

图 10-19 编辑轴线

> 用户在绘制定位轴线时，一般情况是使用"直线"命令（L）来绘制水平（横向）和垂直（纵向）的轴线，再使用"偏移"命令（O），对其轴线进行偏移从而生成其他轴线。

用户也可以使用"构造线"命令（XL）来绘制水平和垂直的构造线段，再对其进行偏移；然后沿指定区域的轴线绘制一个矩形对象，将轴线以外的构造线段进行修剪删除；最后将所绘制的矩形对象删除，从而保留下来的就是所绘制的轴线网结构。

10.2.3 绘制墙体

由于建筑楼采用的是混凝土结构，外墙的厚度为 240mm，为了能够快速地绘制墙体结构，应采用多线方式来绘制墙体。

步骤 01 单击"图层"工具栏的"图层控制"下拉列表框，选择"墙体"图层为当前层。

步骤 02 选择"格式｜多线样式"菜单命令，打开"多线样式"对话框，单击"新建"按钮，打开"创建新的多线样式"对话框，在名称栏输入多线名称"240Q"，单击"继续"
按钮，打开"新建多线样式"对话框，然后设置图元的偏移量分别为 120 和-120，
再单击"确定"按钮，如图 10-20 所示。

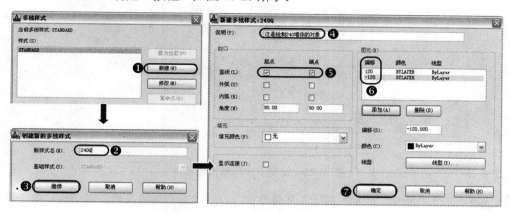

图 10-20　新建"240Q"多线样式

步骤 03　使用"多线"命令（ML），根据提示选择"样式（ST）"选项，在"输入多线样式名："
提示下输入"240Q"并按回车键；选择"对正（J）"选项，在"输入对正类型："提
示下选择"无（Z）"；选择"比例（S）"选项，在"输入多线比例："提示下输入 1，
然后在"指定起点："和"指定下一点："提示下，分别捕捉相应的交点来绘制多条
多线对象，如图 10-21 所示。

步骤 04　绘制窗台的墙体。执行"偏移"命令（O），将水平轴线向上偏移 596mm；再执行"圆
角（F）"命令，选择偏移线条的中点作为圆心，绘制半径为 1810mm 和 2028mm 的
圆，修剪多余的线段。

步骤 05　绘制卫生间的墙体。执行"偏移"命令（O）将轴线分别偏移 100mm、1800mm、2260mm
和 1000mm；再执行"修剪"命令（TR），修剪掉多余的线段，结果如图 10-22 所示。

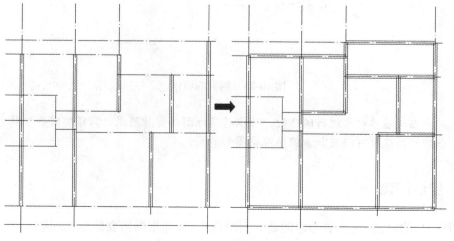

图 10-21　绘制的墙体

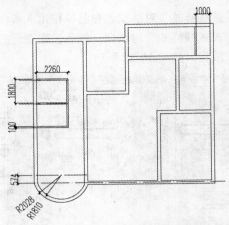

图 10-22　绘制卫生间和窗台墙体

步骤 06　执行"修改｜对象｜多线"菜单命令，打开"多线编辑工具"对话框，单击"T 形合并"按钮╤对其指定的交点进行合并操作，单击"角点结合"按钮∟对其指定的拐角点进行角点结合操作，单击"十字合并"按钮╬对互相交叉的多段线进行合并操作，如图 10-23 所示。

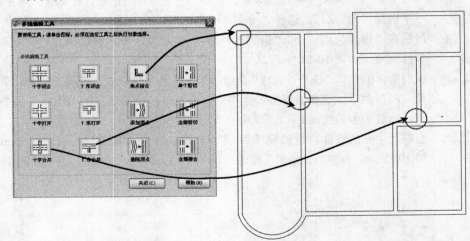

图 10-23　编辑的墙体

　用户在对墙体对象进行编辑时，可以将其他图层暂时隐藏，只保留需要编辑的"墙体"图即可，这样可以更加方便地观察图形效果。

10.2.4　绘制门窗

在绘制门窗的时候，首先要考虑的是开启门窗洞口，在根据需要绘制相应的门窗平面图块，然后将绘制好的门窗图块插入在相应的门窗洞口位置。

步骤 01　执行"偏移"命令（O），将轴线进行偏移操作；再执行"修剪"命令（TR），修剪掉多余的线段，从而形成门洞口，如图 10-24 所示。

步骤 02 使用上述同样的方法，再对其图形的中间和上侧部分进行修剪，形成窗洞口的开启，如图 10-25 所示。

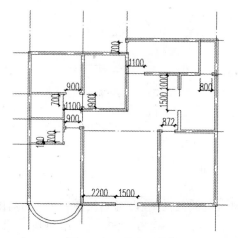

图 10-24 开启门洞口   图 10-25 开启窗洞口

步骤 03 在"图层"工具栏的"图层控制"组合框中选择"门窗"图层，使之成为当前图层。

步骤 04 使用"直线"、"圆弧"、"修剪"等命令，绘制一扇门的平面图，如图 10-26 所示。

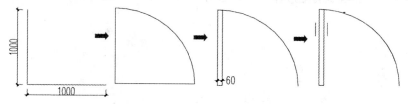

图 10-26 绘制门

步骤 05 执行"块"命令（W），将弹出"写块"对话框，然后将绘制的平面门保存为"案例\10\M800.dwg"图块，如图 10-27 所示。

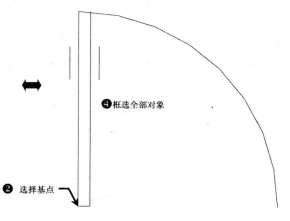

图 10-27 块的创建

步骤 06　执行"插入块"命令（I），将刚创建的图块（M800）插入到相应的位置，并进行适当的图块旋转操作，如图 10-28 所示。

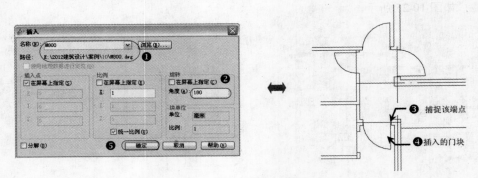

图 10-28　插入的门块

用户在插入块时，可将一个方向的图块全插入到相应位置后，再插入另一个方向的图块，这样省去重复改变角度的繁琐操作，如果图纸上门宽为 700mm，而图块的门宽为 1000mm，所以应该将图块的缩放比例设置为（700÷1000=0.7）。

步骤 07　执行"插入块"命令（I），将前面创建的图块（M800）插入到相应的位置，并进行适当的图块旋转缩放操作，如图 10-29 所示。

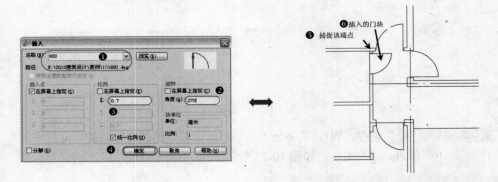

图 10-29　插入的图块缩放

步骤 08　使用"镜像"命令（MI），将插入的图块分别进行镜像操作，如图 10-30 所示。

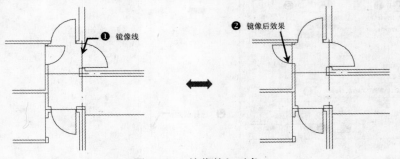

图 10-30　镜像的门对象

步骤 09 使用上述同样的方法，分别在其他门洞口位置插入该门块，并作适当的缩放、旋转、镜像操作；然后执行"矩形"（REC）和"直线"（L）命令，绘制长约 100mm×750mm 的 2 个矩形，并在矩形的中点绘制一垂直线段，然后移动到相应的位置，如图 10-31 所示。

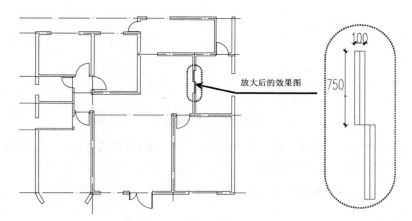

放大后的效果图

图 10-31　插入门图块和绘制推拉门

步骤 10 执行"格式｜多线样式"菜单命令，新建"C"多线样式，并设置其图元的偏移量分别为 120、60、–60、–120，然后单击"确定"按钮，如图 10-32 所示。

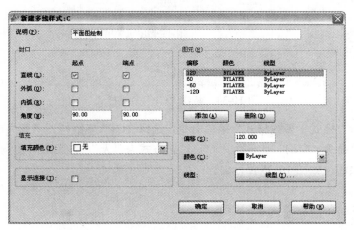

图 10-32　新建"C"多线样式

步骤 11 执行"多线"命令（ML），选择多线样式"C"，比例为"1"，对正方式为"无"，在图形相应位置的窗洞位置，绘制推拉窗，如图 10-33 所示。

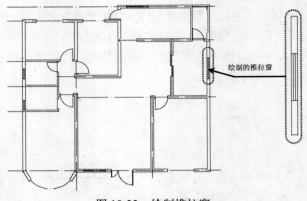

图 10-33 绘制推拉窗

步骤 12 执行"格式 | 多线样式"菜单命令，新建"C1"多线样式，并设置其图元的偏移量分别为 120、0、-120，然后单击"确定"按钮，如图 10-34 所示。

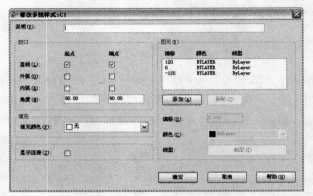

图 10-34 新建"C1"多线样式

步骤 13 执行"格式 | 多线样式"菜单命令，选择"C1"多线样式"置为当前"，在执行"多线"命令（ML），比例为"1"，对正方式为"无"，在图形的窗洞位置绘制凸窗平面效果图，如图 10-35 所示。

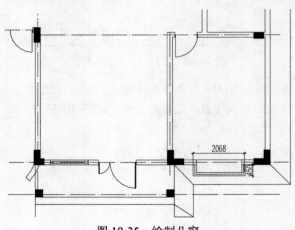

图 10-35 绘制凸窗

步骤 **14**　使用"圆弧"命令（A），绘制半径为 1896mm 的圆弧；再使用"偏移"命令（O），
　　　　　将圆弧向内、外各"偏移"120mm，绘制的圆窗效果如图 10-36 所示。

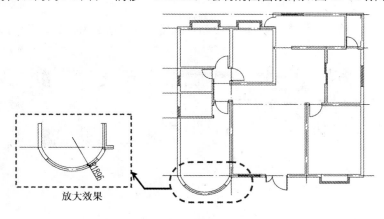

图 10-36　绘制的弧形窗

10.2.5　绘制楼梯间和散水

前面绘制完门窗，接下来绘制一层平面图中的散水和楼梯间，首先绘制楼梯间平面图，然
后绘制散水平面图。

步骤 **01**　单击"图层"工具栏的"图层控制"下拉列表框，将"楼梯"图层置为当前图层。

步骤 **02**　使用"矩形"、"直线"、"偏移"和"修剪"等命令，绘制楼梯的轮廓；然后使用"多
　　　　　段线"（PL）命令，绘制方向箭头，其箭头起点宽度为 80，末端宽度为 0；最后使用
　　　　　"编组"（G）命令，在视图中选择绘制好的楼梯，进行编组操作，如图 10-37 所示。

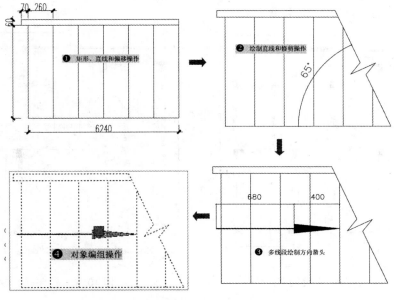

图 10-37　绘制的楼梯

绘制完毕楼梯对象，可以使用"编组"（G）命令，将需要组合在一起的对象组合为一个整体对象，方便移动或复制操作。

步骤 03 执行"移动"命令（M），将绘制好的楼梯间移动到相应的位置，如图 10-38 所示。

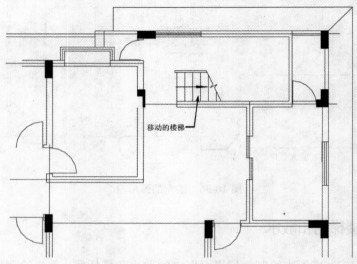

移动的楼梯

图 10-38　移动的楼梯对象

步骤 04 单击"图层"工具栏的"图层控制"下拉列表框，将"设施"图层置为当前图层。

步骤 05 使用"多段线"命令（PL），围绕该平面图的外墙绘制一条宽度为 50mm 封闭的多段线；然后使用"偏移"命令（O），将绘制的多段线向外偏移 800mm；最后使用"删除"命令（E），将之前绘制的多段线删除掉，结果如图 10-39 所示。

步骤 06 执行"直线"命令（L），在多段线的转角处分别绘制相应的斜线段，从而完成散水的绘制，如图 10-40 所示。

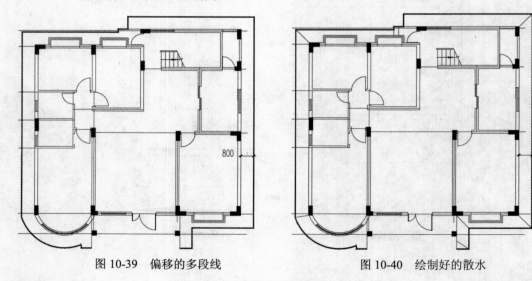

图 10-39　偏移的多段线　　　　　　　图 10-40　绘制好的散水

步骤 07 单击"图层"工具栏的"图层控制"下拉列表框，将"其他"图层置为当前图层。

步骤 08 执行"直线"命令（L），在图形的下侧居中位置，绘制 5500mm 水平线段；再将绘制的水平线段向上偏移 300mm，结果如图 10-41 所示。

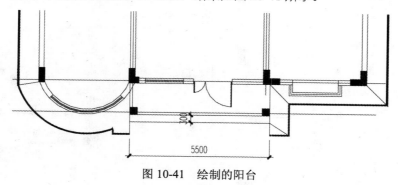

图 10-41 绘制的阳台

10.2.6 布置设施

前面绘制完楼梯间、阳台、散水、门窗等平面图，接下来进行一层平面图厨房和卫生间的布置操作。

步骤 01 单击"图层"工具栏的"图层控制"下拉列表框，将"设施"图层置为当前图层。

步骤 02 执行"偏移"命令（O），将水平线段偏移 139mm、151mm 和垂直线段偏移 1275mm、739mm，然后选择偏移线段的交点作为圆心，绘制半径为 63mm 的圆；执行"填充"命令（H），将绘制的圆进行图案填充，选择图案样例为"ANSI 31"，比例为 1，结果如图 10-42 所示。

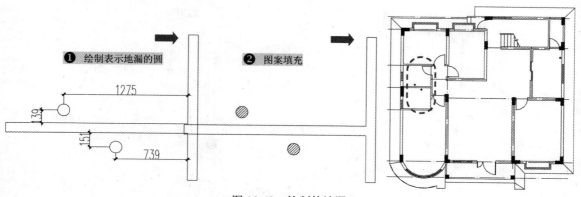

图 10-42 绘制的地漏

步骤 03 执行"偏移"命令（O），将水平线段偏移 748mm，垂直线段偏移 558mm，将多余的线段进行修剪，然后执行"插入块"命令（I），将"案例\10"文件夹下面的燃气灶、洗碗槽等图块插入到相应的位置，并进行适当的图块旋转操作，如图 10-43 所示。

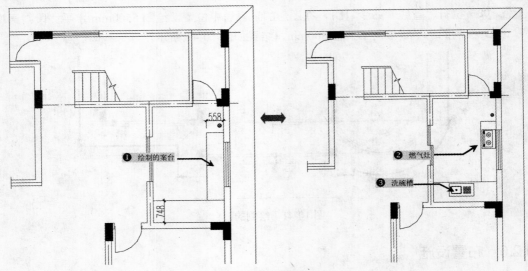

图 10-43　绘制好的灶台

步骤 04　执行"偏移"命令（O），将垂直线段偏移 1100mm，将水平线段偏移 650mm，并修剪不需要的线条；然后执行"插入块"命令（I），将"案例\13"文件夹下面的洗脸盆、马桶、浴缸等图块插入到相应的位置，并进行适当的图块旋转操作，如图 10-44所示。

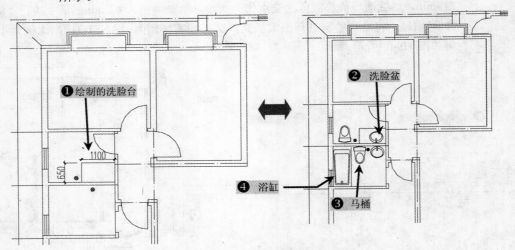

图 10-44　布置好的卫生间

10.2.7　进行尺寸标注

前面对尺寸标注样式进行了设置，接下来对平面图进行尺寸的标注。

步骤 01　执行"复制"命令（CO），分别将其轴线进行复制；再执行"延伸"命令，分别以复制的线作为延伸的边界，分别单击每条主轴线的端点进行延伸；然后将复制的轴线删除，从而使该图形的主轴线"凸"显出来，如图 10-45 所示。

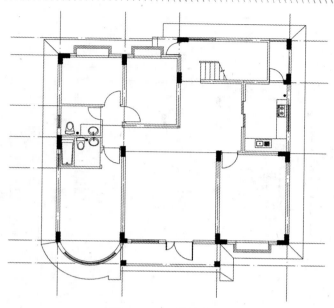

图 10-45　延伸的轴线

步骤 **02** 单击"图层"工具栏的"图层控制"下拉列表框，将"尺寸标注"图层置为当前图层。

步骤 **03** 在"标注"工具栏中单击"线性"按钮┤├和"连续"按钮┤┼┼，对图形的底侧进行尺寸的标注，如图 10-46 所示。

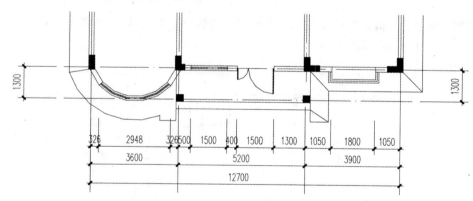

图 10-46　底侧的尺寸标注

步骤 **04** 使用上面同样的方法，单击"标注"工具栏中"线性"按钮┤├和"连续"按钮┤┼┼，对图形的顶、左、右侧进行尺寸的标注，如图 10-47 所示。

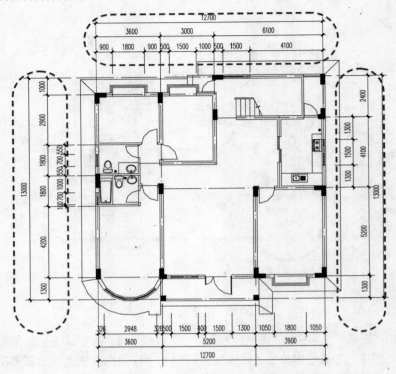

图 10-47　其他的尺寸标注

步骤 05　同上在"标注"工具栏中单击"线性"按钮⊢和"连续"按钮⊢⊢，对图形内部进行
尺寸标注，如图 10-48 所示。

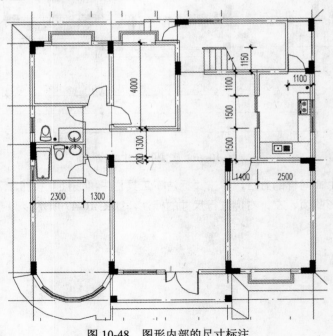

图 10-48　图形内部的尺寸标注

10.2.8　定位轴线标注

对图形尺寸标注完成后，接下来进行定位轴号的标注。

步骤 01　单击"图层"工具栏的"图层控制"下拉列表框，将"0"图层置为当前图层。

步骤 02　执行"圆"命令（O），绘制直径为 800mm 的圆，再执行"直线"命令（L），以圆的象限点为起始点绘制长为 1500mm 的垂直线段，如图 10-49 所示。

步骤 03　单击"图层"工具栏的"图层控制器"下拉列表框，选择"文字"图层为当前图层。

步骤 04　在"样式"工具栏中选择"轴号文字"文字样式，单击工具栏中"单行文字"按钮 ，设置其对正方式为"居中"，然后在圆的中心位置输入编号为"1"，如图 10-50 所示。

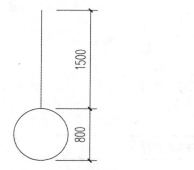

图 10-49　绘制的直线和圆

图 10-50　单行文字

步骤 05　执行"复制"命令（CO），将绘制好的轴线符号复制 3 个，放在相应的位置，然后将复制好的轴线符号"旋转"90°，如图 10-51 所示。

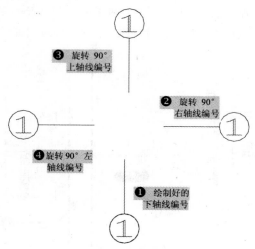

图 10-51　旋转的轴线编号

步骤 06　执行"复制"命令（CO），将绘制好的下轴线符号复制到一层平面图下侧的相应位置，然后执行"编辑文字"命令（ED），编辑相应的轴线编号，如图 10-52 所示。

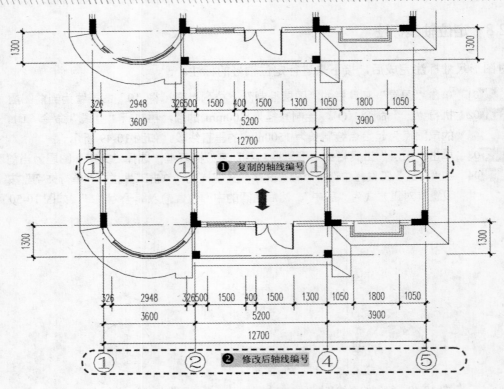

图 10-52　下侧的轴线编号

步骤 07　同上执行"复制"命令（CO），将绘制好的上轴线符号复制到一层平面图上侧的相应位置，然后编辑相应的轴线编号。

步骤 08　同上执行"复制"命令（CO），将绘制好的左轴线符号复制到一层平面图左侧的相应位置，然后执行"编辑"命令（ED），编辑相应的轴线编号，如图 10-53 所示。

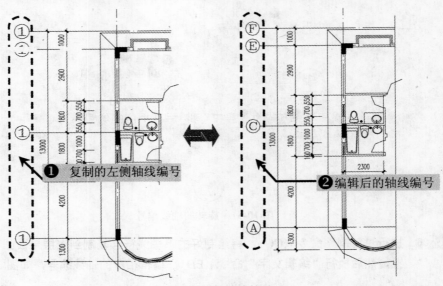

图 10-53　左侧的轴线符号

步骤 09 同上执行镜像、复制等命令，将绘制好的左侧轴线符号镜像复制到平面图右侧的相应位置，将下侧的轴线符号镜像复制到平面图的上侧的相应位置；再执行"编辑"命令（ED），分别编辑相应的轴线编号，完成后效果如图 10-54 所示。

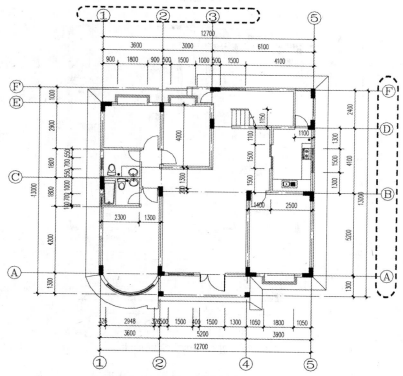

图 10-54　完成右侧、顶侧的轴线编号

10.2.9　文字说明、图名标注、指北针

通过前面的标注，已经将一层平面图标注完毕，接下来开始进行对图形文字的说明。

步骤 01 单击"图层"工具栏的"图层控制"下拉框，将"文字标注"图层置为当前图层。

步骤 02 在"样式"工具栏中选择"文字说明"文字样式，在工具栏中单击"单行文字"按钮 A，设置其对正方式为"居中"，然后在相应的位置输入"餐厅"，执行"复制"命令（CO），将单行文字复制到相应位置，然后执行"编辑"命令（ED），按顺序编辑图中的编号，1～5 内容分别为：餐厅、卧室、卧室、主卧室和卧室，效果如图 10-55 所示。

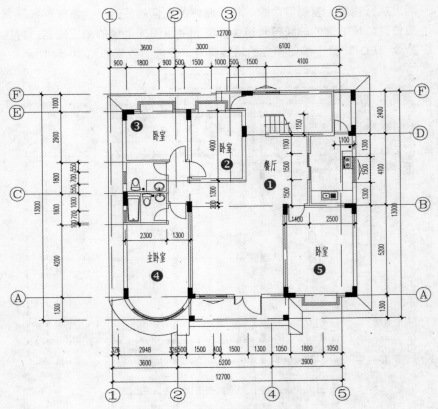

图 10-55　进行图内文字的标注

步骤 03 单击工具栏中"单行文字"按钮A，设置其对正方式为"居中"，然后在相应的位置输入内容为"M1"，执行"复制"命令（CO），将单行文字复制到相应位置，然后执行"编辑"命令（ED），以顺序编辑图中的编号，内容 1～9 分别为：FDM1、M1、FDM2、M1、M1、M1、M2、M1 和 M2，效果如图 10-56 所示。

　图纸上看到的 M1、M2，就是门的编号。同一个门窗编号则宽、高、立樘、材料、防火等级原则上应该相同，一般 M1 入户门尺寸为 1600×2400、M2，标准门尺寸为 800×2100，M3 厨房、卫生间门的尺寸为 800×2100，M4 全玻璃门尺寸为 1260×2100，有时候也要根据具体情况而定。

步骤 04 同上单击工具栏中"单行文字"按钮A，设置其对正方式为"居中"，然后在相应的位置输入内容为"C1"，再执行"复制"命令（CO），将单行文字复制到相应位置，然后执行"编辑"命令（ED），以顺序编辑图中的编号，内容 1～8 分别为：C2、C3、C6、C6、C2、C4、C3 和 C3，效果如图 10-57 所示。

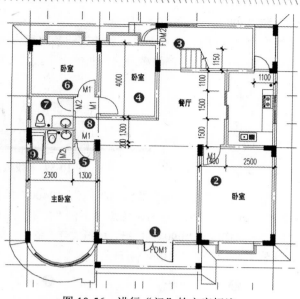

图 10-56　进行"门"的文字标注

技巧提示　在建筑图纸里 C 通常指的是窗户，M 指的是门。其后面的数量为类型编号，各类门窗在门窗表中均有详细尺寸。

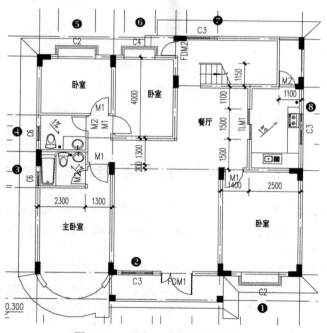

图 10-57　进行"窗"的文字标注

步骤 05　在"样式"工具栏中选择"图名"文字样式，单击工具栏中"单行文字"按钮 A，设置其对正方式为"居中"，然后在相应的位置输入"一层平面图"和比例"1:100"，然后分别选择相应的文字对象，按 Ctrl+1 键打开"特性"面板，并修改相应文字大

213

小为"1000"和"500"， 如图 10-58 所示。

步骤 06 使用"多段线"命令（PL），在图名的下侧绘制一条宽度为 60mm 的水平多段线；再使用"直线"命令（L），绘制与多段线等长的水平线段，效果如图 10-59 所示。

图名，高度=1000   比例，高度=500

图 10-58　编辑文字   图 10-59　多段线的绘制

步骤 07 执行"圆"命令（C），在相应的位置绘制半径为"2400"的圆；执行"多段线"命令（PL），圆的上侧"象限点"作为起始点至下侧"象限点"作为端点，多段线起始点宽度为"0"，下侧宽度为"600"；执行"单行文字"命令（MT），圆上侧输入"N"，从而完成指北针的绘制，如图 10-60 所示。

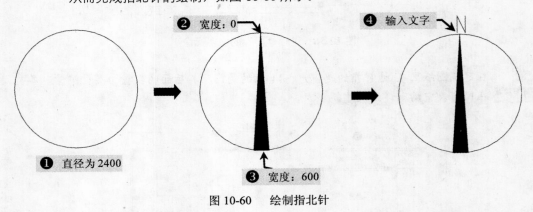

❷ 宽度：0   ❹ 输入文字

❶ 直径为 2400

❸ 宽度：600

图 10-60　绘制指北针

步骤 08 至此，建筑一层平面图绘制完毕，用户可按 Ctrl+S 组合键对文件进行保存。

10.3　打印出图

　　用户可以根据图幅的需要为建筑一层平面图加上图框，一般 A3 图幅为 420mm×297mm，按照 1:100 的比例，此例调用了"案例\10\图框标题栏.dwg"文件。再执行"文件 | 打印"菜单命令，其预览效果如图 10-61 所示。

　　拓展学习：通过本章节对平面图的绘制思路的学习和绘制方法的掌握，为了使读者更加牢固地掌握建筑平面图的绘制技巧，并能达到熟能生巧的目的，可以参照前面的步骤和方法对如图 10-62～图 10-65 所示进行绘制（参照光盘"案例\10"文件下的二层平面图.dwg、三层平面图.dwg、四层平面图.dwg、屋顶平面图.dwg"文件）。

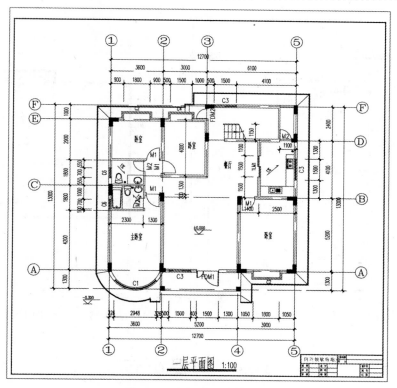

图 10-61　打印出图的效果

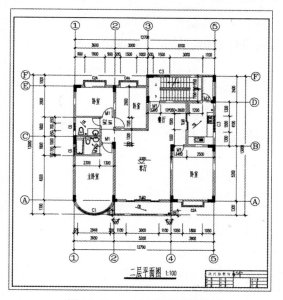

图 10-62　二层平面图的效果

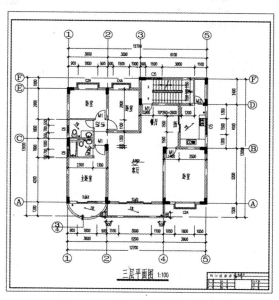

图 10-63　三层平面图的效果

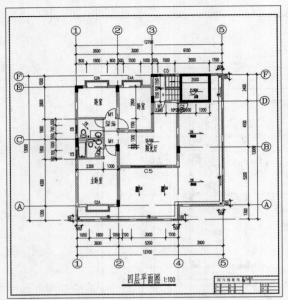

图 10-64 四层平面图的效果

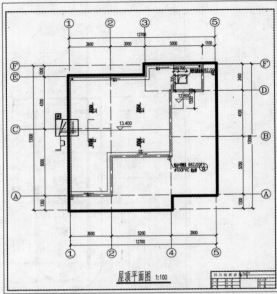

图 10-65 屋顶平面图的效果

10.4 本章小节

　　首先掌握建筑平面图的基础知识，然后通过某住宅一层平面图的实例，进行其绘图环境的设置（包括绘图区、图层的规划、文字样式、尺寸样式），掌握绘制建筑平面图的步骤，添加尺寸标注和文字说明、图名、指北针等，以及图纸的打印输出等知识，从而让读者真正掌握建筑平面图的绘制方法与技巧。

第 11 章　绘制建筑立面图

本章首先讲解了建筑立面图的形成、用途、内容等基础知识，再讲解了建筑立面图的绘制要求及流程；然后通过某农村住宅楼立面图为实例，讲解了在 AutoCAD 环境中绘制立面图的方法，包括设置绘图环境，绘制辅助线、立面窗、立面门、立面阳台等，最后进行尺寸、文字、标高、轴线编号、图名的标注等，以及对立面图添加图框标题栏。章节最后将提供住宅楼的其他侧的立面图预览效果，让读者参照光盘自行练习。

主要内容

- 掌握建筑立面图的基础知识
- 掌握建筑正立面图的绘制步骤
- 添加尺寸标注和文字说明

11.1　建筑立面图基础知识

建筑物与建筑物立面相平行的投影面上投影所得到的正投影图，简称立面图。其图示内容如下：

（1）为使立面图外形更清晰，通常用粗实线表示立面图的最外轮廓线，而凸出墙面的雨蓬、阳台、柱子、窗台、窗楣、台阶、花池等投影线，宜用中粗线画出，地坪线用加粗线（粗于标准粗度的 1.4 倍）画出，其余如门、窗及墙面分格线、落水管以及材料符号引出线、说明引出线等用细实线画出。

（2）建筑立面图的比例与立面图一致，常用 1:50、1:100、1:200 的比例绘制。

（3）反映主要出入口或比较显著地反映出房屋外貌特征的那一面立面图，称为正立面图。其余的立面图相应称为背立面图、侧立面图。通常也可按房屋朝向来命名，如南、北立面图，东、西立面图。若建筑各立面的结构有丝毫差异，都应绘出对应立面的立面图来诠释所设计的建筑。

11.1.1　建筑立面图的内容

1. 建筑立面图的表达内容

（1）表明建筑物的立面形式和外貌，外墙面装饰做法和分格。

（2）表示室外台阶、花池、勒脚、窗台、雨蓬、阳台、檐沟、屋顶以及雨水管等的位置、立面形状及材料做法。

（3）反映立面上门窗的布置、外形及开启方向（应用图例表示）。

（4）用标高及竖向尺寸表示建筑物的总高以及各部位的高度。

（5）在立面图中，对于需要另用详图说明的部位或构件，都要加索引符号，以便互相查阅、核对。

2．建筑立面图的识读重点

（1）根据首层立面图的指北针、轴线编号，确定该立面在整个建筑形体中所处的位置和朝向。

（2）立面图是一座房屋的立面形象，因此主要的应记住它的外形，了解建筑物立面形状。其次是参照立面图与门窗表，分析立面上门窗位置、种类、型号、数量等。

（3）识读立面中关键部位的标高及尺寸，如室内外地坪、台阶、阳台、雨篷、檐口、屋顶等位置。

（4）再次通过文字说明和符号记住装修做法，哪一部分有出檐或有附墙柱等，哪些部分做抹面，都要分别记住。

（5）此外附加的构造如爬梯、雨水管等，在施工时就可以考虑随着进展进行安装。

总之，立面图是结合平面图来说明房屋外形的图纸，图示的重点是外部构造，因此这些仅从立面图上是想象不出的，必须将平面图结合起来，才能把房屋的外部构造表达出来。

11.1.2　建筑立面图绘图规范和要求

1．建筑立面图的规范

（1）规范化——有效提高建筑设计的工作质量；

（2）标准化——提高建筑设计的工作效率；

（3）网络化——便于网络上规范化管理和成果的共享。

本标准是建筑 CAD 制图的统一规则，适用于房屋建筑工程和建筑工程相关领域中的 CAD 制图及软件开发。

本标准为形成设计院绘图表达风格的统一，不提倡个人绘图表达风格。建筑制图的表达应清晰、完整、统一。

2．建筑立面图制图要求

用户在绘制建筑立面图时，无论是绘制正立面图、背立面图、侧立面图等，都应遵循相应的绘制要求，才能使绘制的图形更加符合规范。

（1）图纸幅面

A3 图纸幅面是 297mm×420mm，A2 图纸幅面是 420mm×594mm，A1 图纸幅面是 594mm×841mm，其图框的尺寸见相关的制图标准。

（2）图名及比例

建筑立面图的常用比例是 1∶50、1∶100、1∶150、1∶200、1∶300。图样下方应注写图名，图名下方应绘一条短粗实线，右侧应注写比例，比例字高应比图名的字高小一号或二号，如图 11-1 所示。

（3）图线

图线的基本宽度 b 可从下列线宽系列中选取：0.18、0.25、0.35、0.5、0.7、1.0、1.4、2.0mm。当用户选用 A2 图纸时，建议选用 b＝0.70mm（粗线），0.5b＝0.350mm（中线），0.25b＝0.180mm（细线）；当用户选用 A3 图纸时，建议选用 b＝0.50mm（粗线），0.5b＝0.250mm（中线），0.25b＝0.130mm（细线）。

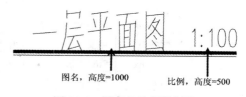

图 11-1　图名及比例的标注

在绘制建筑立面图时，通过采用不同的线型、线宽来表示不同的对象。

- 粗实线 b：被剖切到的主要建筑构造（包括构配件）如承重墙、柱的断面轮廓线及剖切符号。
- 中实线 0.5b：被剖切到的次要建筑构造（包括构配件）的轮廓线（如墙身、台阶、散水、门扇开启线）、建筑构配件的轮廓线及尺寸起止斜短线。
- 中虚线 0.5b：建筑构配件不可见轮廓线。
- 细实线 0.25b：其余可见轮廓线及图例、尺寸标注等线。较简单的图样可用粗实线 b 和细实线 0.25b 两种线宽。

 在 AutoCAD 中，实线为 Continuous，虚线为 ACAD_ISOO2W100 或 dashed，单点长画线为 ACAD_ISOO4W100 或 Center，双点长画线为 ACAD_ISOO5W100 或 Phantom。

（4）字体

汉字字型优先考虑采用 hztxt.shx 和 hzst.shx；西文优先考虑 romans.shx 和 simplex、txt.shx。在如图 11-2 所示的"文字样式"对话框中，给出不同中、西字体的设置情况，其宽度因子为 0.7。如图 11-3 所示为 AutoCAD 环境中设置西文与中文不同字体的样式效果。所有中英文之标注宜按如表 11-1 所示执行。

图 11-2　CAD 环境中的字体设置 　　　　　图 11-3　不同中、西文字的效果比较

表 11-1　立面图字体表

用　　途	图纸名称	说明文字标题	标注文字	说明文字	总说明	标注尺寸
	中文	中文	中文	中文	中文	西文
字　　体	St64f.shx	St64f.shx	Hztxt.shx	Hztxt.shx	St64f.shx	Romans.shx
字　　高	10mm	5.0mm	3.5mm	3.5mm	5.0mm	3.0mm
宽高比	0.8	0.8	0.8	0.8	0.8	0.7

注：中西文比例设置为 1：0.7，说明文字一般应位于图面右侧。字高为打印出图后的高度。

（5）尺寸标注

尺寸界线应用细实线绘制，一般应与被注长度垂直，其一端应离开图样轮廓线不小于 2mm，另一端宜超出尺寸线 2～3mm。

尺寸起止符号一般用中粗（0.5b）斜短线绘制，其斜度方向与尺寸界线成顺时针 45°，长度宜为 2～3mm。半径、直径、角度与弧长的尺寸起止符号用箭头表示。

互相平行的尺寸线，应从被注写的图样轮廓线由近向远整齐排列，将大尺寸标在外侧，小尺寸标在内侧。尺寸线距图样最外轮廓之间的距离不宜小于 10mm。平行排列的尺寸线的间距宜为 7～10mm，并应保持一致。其所有注写的尺寸数字应离开尺寸线约 1mm。

尺寸标注分外部尺寸和内部尺寸。外部尺寸。包括外墙三道尺寸（总尺寸、定位尺寸、细部尺寸）和局部尺寸。内部尺寸包括室内净空、内墙上的门窗洞口、墙垛位置大小、内墙厚度、柱位置大小、室内固定设备位置大小等尺寸。

- 总尺寸：最外一道尺寸，即两端外墙外侧之间的距离，也叫外包尺寸；
- 定位尺寸：中间一道尺寸，是两相邻轴线间的距离，也叫轴线尺寸；
- 细部尺寸：外墙上门窗洞口、墙段等位置大小尺寸；
- 局部尺寸：建筑外的台阶、花台、散水等位置大小尺寸

（6）剖切符号

剖切位置线长度宜为 6～10mm，投射方向线应与剖切位置线垂直，画在剖切位置线的同一侧，长度应短于剖切位置线，宜为 4～6mm。为了区分同一形体上的剖面图，在剖切符号上宜用字母或数字，并注写在投射方向线一侧。另外，其剖切符号只标注在底层立面图中。

（7）指北针

指北针是用来指明建筑物朝向的。圆的直径宜为 24mm，用细实线绘制，指针尾部的宽度宜为 3mm，指针头部应标示"北"或"N"。需用较大直径绘制指北针时，指针尾部宽度宜为直径的 1/8。

 剖切符号、指北针只在底层立面图中标注。

（8）详图索引符号

图样中的某一局部或构件，如需另见详图，应以索引符号标出。索引符号是由直径为 10mm 的圆和水平直径组成，圆及水平直径均以细实线绘制。详图的位置和编号，应以详图符号表示。详图符号的圆应以直径为 14mm 的粗实线绘制。

（9）引出线

引出线应以细实线绘制，宜采用水平方向的直线，与水平方向成 30°、45°、60°、90° 的直线，或经上述角度再折为水平线。文字说明宜注写在水平线的上方，也可注写在水平线的端部。

3. 建筑立面图绘制的流程

（1）绘制室外地坪线、最外轮廓线和室内地坪线。虽然在某些立面图中，室内地坪线并不可见，但由于它是相对标高的起点，因而必须画出作为辅助线之用。

（2）绘出底层窗的窗顶和窗台的定位线。并以此为依据绘制底层窗户，做成图块后进行阵列或复制所有的底层窗户。

（3）绘制标准层首层窗顶和窗台的定位线。并以此为依据绘制标准层首层窗户，做成图块。

（4）把做出的标准层图块作为母图，使用"ARRAY"命令对其阵列。以此构筑立面图的主体框架。

（5）绘制顶层窗的窗顶和窗台的定位线。并以此为依据绘制顶层窗户，做成图块后进行阵列或复制所有的顶层窗户。

（6）绘制阳台、楼梯间等有凹凸的形体轮廓。

（7）绘制主次出入口处的门、雨篷、花池、屋顶水箱、雨水管等。

（8）标注外墙装修等施工说明、少数局部尺寸、标高等。

（9）标注图名、比例、插入图框标题栏等。

11.2　建筑立面图的绘图

视频\11\建筑正立面图的绘制.avi
案例\11\建筑正立面图.dwg

在绘制该立面图时，设置与建筑立面图相匹配的绘图环境，进行图层的规划、文字、尺寸等样式的设置。首先绘制投影线段，从而形成立面图的轮廓；然后分别绘制立面窗、立面阳台、标杆等；最后进行填充操作，其效果如图 11-4 所示。

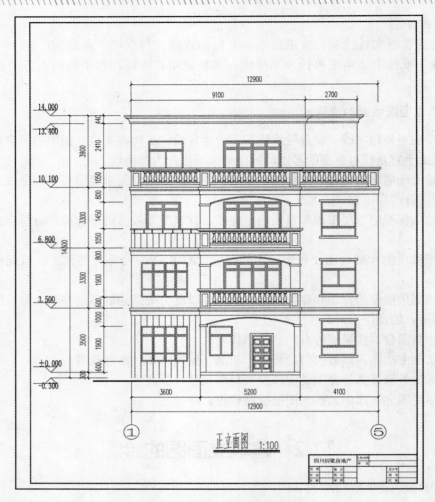

图 11-4   建筑正立面图的效果

11.2.1   设置绘图环境

读者可参照第 10 章中对建筑平面图绘图环境的设置方法，来对建筑立面图进行相应的设置。

1. 规划图层

由图 11-4 所示可知，该建筑立面图主要由轴线、门窗、墙体、地坪线、标高、文字标注、尺寸标注、轴线编号等元素组成，因此绘制立面图形时，应建立如表 11-2 所示的图层。

表 11-2   图层设置

序号	图层名	描述内容	线宽	线型	颜色	打印属性
1	墙体	墙体	0.30mm	实线(CONTINUOUS)	黑色	打印
2	地坪线	地坪线	0.30mm	实线(CONTINUOUS)	黑色	打印
3	轴线编号	轴线圆	默认	实线(CONTINUOUS)	绿色	打印

（续表）

序号	图层名	描述内容	线宽	线型	颜色	打印属性
4	门窗	门窗	默认	实线(CONTINUOUS)	102 色	打印
5	标高	标高文字及符号	默认	实线(CONTINUOUS)	洋红色	打印
6	填充	图案的填充	默认	实线(CONTINUOUS)	青色	打印
7	其他	栏杆等附属构件	默认	实线(CONTINUOUS)	8 色	打印
8	尺寸标注	尺寸标注	默认	实线(CONTINUOUS)	蓝色	打印
9	文字标注	图内文字、图名、比例	默认	实线(CONTINUOUS)	黑色	打印

步骤 01 启动 AutoCAD 2012 软件，系统自动建立一个空白的文档。

步骤 02 选择"文件｜另存为"菜单命令，打开"图形另存为"对话框，保存为"案例\11\建筑立面样板.dwt"文件，如图 11-5 所示。

图 11-5　保存"建筑立面样板"文件

步骤 03 选择"格式｜图层"菜单命令（LA），将打开"图层特性管理器"面板，根据表 11-4 所示来设置图层的名称、线宽、线型和颜色等，如图 11-6 所示。

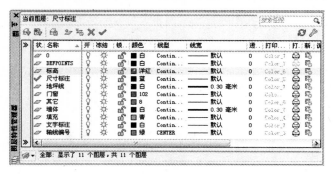

图 11-6　规划图层

2．设置文字样式

根据要求，建立建筑立面图的文字样式，如表 11-3 所示。

表 11-3 文字样式

文字样式名	打印到图纸上的文字高度	图形文字高度（文字样式高度）	宽度因子	字体
图内说明	3.5mm	350mm		Tssdeng｜gbcbig
图名文字	7mm	700mm	0.7	大字体
尺寸文字	3.5mm	0mm		Tssdeng
轴号文字	5mm	500mm		complex

步骤 **01** 使用"文字样式"对话框，建立如表 11-3 所示中其他各种文字样式，如图 11-7 所示。

图 11-7 建立的文字样式

步骤 **02** 选择"格式｜标注样式"菜单命令，打开"标注样式管理器"对话框，单击"新建"按钮，打开"创建新标注样式"对话框，新建样式名定义为"建筑立面-100"，参数设置如表 11-4 所示。

表 11-4 "建筑立面-100"标注样式的参数设置

"线"选项卡	"符号和箭头"选项卡	"文字"选项卡	"调整"选项卡
尺寸线 颜色(C)：ByBlock 线型(L)：ByBlock 线宽(G)：ByBlock 超出标记(N)：0 基线间距(A)：3.75 隐藏：□尺寸线 1(M) □尺寸线 2(D) 超出尺寸线(X)：2.5 起点偏移量(F)：2.5 □固定长度的尺寸界线(O) 长度(E)：10	箭头 第一个(T)：建筑标记 第二个(D)：建筑标记 引线(L)：实心闭合 箭头大小(I)：2	文字外观 文字样式(Y)：尺寸文字 文字颜色(C)：黑 填充颜色(L)：无 文字高度(T)：3.5 分数高度比例(H)：1 □绘制文字边框(F) 文字位置 垂直(V)：上 水平(Z)：居中 观察方向(D)：从左到右 从尺寸线偏移(O)：1 文字对齐(A) ○水平 ◉与尺寸线对齐 ○ISO 标准	标注特征比例 □注释性(A) ○将标注缩放到布局 ◉使用全局比例(S)：100

11.2.2　绘制辅助线

在绘制立面图之前，首先根据建筑平面图相应的墙体引出相应的垂直线段，从而形成立面图的轮廓。

步骤 01　打开"案例\10\建筑一层平面图.dwg"文件，在"图层"工具栏的"图层控制"下拉列表中，关闭"散水"、"设施"、"楼梯"、"门窗"、"尺寸标注"、"文字标注"、"轴线编号"等图层。

步骤 02　再执行"直线"命令（L），绘制垂直线段。再使用 Ctrl+C 和 Ctrl+V 组合键将绘制的垂直线段复制粘贴到"建筑立面图.dwg"文件中，如图 11-8 所示。

步骤 03　执行"构造线"命令（XL），绘制一水平线段；再执行"偏移"命令（O），将水平线段向下偏移 14300mm（整个房屋的高度 14300mm）；再执行"修剪"命令（TR），将多余的线段进行修剪，从而形成整个立面图的外轮廓效果，如图 11-9 所示。

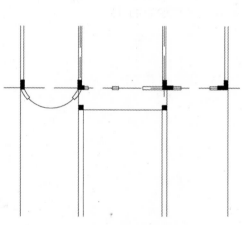

图 11-8　垂直线段

❶　绘制和偏移线段
❷　修剪多余的线段

图 11-9　绘制立面图的轮廓

11.2.3　绘制正立面图

步骤 01　在"图层"工具栏的"图层控制器"下拉列表框中，选择"墙体"图层作为当前图层。

步骤 02　执行"偏移"命令（O），将底部的水平线段向上各偏移 300mm、3500mm、3300mm、3300mm、3300mm 和 600mm，如图 11-10 所示。

步骤 03　执行"移动"命令（M），将底部的水平线段向下移动 170mm；再执行"拉伸"命令（S），并将偏移的线段向左、右各拉伸 2000mm，转换为"地坪线"图层，如图 11-11 所示。

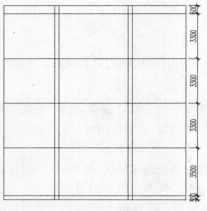

图 11-10　偏移线段

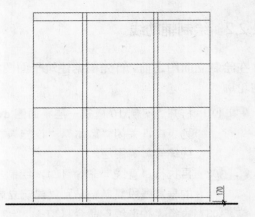

图 11-11　移动及拉伸线段

步骤 04 执行"偏移"命令（O），将水平线段向下偏移 150mm，向上各偏移 1050mm，将左侧的垂直线段向右各偏移 9100mm 和 2700mm，如图 11-12 所示。

步骤 05 执行"修剪"命令（TR），修剪多余的线段，结果如图 11-13 所示。

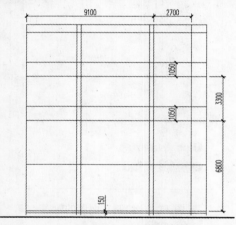

图 11-12　偏移线段

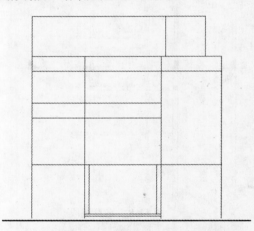

图 11-13　修剪多余的线段

步骤 06 执行"直线"（L）、"圆弧"（A）、"修剪"（TR）、"移动"（M）、"镜像"（MI）、"复制"（CO）等命令，在图形的顶部绘制如图 11-14 所示的线段。

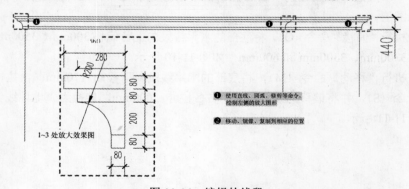

图 11-14　编辑的线段

步骤 07　绘制立面阳台轮廓。执行"直线"（L）命令，绘制如图 11-15 所示的线段。

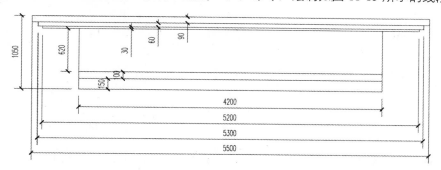

图 11-15　绘制的阳台轮廓

步骤 08　执行"复制"（CO）命令，将上一步绘制的图形分别复制到立面图的二层、三层、四层中间的位置；再使用"镜像"、"修剪"等操作，在四层左、右处复制图形，结果如图 11-16 所示。

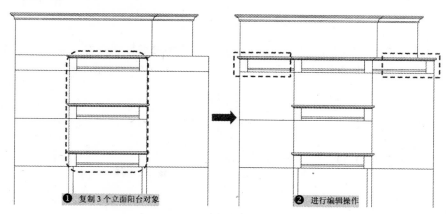

图 11-16　复制阳台轮廓

步骤 09　执行"直线"（L）和"移动"（M）命令，绘制的线段并将其移动到相应的位置，如图 11-17 所示。

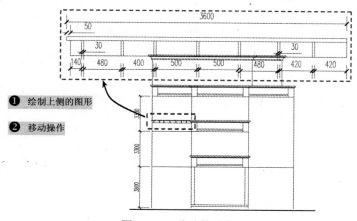

图 11-17　移动的对象

步骤 10 执行矩形、直线、圆弧、修剪、镜像等操作，绘制阳台的栏杆，如图 11-18 所示。

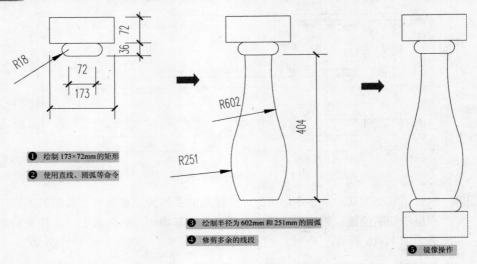

图 11-18　绘制的栏杆

步骤 11 执行"写块"命令（W），将上一步绘制的阳台栏杆保存为"案例\11\栏杆.dwg"文件，如图 11-19 所示。

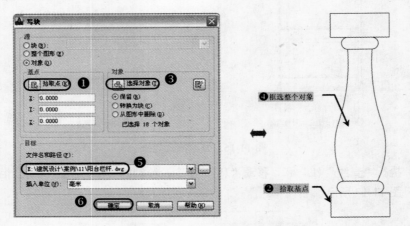

图 11-19　保存"栏杆"图块

步骤 12 执行"插入"（I）和"阵列"（AR）命令，将"栏杆"图层插入到相应的位置，并进行矩形阵列操作，结果如图 11-20 所示。

步骤 13 执行"矩形"（REC）命令，绘制 8 个 300mm×670mm 的矩形，再将其复制到各个立面阳台处，如图 11-21 所示。

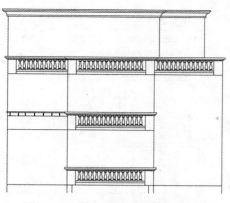

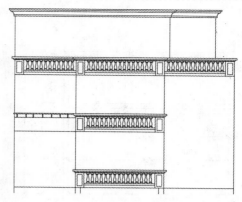

图 11-20　插入和阵列"栏杆"图块　　　　图 11-21　绘制和复制矩形

步骤14　在"图层"工具栏的"图层控制器"下拉列表框中，选择"门窗"图层作为当前图层。

步骤15　执行"直线"（L）和"矩形"（REC）命令，绘制如图 11-22～图 11-27 所示的立面窗 C1800、C2420、C3000、TLC1200、TLC1800、TLC2000。

步骤16　再使用"写块"命令（W），将上一步绘制的立面窗全部保存为"案例\11"文件夹下的图块。

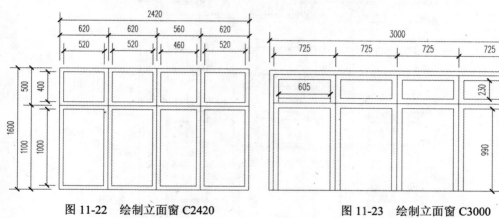

图 11-22　绘制立面窗 C2420　　　　　　　图 11-23　绘制立面窗 C3000

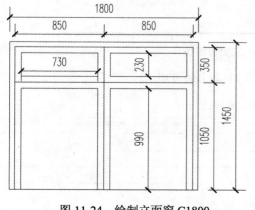

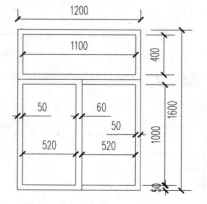

图 11-24　绘制立面窗 C1800　　　　　　　图 11-25　绘制立面窗 TLC1200

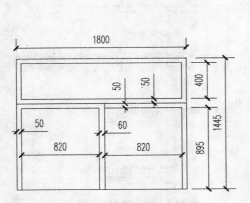

图 11-26 绘制立面窗 TLC1800   图 11-27 绘制立面窗 TLC2000

步骤 ⑰ 执行"插入"(I) 命令，将"案例\11"文件夹中图块 C1800、C2420、C3000、TLC1200、
TLC1800、TLC2000，插入到图形中相应的位置，如图 11-28 所示。

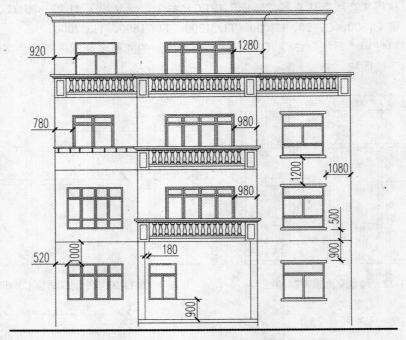

图 11-28 插入立面窗图块

步骤 ⑱ 执行"直线" 命令（L），绘制如图 11-29 所示的图形。

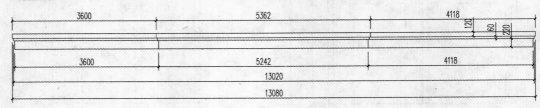

图 11-29 绘制的图形

步骤 **19** 执行"复制"(CO)命令,将上一步绘制的图形复制到一、二、三层的相应的位置,如图 11-30 所示。

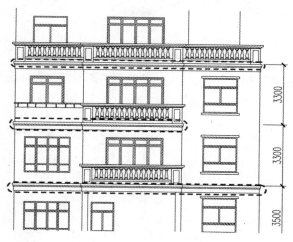

图 11-30 复制的对象

步骤 **20** 执行"矩形"、"圆弧"、"直线"、"修剪"等命令,绘制如图 11-31 所示的图形。

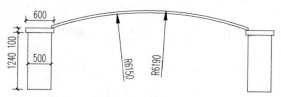

图 11-31 绘制的图形

步骤 **21** 执行"复制"(CO)命令,将上一步绘制的图形复制到二层、三层的相应的位置,如图 11-32 所示。

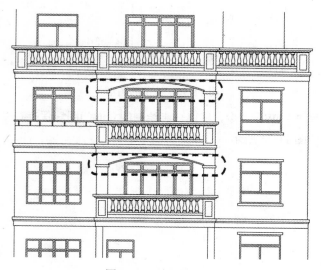

图 11-32 复制的对象

步骤 22 执行"矩形"、"圆弧"、"直线"、"修剪"等命令，绘制如图 11-33 所示的图形。

图 11-33　绘制的图形

步骤 23 执行"移动"（M）命令，将上一步绘制的图形复制到底层的相应的位置，如图 11-34 所示。

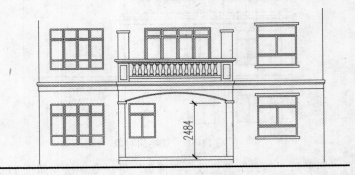

图 11-34　移动的对象

步骤 24 执行"矩形"、"直线"、"修剪"等命令，绘制如图 11-35 所示的图形。

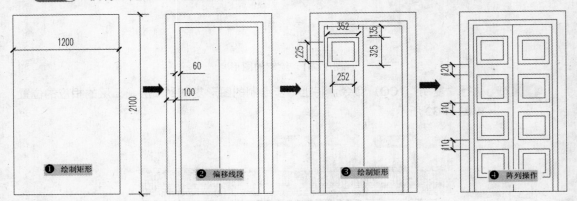

图 11-35　绘制的图形

步骤 25 执行"写块"（W）命令，将上一步绘制的立面门图块保存在"案例\11\ M2100.dwg"文件，如图 11-36 所示。

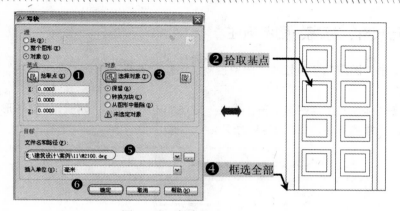

图 11-36 保存"M2100"图块

步骤26 执行"插入"(I) 命令,将图块 M2100 插入到图形的底部,如图 11-37 所示。

图 11-37 插入"M2100"图块

步骤27 在"图层"工具栏的"图层控制器"下拉列表框中,选择"填充"图层作为当前图层。

步骤28 执行"图案填充"命令(H),选择样式"LINE",角度 90°,进行图案填充操作,结果如图 11-38 所示。

图 11-38 图案填充

11.2.4 进行尺寸、标高、图名标注

步骤 01 单击"图层"工具栏的"图层控制"下拉列表框,选择"尺寸标注"图层作为当前图层。

步骤 02 在"标注"工具栏中单击"线性"按钮⊢和"连续"按钮⊞,对图形的左、上侧进行尺寸的标注,如图 11-39 所示。

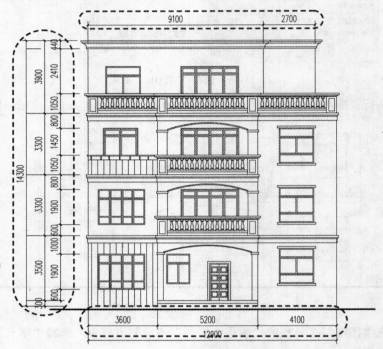

图 11-39　进行尺寸标注

步骤 03 单击"图层"工具栏的"图层控制"下拉列表框,选择"0"图层作为当前图层。

步骤 04 执行"直线" 命令(L),绘制如图 11-40 所示的标高符号。

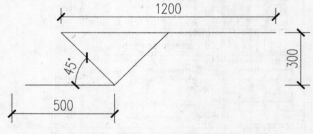

图 11-40　绘制的标高符号

步骤 05 执行"绘制 | 块 | 定义属性"菜单命令,将弹出"属性定义"对话框,进行属性设置及文字设置,指定标高符号的右侧作为基点,如图 11-41 所示。

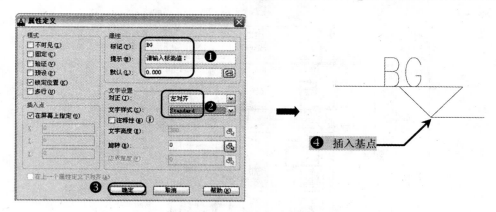

图 11-41　定义标高属性

步骤 06　执行"写块"命令（**W**），将绘制的标高符号和定义属性保存为"案例\11\标高.dwg"图块文件，如图 11-42 所示。

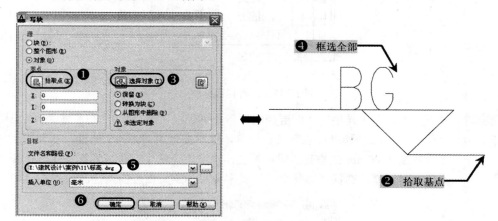

图 11-42　保存"标高"图块

步骤 07　单击"图层"工具栏的"图层控制"下拉列表框，选择"标高"图层作为当前图层。

步骤 08　执行"插入"命令（**I**），将"案例\11\标高.dwg"插入到相应的位置，并分别修改标高值，如图 11-43 所示。

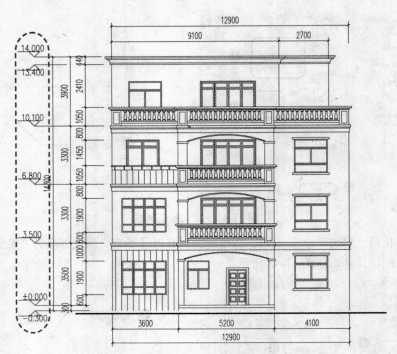

图 11-43　进行标高标注

步骤 09 单击"图层"工具栏的"图层控制"下拉列表框，选择"0"图层作为当前图层。

步骤 10 执行"圆"（C）和"直线"（L）命令，绘制直径为 800mm 的圆，在圆的上侧象限点绘制高 1500mm 的垂直线段；再使用"绘图｜块｜定义属性"命令，打开"属性定义"对话框，选择"轴号文字"文字样式，定义相应的属性，如图 11-44 所示。

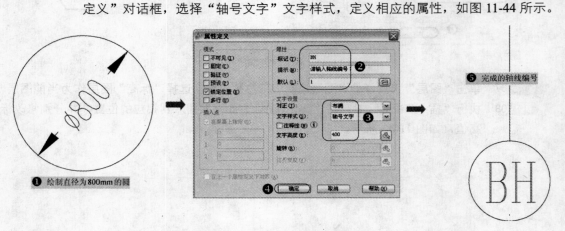

图 11-44　绘制轴线编号

步骤 11 执行"写块"命令（W），将上一步绘制的阳台栏杆保存为"案例\11\轴线编号.dwg"文件，如图 11-45 所示。

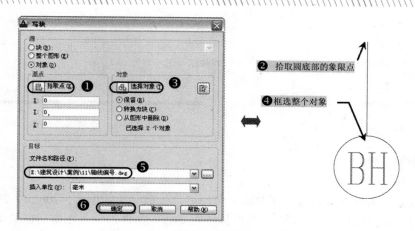

图 11-45　保存"轴线编号"图块

步骤 **12**　单击"图层"工具栏的"图层控制"下拉列表框，选择"轴线编号"图层作为当前图层。

步骤 **13**　执行"插入"命令（I），将"案例\11\轴线编号.dwg"插入到相应的位置，并分别修改标高值，如图 11-46 所示。

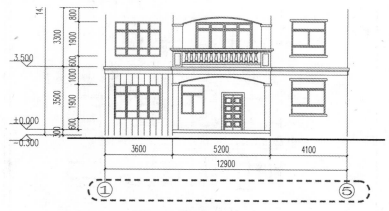

图 11-46　轴线编号标注

步骤 **14**　单击"图层"工具栏的"图层控制"下拉列表框，选择"文字标注"图层作为当前图层。

步骤 **15**　在"样式"工具栏中选择"图名"文字样式，单击工具栏中"单行文字"按钮 A，在相应的位置输入"正立面图"和比例"1∶100"，其文字高度分别为"1000"和"500"，如图 11-47 所示。

步骤 **16**　使用"多段线"命令（PL），在图名的上侧绘制一条宽度为 60mm 的水平多段线；再使用"直线"命令（L），绘制与多段线等长的水平线段，效果如图 11-48 所示。

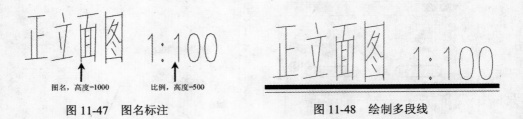

图 11-47　图名标注　　　　　　　　　　图 11-48　绘制多段线

11.2.5　添加图框

　　用户可以根据图幅的需要为正立面图加上图框，一般 A3 图幅为 420mm×297mm，按照 1:100 的比例，此例调用了"案例\11\图框标题栏.dwg"文件，插入图框后的效果如图 11-49 所示。

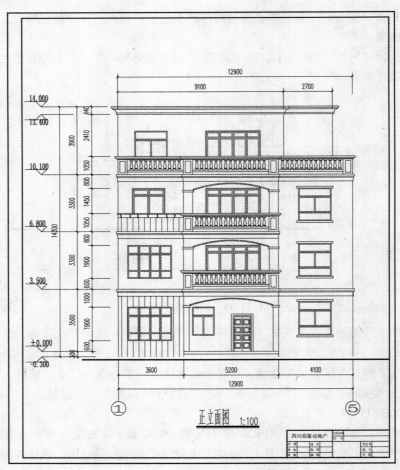

图 11-49　插入图框后的效果

　　至此，建筑正立面图已绘制完毕，用户可按 Ctrl＋S 组合键对其文件进行保存。
　　拓展学习：通过本章节对建筑立面图绘制思路的学习和绘制方法的掌握，为了使读者更加牢固地掌握建筑立面图的绘制技巧，并能达到熟能生巧的目的，可以参照前面的步骤和方法对建筑的另外三个立面图如图 11-50～图 11-52 所示进行绘制（参照光盘"案例\11"文件夹下的⑤-①立面图.dwg、Ⓐ-Ⓕ立面图.dwg、Ⓕ-Ⓐ立面图.dwg 文件）。

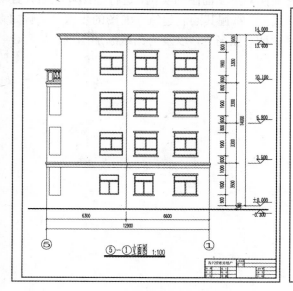
图 11-50　⑤-①立面图

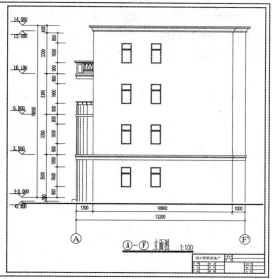
图 11-51　Ⓐ-Ⓕ立面图

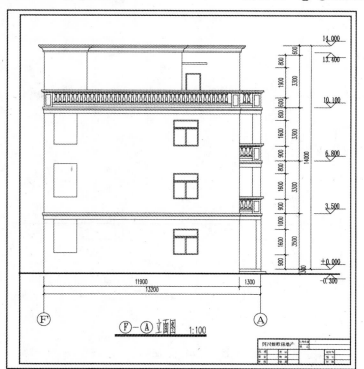
图 11-52　Ⓕ-Ⓐ立面图

11.3　本章小节

　　首先掌握建筑立面图的基础知识，然后通过某住宅正立面图的实例，进行绘图环境的设置（包括绘图区、图层的规划、文字样式、尺寸样式），掌握其绘制建筑立面图的步骤，了解如何借助建筑平面图的尺寸，添加尺寸标注和文字说明、图名等，以及为图纸添加图框，从而让读者真正掌握建筑立面图的绘制方法。

第 12 章　绘制建筑剖面图

本章首先讲解了建筑剖面图的形成、用途与内容；然后讲解了建筑剖面图的绘制要求及流程；接着通过某住宅 1-1 剖面图为实例，讲解了在 AutoCAD 环境中绘制剖面图的方法，包括设置绘制环境、绘制辅助线和各层的剖面墙线、绘制楼梯间和休息台的剖面、绘制及安装门窗、填充楼梯和楼板，以及进行尺寸、标高、详图符号、文字、图名的标注等；最后添加图框。

主要内容

- 建筑剖面图的基础知识
- 建筑剖面图的绘制步骤
- 建筑剖面图添加标注和文字的内容
- 建筑剖面图添加图框

12.1　建筑剖面图基础知识

12.1.1　建筑剖面图的形成与作用

建筑剖面图，简称剖面图，它是假想用一个铅垂线剖切面将房屋剖切开后移去靠近观察者的部分，作出剩下部分的投影图。

剖面图用以表示房屋内部的结构及构造方式，如屋面（楼、地面）形式、分层情况、材料、做法、高度尺寸及各部位的联系等。它与平、立面图互相配合用于计算工程量，指导各层楼板和屋面板施工、门窗安装和内部装修等，是不可缺少的重要图样之一。

剖面图的数量是根据房屋的复杂情况和施工实际需要决定的，剖切面的位置（一般是横向，即平行于侧面，必要时也可纵向，即平行于正面），要选择在房屋内部构造较复杂、有代表性的部位，如门窗洞口和楼梯间等位置，并通过洞口中。若为多层房屋，应选择在楼梯间或层高不同、层数不同的部位。

剖面图的图名符号应与底层（一层）平面图上剖切符号相对应。如 1-1 剖面图、2-2 剖面图等，如图 12-1 所示。

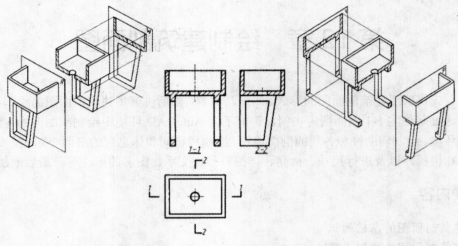

图 12-1　剖面示意图

12.1.2　建筑剖面图的表达内容

（1）表示被剖切到的房屋各部位，如各楼层地面、内外墙、屋顶、楼梯、阳台、散水、雨罩等的构造做法。

（2）用标高和竖向尺寸表示建筑物的总高、层高、各楼层地面的标高、室内外地坪标高以及门窗等各部位的高度。

（3）表示建筑物主要承重构件的位置及相互关系，如各层的梁、板、柱及墙体的连接关系等。

（4）表示屋顶的形式及泛水坡度等。

（5）在剖面图中，对于需要另用详图说明的部位或构件，都要加索引符号，以便互相查阅、核对。

（6）施工中需注明的有关说明等。

12.1.3　建筑剖面图的识读方法

（1）结合底层平面图阅读，对应剖面图与平面图的相互关系，建立起建筑内部的空间概念。

（2）结合建筑设计说明或材料做法表，查阅地面、墙面、楼面、顶棚等的装修做法。

（3）根据剖面图尺寸及标高，了解建筑层高、总高、层数及房屋室内外地面高差。如图12-2 所示，本建筑层高 3m，总高 14 m，4 层，房屋室内外地面高差 0.3m。

（4）了解建筑构配件之间的搭接关系。

（5）了解建筑屋面的构造及屋面坡度的形成。该建筑屋面为架空通风隔热、保温屋面，材料找坡，其屋顶坡度 2%，设有外伸 600mm 天沟，属有组织排水。

（6）了解墙体、梁等承重构件的竖向定位关系，如轴线是否偏心。该建筑外墙厚 370mm，向内偏心 90mm，内墙厚 240 mm，无偏心，如图 12-2 所示。

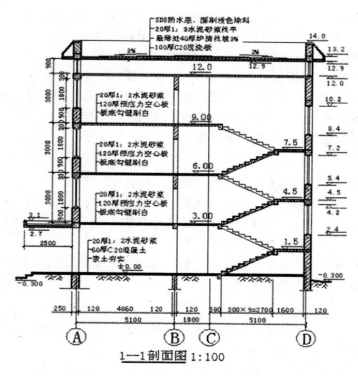

图 12-2　1-1 剖面图

12.1.4　建筑剖面图绘图规范和要求

1．建筑剖面图的规范

（1）规范化——有效提高建筑设计的工作质量；

（2）标准化——提高建筑设计的工作效率；

（3）网络化——便于网络上规范化管理和成果的共享。

本标准是建筑 CAD 制图的统一规则，适用于房屋建筑工程和建筑工程相关领域中的 CAD 制图及软件开发。

本标准为形成设计院绘图表达风格的统一，不提倡个人绘图表达风格。建筑制图的表达应清晰、完整、统一。

2．剖面图的图示内容及规定画法

（1）定位轴线

应注出被剖切到的各承重墙的定位轴线及与剖面图一致的轴线编号和尺寸。

（2）图线

● 室内外地坪线用加粗实线表示；

● 地面以下部分，从基础墙处断开，另由结构施工图表示；

● 剖面图的比例应与平面图、立面图的比例一致；

- 比例小于 1:50 的剖面图，可不画出抹灰层，但应画出楼地面、屋面的面层线；
- 比例等于 1:50 的剖面图，应画出楼地面、屋面的面层线，抹灰层的面层线应根据需要而定；
- 比例大于 1:50 的剖面图，应画出抹灰层、楼地面、屋面的面层线，并宜画出材料图例；
- 在剖面图中一般不画材料图例符号，被剖切平面剖切到的墙、梁、板等轮廓线用粗实线表示，没有被剖切到但可见的部分用细实线表示，被剖切断的钢筋混凝土梁、板涂黑。但应画出楼地面、屋面的面层线。

（3）尺寸注标
- 在剖面图中，应注出垂直方向上的分段尺寸和标高。
- 垂直分段尺寸一般分三道：最外一道是总高尺寸，表示室外地坪到楼顶部女儿墙的压顶抹灰完成后的顶面的总高度；中间一道是层高尺寸，主要表示各层的高度；最里一道是门窗洞、窗间墙及勒脚等的高度尺寸。
- 标高：应标注被剖切到的外墙门窗口的标高，室外地面的标高，檐口、女儿墙顶的标高，以及各层楼地面的标高。

（4）剖面图的绘图的大概方法和步骤
- 根据进深尺寸，画出墙身的定位轴线；根据标高尺寸定出室内外地坪线、各楼面、屋面及女儿墙的高度位置。
- 画出墙身、楼面、屋面轮廓。
- 定门窗和楼梯位置，画出梯段、台阶、阳台、雨篷、烟道等。
- 检查无误后，擦去多余图线，按图线层次描深。画材料图例，注写标高、尺寸、图名、比例及文字说明。

12.2　建筑剖面图的绘制

 视频\12\1-1 剖面图的绘制.avi
案例\12\1-1 剖面图.dwg

　　因为此住宅是由一层、二层、三层和一个屋顶层组成，其一、二、三层墙体结构相同，所以用户可以先绘制一、二、三层楼的剖面墙线，再绘制屋顶层的墙面墙线。

　　在绘制 1-1 剖面图时，设置与建筑剖面图相匹配的绘图环境，进行图层的规划、文字、尺寸等样式的设置。首先绘制投影线段，从而形成剖面图的轮廓；然后绘制剖面墙线、楼梯、楼板、门窗，填充楼板、门窗；最后进行标注，最终效果如图 12-3 所示。

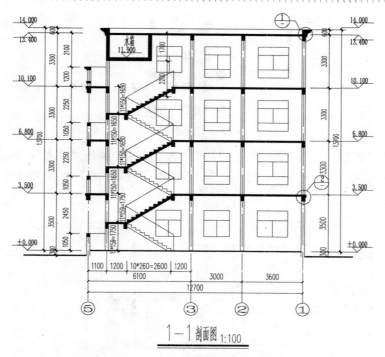

图 12-3　1-1 剖面图的效果

 用户在绘制剖面图时，首先要绘制剖切部分的辅助线，并且要做到与其平面图一一对应，故用户应打开其相应的底层平面图对象，再按照剖切位置的墙体对象绘制相应的辅助线。

12.2.1　设置绘图环境

首先要设置与所绘图形相匹配的绘图环境。这里的 1-1 剖面图可以调用"案例\11\建筑正立面图.dwg"文件的绘图环境。

步骤01　选择"文件｜打开"菜单命令，打开"案例\11\建筑立面样板.dwt"文件；再选择"文件｜另存为"菜单命令，将其另存为"案例\12\1-1 剖面图.dwg"。

步骤02　选择"文件｜打开"菜单命令，打开"案例\10\一层平面图.dwg"文件；

12.2.2　绘制辅助线

步骤01　使用"格式｜图层"菜单命令，新建楼板、楼梯、轴线 3 个图层，如图 12-4 所示。

图 12-4 新建的图层

步骤 02 在"图层"工具栏的"图层控制"下拉列表中，关闭"散水"、"设施"、"柱子"、"标高"、"符号"、"尺寸标注"、"文字标注"等图层，如图 12-5 所示。

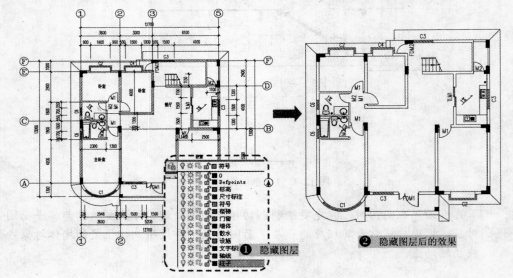

图 12-5 隐藏图层

步骤 03 使用"旋转"命令（RO），将图形顺时针旋转-180°。

步骤 04 切换到"墙体"图层。再使用"构造线"命令（XL），在图形的下侧墙体处绘制延伸垂直线段，如图 12-6 所示。

步骤 05 使用"构造线"命令（XL），绘制一条水平构造线；再使用"修剪"命令（TR），修剪掉多余的线段，如图 12-7 所示。

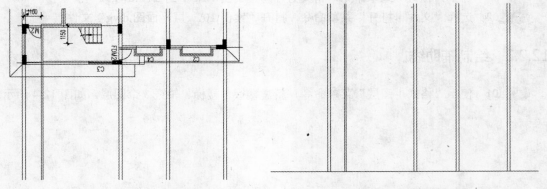

图 12-6 延伸垂直线段　　　　　　　　图 12-7 绘制水平线段

步骤 06　使用 Ctrl+C 和 Ctrl+V 组合键，将绘制的线段复制粘贴到"1-1 剖面图.dwg"文件中。

12.2.3　绘制各层的剖面墙线

用户在绘制建筑 1-1 剖面图前，应以第 10 章的建筑 1～4 层平面图和第 11 章的 4 个立面图作为尺寸参照依据，以及建筑平面图上相应的剖切符号。

本实例为别墅楼，主要由一层、二层、三层、四层组成，其中一、二、三层楼的墙体结构是相同的，所以用户应先绘制一、二、三层楼的剖面墙线，再绘制屋顶的墙线。

步骤 01　在"图层"工具栏的"图层控制器"下拉列表框中将"楼板"层置为当前图层。将复制的垂直的线段转换为"墙体"图层。

步骤 02　执行"偏移"命令（O），将底侧的水平线段向上各偏移 300mm、3500mm、3300mm、3300mm、3300mm 和 600mm；再使用"修剪"命令（TR），修剪掉多余的线段；并将底侧的两条较短的水平线段转换为"地坪线"图层，如图 12-8 所示。

步骤 03　执行"偏移"命令（O），将前面偏移得到的水平线段向上、下各偏移 1050mm 和 100mm、1600mm 和 200mm；将左侧的垂直线段向右偏移 2500mm 和 200mm，再使用"修剪"命令（TR），修剪掉多余的线段，结果如图 12-9 所示。

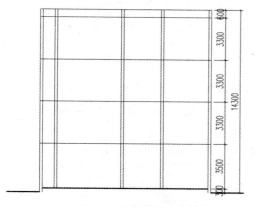

图 12-8　偏移及修剪线段

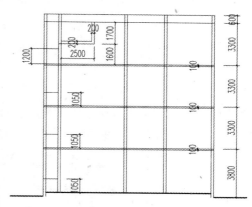

图 12-9　偏移及修剪线段

步骤 04　使用"修剪"命令（TR），修剪掉多余的线段，如图 12-10 所示。

步骤 05　执行"偏移"命令（O），将左侧的垂直线段向右偏移 3900mm，将水平线段向下偏移 300mm，将左侧表示剖立面阳台的线段向下偏移 204mm，再使用"修剪"命令（TR），修剪掉多余的线段，结果如图 12-11 所示。

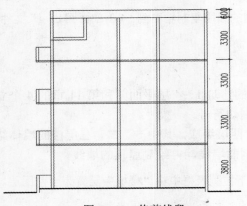

图 12-10 修剪线段   图 12-11   偏移及修剪线段

步骤 06 使用"多段线"命令（PL），绘制如图 **12-12** 所示的多段线。

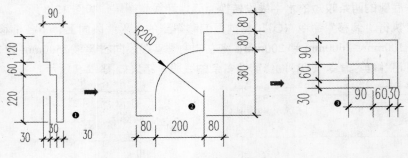

图 12-12   绘制多段线

步骤 07 使用"移动"（M）、"复制"（CO）、"镜像"（MI）等命令，将上一步绘制的对象移动复制到相应的位置，如图 **12-13** 所示。

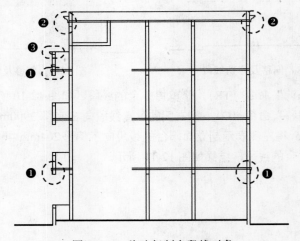

图 12-13   移动复制多段线对象

12.2.4　绘制楼梯间和休息台

在绘制剖面图的楼梯对象时，其楼梯踏步的宽度为 260mm，高度为 120mm，共计 20 级，休息台宽度为 1460mm，栏杆扶手高度为 1100mm。

步骤 01　在"图层"工具栏的"图层控制器"下拉列表框中将"楼梯"图层置为当前图层。

步骤 02　执行"矩形"（REC），绘制 400mm×200mm、1300mm×100mm 的矩形；再执行"复制"命令（CO），将绘制的矩形对象复制到相应的位置，结果如图 12-14 所示。

步骤 03　按（F8）键切换到正交模式。执行"多段线"命令（PL），绘制宽度为"260mm"、高度为"160mm"的直角踏步，共 10 级，如图 12-15 所示。

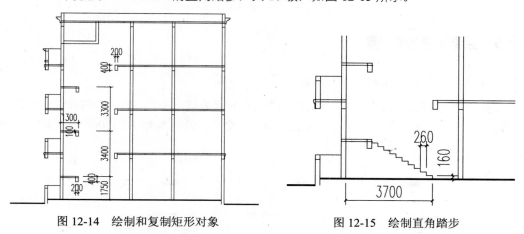

图 12-14　绘制和复制矩形对象　　　　　　图 12-15　绘制直角踏步

步骤 04　执行"镜像"命令（MI），将绘制的踏步向上镜像复制一份，如图 12-16 所示。

步骤 05　执行"直线"命令（L），在踏步处绘制高 1000mm 的垂直线段，再绘制连接的斜线段，如图 12-17 所示。

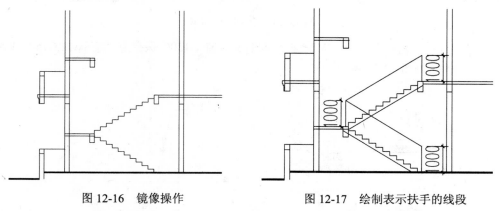

图 12-16　镜像操作　　　　　　图 12-17　绘制表示扶手的线段

步骤 06　执行"复制"命令（CO），将底层的楼梯对象向上复制 2 份，如图 12-18 所示。

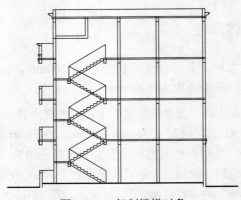

图 12-18　复制楼梯对象

12.2.5　绘制并安装门窗

接下来为 1-1 剖面图绘制并安装门窗，其操作步骤如下：

步骤 01　在"图层"工具栏的"图层控制器"下拉列表框中将"门窗"图层设置为当前图层。

步骤 02　使用"矩形"（REC）和"直线"（L）等命令，绘制剖面窗 C1500、C1500A、C1800、C1800A，如图 12-19 所示。

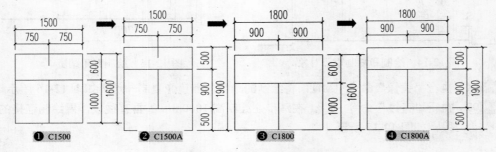

图 12-19　绘制的剖面窗

步骤 03　使用"写块"命令（W），将绘制的剖面窗 C1500 保存为"案例\12\C1500.dwg"文件，如图 12-20 所示。

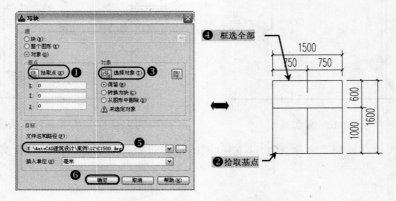

图 12-20　保存"C1500"图块

步骤 04 使用同样的方法，将另外的剖面窗 C1500A、C1800、C1800A 也保存为图块。

步骤 05 使用"插入块"命令（I），将图块 C1500、C1500A、C1800、C1800A，插入到相应的位置，如图 12-21 所示。

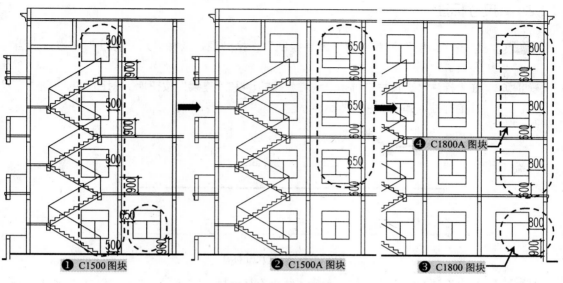

图 12-21 插入图块

12.2.6 填充楼板、楼梯

对住宅的楼板、楼梯等对象填充钢筋混泥土材料，而门窗可填充斜线。

步骤 01 在"图层"工具栏的"图层控制器"下拉列表框中将"填充"图层置为当前图层。

步骤 02 执行"填充（H）"命令，选择"SOLID"样例，其比例为 1，对楼板、楼梯进行图案的填充，结果如图 12-22 所示。

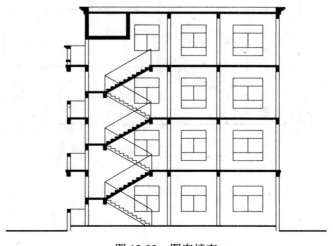

图 12-22 图案填充

对图形绘制完毕后，接下来对图形进行尺寸、标高、轴线编号、图内文字、图名、比例等标注。

12.2.7 尺寸标注

步骤 **01** 单击"图层"工具栏的"图层控制"下拉列表，选择"尺寸标注"图层作为当前图层。

步骤 **02** 在"标注"工具栏中单击"线性"按钮 ⊢ 和"连续"按钮 ⊞，对图形的下侧进行尺寸的标注，如图 12-23 所示。

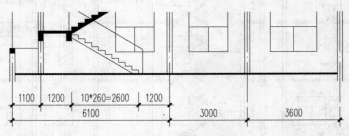

图 12-23 进行尺寸标注

步骤 **03** 同上在"标注"工具栏中单击"线性"按钮 ⊢ 和"连续"按钮 ⊞，对图形的左侧、右侧、内部进行尺寸的标注，如图 12-24 所示。

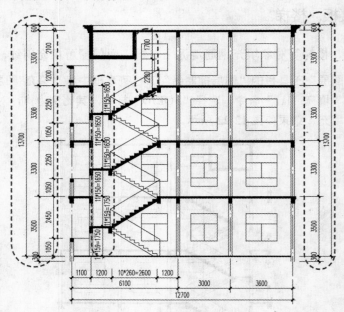

图 12-24 进行尺寸的标注

12.2.8 标高标注

步骤 **01** 单击"图层"工具栏的"图层控制"下拉列表，选择"标高"图层作为当前图层。

步骤 02　执行"插入块"（I）和"镜像"（MI）命令，将定义的标高图块"案例\12\标高.dwg"
插入到相应的位置，并分别修改标高值和镜像，如图 12-25 所示。

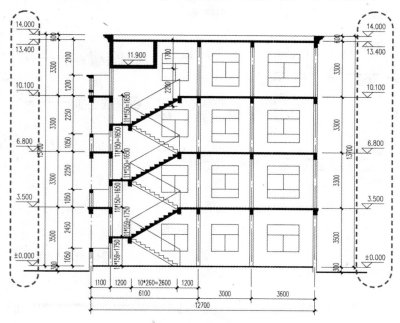

图 12-25　进行标高标注

12.2.9　轴线编号的标注

步骤 01　单击"图层"工具栏的"图层控制"下拉列表，选择"轴线编号"图层作为当前
图层。

步骤 02　使用"圆"命令（C），绘制直径为 800mm 的圆；再使用"直线"命令（L），以圆
的象限点作为起始点绘制一条长为 1700mm 的垂直线段；再执行"绘制｜块｜定义
属性"菜单命令，将弹出"属性定义"对话框，进行属性设置及文字设置，指定绘
制圆的圆心作为基点，如图 12-26 所示。

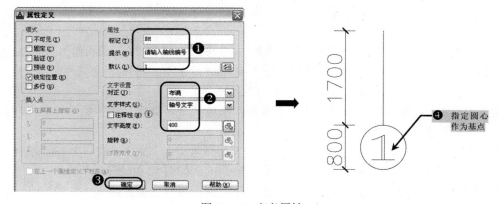

图 12-26　定义属性

步骤 **03** 执行"写块"命令（W），将绘制的标高符号和定义属性保存为"案例\12\轴线编号.dwg"
图块文件，如图 12-27 所示。

图 12-27　保存"轴线编号"图块

步骤 **04** 执行"插入块"命令（I），将"轴线编号.dwg"插入到视图相应的位置并修改轴线
编号属性值，如图 12-28 所示。

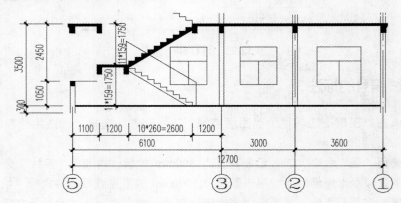

图 12-28　编辑的轴线编号

12.2.10　详图符号和图名标注

步骤 **01** 单击"图层"工具栏的"图层控制"下拉列表，选择"0"图层作为当前图层。

步骤 **02** 执行"圆"命令（C），绘制半径为 432mm 和 444mm 的圆；再在两个圆之间绘制一
线段，从而表示详图符号，如图 12-29 所示。

步骤 **03** 单击"图层"工具栏的"图层控制"下拉列表，选择"文字标注"图层作为当前
图层。

步骤 **04** 再执行"单行文字"命令（DT），选择"轴号文字"文字样式，在半径为 444mm 的
圆内输入文字 1、2，其文字高度为 350mm，如图 12-30 所示。

步骤 **05** 选择"图内文字"文字样式，在图形顶侧左部分的位置输入"水箱"，如图 12-31
所示。

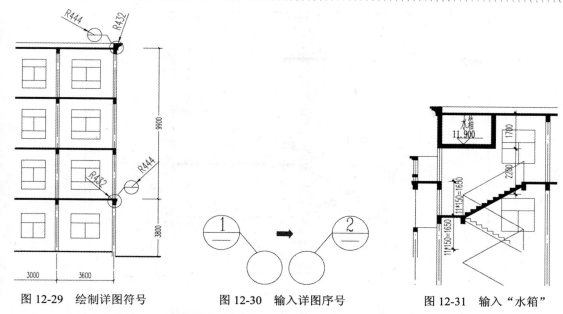

图 12-29 绘制详图符号　　　　图 12-30 输入详图序号　　　　图 12-31 输入"水箱"

步骤 06 在"样式"工具栏中选择"图名"文字样式，单击工具栏中"单行文字"按钮，在相应的位置输入"1-1 剖面图"和比例"1:100"，其文字高度分别为"1000"和"500"，如图 12-32 所示。

步骤 07 使用"多段线"命令（PL），在图名的下侧绘制一条宽度为 60mm 的水平多段线；再使用"直线"命令（L），绘制与多段线等长的水平线段，效果如图 12-33 所示。

图 12-32 图名标注　　　　　　　　　　　　图 12-33 绘制多段线

12.2.11 添加图框

用户可以根据图幅的需要加上图框，一般 A3 图幅为 420mm×297mm，按照 1:100 的比例，插入"案例\12\图框标题栏.dwg"文件，效果如图 12-34 所示。

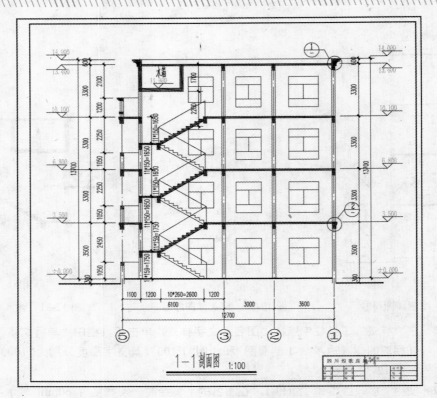

图 12-34 1-1 剖面图的效果

至此，住宅 1-1 剖面图已绘制完毕，用户可按 Ctrl＋S 组合键对其文件进行保存。

12.3 本章小节

首先学习建筑剖面图的基础知识；然后通过某住宅 1-1 剖面图实例的绘制，讲解了绘图环境的设置（包括绘图区、图层的规划、文字样式、尺寸样式）、绘制步骤，楼梯、楼板的绘制，门窗图块的创建与插入，尺寸标注、轴线编号、标高、文字说明和图名标注等，从而让读者真正掌握建筑剖面图的绘制方法。

第 13 章　绘制建筑详图

本章首先讲解了建筑详图的形成、用途与内容等基础知识；然后通过绘制某住宅楼层的窗、推拉门、墙体索引详图为实例，讲解了在 AutoCAD 环境中绘制详图的方法，包括设置绘图环境，绘制具体详图的结构、进行填充、尺寸标注、标高标注、文字说明、图名的标注等；最后读者可参照光盘相应的详图拓展文件进行自行绘制，从而达到巩固练习的目的。

主要内容

- 建筑详图的基础知识
- 绘制 C1-A 窗大样图
- 绘制 TLM-2 大样图
- 绘制墙体详图

13.1　建筑详图的基础知识

13.1.1　建筑详图的主要内容

施工图设计相对于方案设计和初步设计来说，它是要解决更微观、定量和实施性的问题；要能够指导施工和设备安装，必须件件有交待，处处有依据。

在有了平、立、剖基本图之后，就要针对各个部位的用料、做法、形式、大小尺寸、细部构造等做出"详图"。有些详图还必须和结构、设备、电气等专业密切配合，以避免专业矛盾。

13.1.2　建筑详图的类型

1．构造详图

包括台阶、坡道、散水、楼地面、内外墙面、顶棚、屋面防水保温、地下防水等构造做法。这部分大多可以引用或参见标准图集。

另外还有墙身、楼梯、电梯、自动扶梯、阳台、门头、雨罩、卫生间、设备机房等随工程不能通用的部分，需要建筑师自己绘制"详图"，当然有些可采用标准图集。

2．配件和设施详图

包括内外门窗、幕墙、栏杆、扶手、固定的洗合、厨具、壁柜、镜箱、格架等，随着国家经济的飞速发展，建筑配件、设施日益工业化、成套化，以及随房地产商品化后的二次装修出现，这类详图也已经大多数不需要建筑师绘制了。

除部分门窗和幕墙要绘制分格形式和开启式的立面图及功能说明外，其他多采用标准图或由专业化厂家与装饰设计公司设计、制作和安装。

3. 装饰详图

一些重大、高档民用建筑，其建筑物的内外表面、空间，还需做进一步的装饰、装修和艺术处理；如不同功能的室内墙、地顶棚的装饰设计，需绘制大量装饰详图。外立面上的线脚、柱式、壁饰等，亦要绘制详图方能制作施工。

随着经济的发展，国力日益雄厚，人们的需求与日俱增，这类设计大多已由专业的装饰公司负责设计。但是，建筑师依然要对装饰设计的风格色调、质感、空间尺度等，提出建议和主动配合，否则，有可能造成最终效果与建筑师的最初创意背道而驰。

采用标准图应注意以下几点：

（1）选用任何一册标准图集，都应先仔细阅读该图集的相关说明，以便了解其使用范围、要求的条件以及索引方法。

（2）选用的"工程做法"或构造详图应与本工程的功能、部位相符合。仅有个别尺寸或构造有不同者，方可"参见"且应注明何处不同。

（3）与装修的配合问题。

- 属二次装修的房间部位应在《室内装修做法表》中列出。可分别列出一次或二次装修到位的"做法"，并注明二次装修做法仅供参考；
- 荷载预留，应将一些有二次设计的楼地面、吊顶（如多功能厅、餐厅）可能的装修做法提供给结构，让其进一步预留足够的荷载；
- 面层厚度预留，应在《工程做法》中写明预留的面层厚度（即一次装修不到位"做法"），以便控制其标高；
- 埋件预留，诸如各类幕墙主龙骨的支撑点一般都应随土建预埋焊件，所以专业公司应配合建筑设计，及早提出埋件的大小和位置。

4. 墙身详图

多以 1:20 绘制完整的墙身详图（简单工程可在剖面图上用方或圆形框线引出，就近绘制节点详图）。居住建筑应将外墙的节能保温的构造做法交待清楚，并应绘出墙身防潮层、过梁等。

5. 楼梯详图

楼梯平、剖面图多以 1:50 绘制，所注尺寸皆为建筑完成尺寸，应注明四周墙轴号、墙厚与轴线关系尺寸。

横向标明楼梯宽、梯井宽、纵向标明休息平台宽，每级踏步宽×踏步数=尺寸数，并标明上、下箭头。

楼梯剖面图应注明墙轴号、墙厚与轴线关系尺寸。剖面图高度方向所注尺寸为建筑面尺寸，注明楼层、休息平台标高和每级踏步高×踏步数=尺寸数。

水平方向要注明轴号、墙厚、休息板宽，每级踏步宽×踏步数=尺寸数。水平方向尺寸应与平面一致，为结构面尺寸。同时要绘出扶手、栏杆轮廓并注详图索引号，或注明由二次装修设计定。

6．电梯、自动扶梯详图

（1）电梯应绘制标准层井道平面和机房层平面，机房楼板留洞先暂按业主选定的样本预留。同时应绘出厅门立面及留洞图（因为现代电梯有一定的通用性，且订货又往往赶不上施工）。电梯剖面要给出梯井坑道，不同层高楼层和机房层的剖面，机房顶板上预埋吊勾及荷载，井道墙上轨道预埋件，消防电梯要绘制坑底排水和集水坑。

（2）自动扶梯平、立、剖面宜按 1:50 绘制，包括起始层平面、标准层平面和顶层平面，将起始层、底坑和标准层、顶层的梯井平面绘注清楚。剖面图应根据各层层高和扶梯速度、角度及厂家型号绘出，底坑应做成与下层封闭式，以利于防火分隔。

（3）无论是电梯还是自动扶梯，均应在图中注明：土建施工应以最终订货后的厂家提供的技术资料作为依据。

7．阳台、平台、门头、雨罩、橱窗等类详图

一般要绘制放大的平、立、剖面（1:50 或 1:30）和节点详图（1:10 或 1:5）。

8．局部房间放大及详图

一般与设备、电气专业有关的诸如厕浴、厨房、水泵房、冷冻机房、变配电室等应绘制 1:50~1:20 的放大平、剖面和相关的地沟、水池、配电隔间、玻璃隔断、墙和顶棚吸声构造等详图。

13.2　绘制C1-A窗大样图

视频\13\C1-A 窗大样图的绘制.avi

案例\13\C1-A 窗大样.dwg

立面窗的大样图主要表达窗的外形、开启方式和分扇情况，同时还应标出立面窗的尺寸，以及需要时则画出节点图的详图索引符号，本实例中，只针对 C1-A 窗大样图进行绘制，其效果如图 13-1 所示。

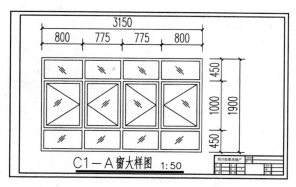

图 13-1　C1-A 窗大样图的效果

13.2.1 设置绘图环境

建筑样图（详图）相对于平面图、立面图、剖面图而言，一般选择较大的比例进行绘制，因此需要重新设置与样图（详图）相匹配的绘制环境。

步骤 01 启动 AutoCAD 2012 软件，将空白文件保存为"案例\13\C1-A 窗大样图.dwg"图形文件。

步骤 02 选择"格式｜图形界限"菜单命令，依照提示，设定图形界限的左下角为(0,0)，右上角为为(42000,29700)。

步骤 03 绘制大样图（详图）时，需建立如表 13-1 所示的图层。

表 13-1 图层设置

序号	图层名	线宽	线型	颜色	打印属性
1	轴线	默认	ACAD_IS004W100	红色	不打印
2	门窗	默认	实线	绿色	打印
3	墙体	0.30mm	实线	黑色	打印
4	标高	默认	实线	14 色	打印
5	填充	默认	实线	青色	打印
6	尺寸标注	默认	实线	蓝色	打印
7	文字标注	默认	实线	黑色	打印

步骤 04 选择"格式｜图层"菜单命令，将打开"图层特性管理器"面板，根据前面如表 13-1 所示来设置图层的名称、线宽、线型和颜色等，如图 13-2 所示。

步骤 05 选择"格式｜线型"菜单命令，打开"线型管理器"对话框，单击"显示细节"按钮，打开"详细信息"选项组，输入"全局比例因子"为 50，然后单击"确定"按钮，如图 13-3 所示。

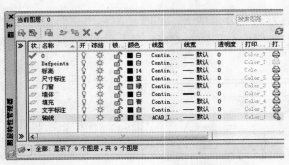

图 13-2 规划图层

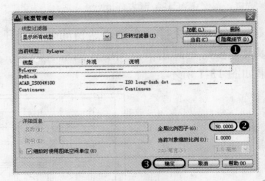

图 13-3 设置线型比例

步骤 06 选择"格式｜文字样式"菜单命令，按照表 13-2 所示的各种文字样式对每一种样式进行字体、高度、宽度因子的设置，如图 13-4 所示。

表 13-2　文字样式

文字样式名	打印到图样上的文字高度	图形文字高度 （文字样式高度）	字体文件
图内文字	3.5	35	Tssdeng / gbcib
尺寸文字	3.5	0	Tssdeng / gbcib
图名	5	50	Tssdeng / gbcib

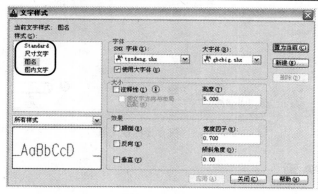

图 13-4　文字样式

步骤 07　选择"格式｜标注样式"菜单命令，创建"建筑详图-50"，单击"继续"按钮后，进行到"新建标注样式"对话框，然后分别在各选项卡中设置相应的参数，如表 13-3 所示。

表 13-3　"建筑详图-50"标注样式的参数设置

"线"选项卡	"符号和箭头"选项卡	"文字"选项卡	"调整"选项卡
尺寸线 颜色(C)：ByBlock 线型(L)：ByBlock 线宽(G)：ByBlock 超出标记(N)： 基线间距(A)：3.75 隐藏：□尺寸线 1(M)　□尺寸线 2(D) 超出尺寸线(X)：2.5 起点偏移量(F)：5 ☑固定长度的延伸线(O) 长度(E)：10	箭头 第一个(T)：☑建筑标记 第二个(D)：☑建筑标记 引线(L)：实心闭合 箭头大小(I)：2	文字外观 文字样式(Y)：尺寸文字 文字颜色(C)：■黑 填充颜色(L)：口无 文字高度(T)：3.5 分数高度比例(H)：1 □绘制文字边框(F) 文字位置 垂直(V)：上 水平(Z)：居中 观察方向(D)：从左到右 从尺寸线偏移(O)：1 文字对齐(A) ○水平 ◉与尺寸线对齐 ○ISO 标准	标注特征比例 □注释性(A) ○将标注缩放到布局 ◉使用全局比例(S)：50.00

步骤 08　选择"文件｜另存为"菜单命令，打开"图形另存为"对话框，选择文件类型为"AutoCAD 图形样板(*.dwt)"，保存到"案例\13"文件夹下，并在"文件名"文本框中输入"建筑详图"，然后单击"保存"按钮，如图 13-5 所示。

图 13-5　保存为样板文件

13.2.2　绘制 C1-A 窗

步骤 01　在"图层"工具栏的"图层控制器"下拉列表框中将"门窗"图层置为当前图层。

步骤 02　执行"矩形"命令（REC），绘制 3150mm×1900mm 的矩形；再执行"偏移"命令（O），将绘制的矩形向内偏移 50mm，如图 13-6 所示。

步骤 03　再执行"直线"命令（L），在内侧矩形内绘制水平、垂直辅助线段，如图 13-7 所示。

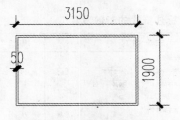

图 13-6　绘制及偏移矩形

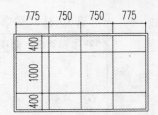

图 13-7　绘制线段

步骤 04　执行"矩形"命令（REC），绘制 750mm×375mm、700mm×375mm 的矩形，如图 13-8 所示。

步骤 05　执行"矩形"命令（REC），绘制 750mm×375mm、700mm×375mm、750mm×950mm、700mm×950mm 的矩形，每个矩形的间距为 50mm，如图 13-9 所示。

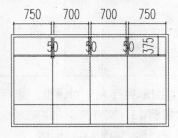

图 13-8　绘制矩形

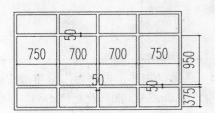

图 13-9　绘制矩形

步骤 06　执行"偏移"命令（O），将中间部分的矩形向内偏移 50mm；再使用"删除"命令（E），删除掉多余的辅助线段，如图 13-10 所示。

步骤 07　在"图层"工具栏的"图层控制器"下拉列表框中将"0"图层置为当前图层。

步骤 08　执行"多段线"命令（PL），在中间部分的矩形内绘制斜线段，如图 13-11 所示。

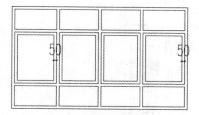

图 13-10　偏移矩形

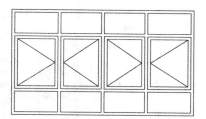

图 13-11　绘制斜线段

步骤 09　在"图层"工具栏的"图层控制器"下拉列表框中将"填充"图层置为当前图层。

步骤 10　执行"直线"命令（L），绘制长 100mm 和 220mm，且间距为 30mm 的水平线段；再执行"旋转"命令（RO），将绘制的线段旋转 45°；再执行"编组"命令（G），将线段编组为一个整体，结果如图 13-12 所示。

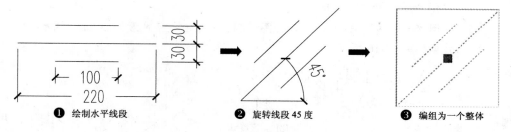

❶ 绘制水平线段　　　❷ 旋转线段 45 度　　　❸ 编组为一个整体

图 13-12　绘制和旋转线段

步骤 11　执行"镜像"（MI）和"复制"（CO）命令，为 C1-A 窗进行填充，如图 13-13 所示。

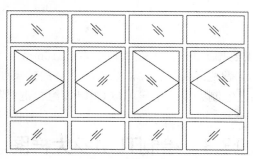

图 13-13　填充操作

13.2.3　添加尺寸标注和文字说明

前面对 C1-A 窗进行了绘制，接下来添加尺寸标注、图名标注等。

步骤 01　单击"图层"工具栏的"图层控制"下拉列表框，选择"尺寸标注"图层作为当前图层。

步骤 02 在"标注"工具栏中单击"线性"按钮┠和"连续"按钮┼┼，对图形的顶侧、右侧进行尺寸的标注，如图 13-14 所示。

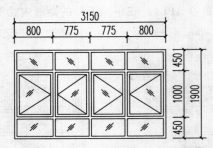

图 13-14　进行尺寸标注

步骤 03 单击"图层"工具栏的"图层控制"下拉列表框，选择"文字标注"图层作为当前图层。

步骤 04 在"样式"工具栏中选择"图名"文字样式，单击工具栏中"单行文字"按钮Ａ，在相应的位置输入"C1-A 窗大样图"和比例"1:50"，其文字高度分别为"250"和"100"，如图 13-15 所示。

步骤 05 使用"多段线"命令（PL），在图名的下侧绘制一条宽度为 30mm 的水平多段线，效果如图 13-16 所示。

C1—A 窗大样图　1:50

图名，高度=250　　　　　　　比例，高度=100

图 13-15　图名标注　　　　　　　　　　图 13-16　绘制多段线

13.2.4　添加图框

用户可以根据图幅的需要加上图框，一般 A4 图幅为 210mm×297mm，按照 1:50 的比例，此例调用了"案例\13\图框标题栏.dwg"文件，插入图框后的效果如图 13-1 所示。

至此，C1-A 窗大样图已绘制完毕，用户可按 Ctrl＋S 组合键对其文件进行保存。

13.3　绘制TLM-2大样图

视频\13\TLM-2 大样图的绘制.avi

案例\13\TLM-2 大样图.dwg

立面推拉门的大样图主要表达门的外形、开启方式和分扇情况，同时还应标出立面门的尺寸。此例只针对 TLM-2 门大样图进行绘制，其效果如图 13-17 所示。

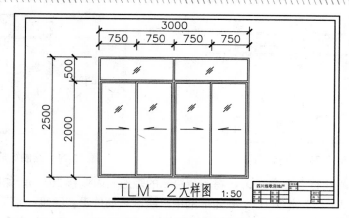

图 13-17　TLM-2 大样图的效果

13.3.1　调用绘图环境

前面设置了建筑详图的绘图环境，保存有相应的样板文件，这里只需要调用即可。

步骤 01　启动 AutoCAD 2012 软件，执行"文件｜打开"菜单命令，将"案例\13\建筑详图.dwt"样板文件打开。

步骤 02　执行"文件｜另存为"菜单命令，将当前文件另存为"案例\13\TLM-2 大样图.dwg"图形文件。

13.3.2　绘制 TLM-2 门

与之匹配的绘图环境设置完成后，接着进行 TLM-2 大样图的绘制。

步骤 01　在"图层"工具栏的"图层控制器"下拉列表框中将"门窗"图层置为当前图层。

步骤 02　执行"矩形"命令（REC），绘制 3000mm×2500mm 的矩形，如图 13-18 所示。

步骤 03　执行"直线"命令（L），在内侧矩形内绘制水平、垂直辅助线段，如图 13-19 所示。

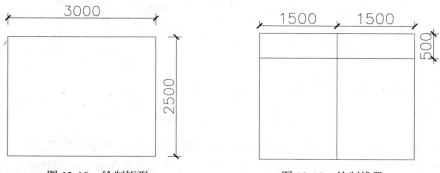

图 13-18　绘制矩形　　　　　　　图 13-19　绘制线段

步骤 04　执行"矩形"命令（REC），绘制 1455mm×440mm 的矩形，如图 13-20 所示。

步骤 05　执行"矩形"命令（REC），绘制 1455mm×2000mm 的矩形，如图 13-21 所示。

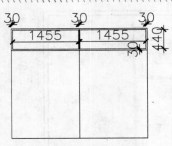

图 13-20　绘制矩形

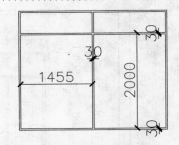

图 13-21　绘制矩形

步骤 06 执行"偏移"命令（O），将下侧绘制的矩形向内偏移 30mm，如图 13-22 所示。

步骤 07 执行"直线"命令（L），在矩形的中点绘制辅助的垂直线段；执行"偏移"命令（O），将绘制的垂直线段向左、右侧各偏移 15mm；执行"删除"命令（E），删除掉辅助的垂直线段，如图 13-23 所示。

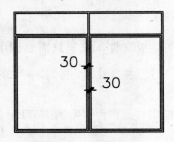

图 13-22　偏移矩形

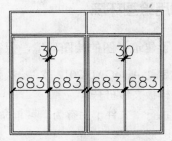

图 13-23　绘制及偏移线段

步骤 08 执行"修剪"命令（TR），如图 13-24 所示对 A~D 处进行修剪操作。

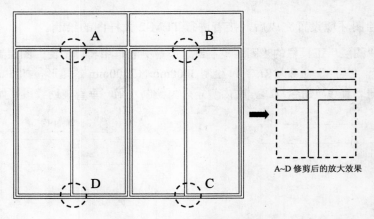

A~D 修剪后的放大效果

图 13-24　修剪多余的线段

步骤 09 在"图层"工具栏的"图层控制器"下拉列表框中将"填充"图层置为当前图层。

步骤 10 执行"多段线"（PL）和镜像（MI）等命令，在相应的位置绘制和镜像复制如图 13-25 所示的线段。

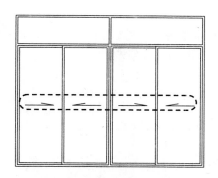

图 13-25　绘制及镜像多段线

步骤 11　执行"直线"命令（L），绘制长 100mm 和 220mm，且间距为 30mm 的水平线段；
执行"旋转"命令（RO），将绘制的线段旋转 45°；执行"编组"命令（G），将线
段编组为一个整体，结果如图 13-26 所示。

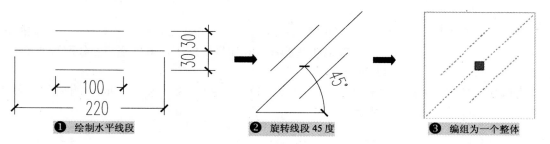

❶ 绘制水平线段　　❷ 旋转线段 45 度　　❸ 编组为一个整体

图 13-26　绘制和旋转线段

步骤 12　执行"复制"命令（CO），将上一步编组的对象在图形的相应位置进行复制操作，
结果如图 13-27 所示。

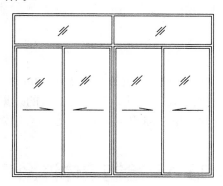

图 13-27　复制对象

13.3.3　添加尺寸标注和文字说明

前面对 TLM-2 门进行了绘制，接下来添加尺寸标注、图名标注等。

步骤 01　单击"图层"工具栏的"图层控制"下拉列表框，选择"尺寸标注"图层作为当前

图层。

步骤 02 在"标注"工具栏中单击"线性"按钮┤├和"连续"按钮┤┤├，对图形的顶侧、右侧进行尺寸的标注，如图 13-28 所示。

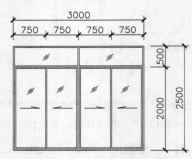

图 13-28　进行尺寸标注

步骤 03 单击"图层"工具栏的"图层控制"下拉列表框，选择"文字标注"图层作为当前图层。

步骤 04 在"样式"工具栏中选择"图名"文字样式，单击工具栏中"单行文字"按钮 A，在相应的位置输入"TLM-2 大样图"和比例"1:50"，其文字高度分别为"300"和"150"，如图 13-29 所示。

步骤 05 使用"多段线"命令（PL），在图名的下侧绘制一条宽度为 30mm 的水平多段线，效果如图 13-30 所示。

图 13-29　图名标注　　　　　　　　　　　　　图 13-30　绘制多段线

13.3.4　添加图框

用户可以根据图幅的需要加上图框，一般 A4 图幅为 210mm×297mm，按照 1:50 的比例，此例调用了"案例\13\图框标题栏.dwg"文件，插入图框后的效果如图 13-17 所示。

至此，TLM-2 大样图已绘制完毕，用户可按 Ctrl+S 组合键对其文件进行保存。

13.4　绘制墙体详图

视频\13\墙体详图的绘制.avi

案例\13\墙体详图.dwg

从第 12 章节的 1-1 剖面图中知道，图中有索引符号 1、2，因此在详图中需要用更大的比例画出他们的形式、大小、材料及构造情况。其绘制的最终效果如图 13-31 所示。

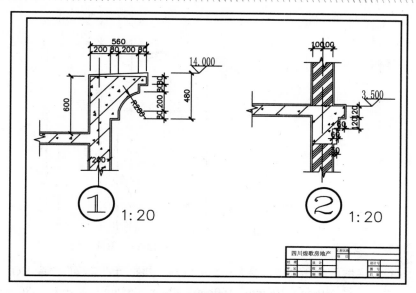

图 13-31 绘制墙体详图的效果

13.4.1 调用绘图环境

前面设置了建筑详图的绘图环境，保存有相应的样板文件，这里只需要调用即可。

步骤 01 启动 AutoCAD 2012 软件，执行"文件｜打开"菜单命令，将"案例\13\建筑详图.dwt"样板文件打开。

步骤 02 执行"文件｜另存为"菜单命令，将当前文件另存为"案例\13\墙体详图.dwg"图形文件。

13.4.2 绘制墙体详图

这里，只是对剖面图中索引符号 1、2 处的详图进行绘制。

1. 绘制索引符号 1 的详图

步骤 01 在"图层"工具栏的"图层控制器"下拉列表中将"轴线"图层置为当前图层。

步骤 02 执行"直线"命令（L），绘制高 1330mm 的垂直线段，如图 13-32 所示。

步骤 03 执行"偏移"命令（O），将绘制的垂直线段向左偏移 90mm，向右各偏移 110mm、80mm、200mm 和 80mm，并将偏移得到的线段转换为"0"图层，如图 13-33 所示。

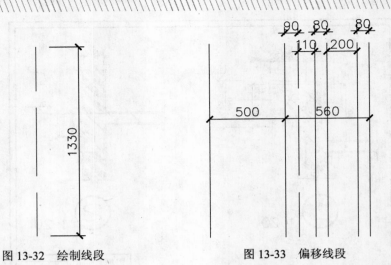

图 13-32　绘制线段　　　　　　　　　　　　图 13-33　偏移线段

步骤 04　执行"直线"命令（L），绘制一水平线段；再执行"偏移"命令（O），将水平线段
　　　　　向上各偏移 280mm、100mm、160mm、80mm、200mm、80mm 和 80mm，如图 13-34
　　　　　所示。

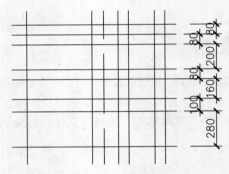

图 13-34　偏移线段

步骤 05　再使用"修剪"命令（TR），修剪掉多余的线段，结果如图 13-35 所示。

步骤 06　执行"圆角"命令（F），进行半径为 280mm 的圆角操作，如图 13-36 所示。

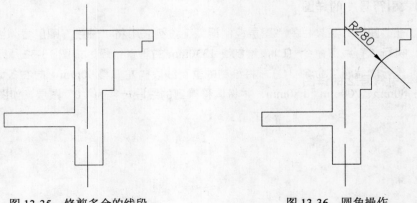

图 13-35　修剪多余的线段　　　　　　　　　图 13-36　圆角操作

步骤 07 再使用"偏移"命令（O），将线段向外分别偏移 15mm；最后对图形顶侧的线段拖动夹点；并将偏移后的所有线段转换为"墙体"图层，如图 13-37 所示。

步骤 08 在"图层"工具栏的"图层控制器"下拉列表框中将"0"图层置为当前图层。

步骤 09 执行"直线"命令（L），绘制表示折断符号的线段，如图 13-38 所示。

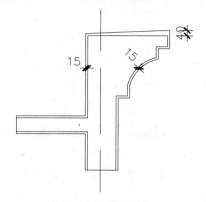 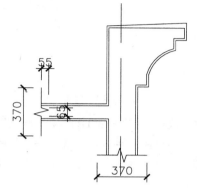

图 13-37　偏移线段　　　　　　图 13-38　绘制表示折断符号线段

步骤 10 在"图层"工具栏的"图层控制器"下拉列表框中将"填充"图层置为当前图层。

步骤 11 执行"图案填充"命令（H），选择相应的样例、比例，选择"AR-CONC+ANSI31"表示钢筋混凝土，对图形进行图案填充，结果如图 13-39 所示。

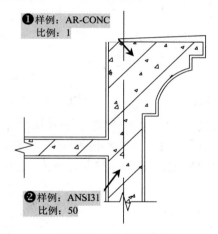

❶样例：AR-CONC　比例：1

❷样例：ANSI31　比例：50

图 13-39　图案的填充

2．绘制索引符号 2 的详图

前面绘制了索引符号 1 的详图，读者可参照前面的方法，这里简要绘制符号 2 的详图。

步骤 01 在"图层"工具栏的"图层控制器"下拉列表框中将"0"图层置为当前图层。

步骤 02 执行"多段线"命令（PL），绘制如图 13-40 所示的图形；再执行"直线"命令（L），在中点绘制高 1500mm 的垂直线段，并将垂直线段转换为"轴线"图层。

步骤 03 执行"偏移"命令（O），将多段线向外偏移 15mm，如图 13-41 所示。

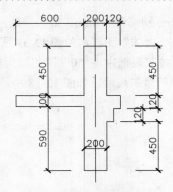

图 13-40　绘制线段

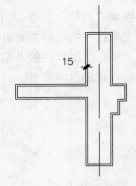

图 13-41　偏移多段线

步骤 04 执行"修剪"（TR）和"直线"（L）命令，对偏移后的线段进行编辑和修剪操作，并绘制水平线段，并将偏移后的线段转换为"墙体"图层，如图 13-42 所示。

步骤 05 执行"直线"命令（L），绘制表示折断符号的线段，如图 13-43 所示。

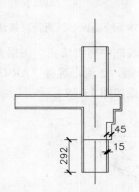

图 13-42　编辑线段

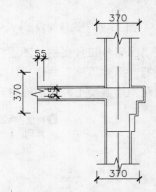

图 13-43　绘制表示折断符号的线段

步骤 06 在"图层"工具栏的"图层控制器"下拉列表框中将"填充"图层置为当前图层。

步骤 07 执行"图案填充"命令（H），选择相应的样例、比例，选择"ANSI34"表示普通砖，选择"AR-CONC+ANSI31"表示钢筋混凝土，然后对图形进行图案填充，结果如图 13-44 所示。

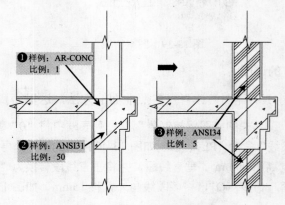

图 13-44　图案的填充

13.4.3　添加尺寸标注和文字说明

前面对索引符号 1、2 进行了绘制与图案填充，接下来添加尺寸标注、图名标注等。

步骤 01　单击"图层"工具栏的"图层控制"下拉列表框，选择"尺寸标注"图层作为当前图层。

步骤 02　在"标注"工具栏中单击"线性"按钮和"连续"按钮，对图形的顶侧、右侧进行尺寸的标注，如图 13-45 和图 13-46 所示。

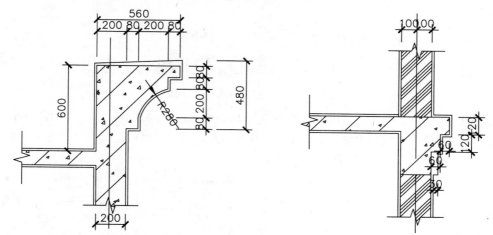

图 13-45　进行尺寸标注 1　　　　　　　图 13-46　进行尺寸标注 2

步骤 03　单击"图层"工具栏的"图层控制"下拉列表框，选择"标高"图层作为当前图层。

步骤 04　执行"插入块"命令（I），将"案例\13\标高.dwg"图块分别插入到 1、2 图形的相应位置，并修改相应的标高值，结果如图 13-47 和图 13-48 所示。

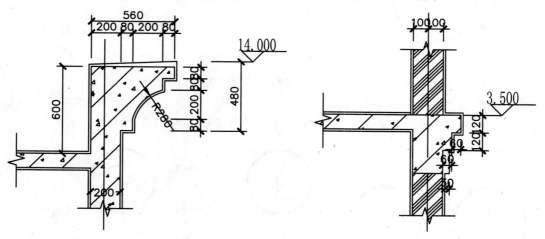

图 13-47　进行标高标注 1　　　　　　　图 13-48　进行标高标注 2

步骤 05　单击"图层"工具栏的"图层控制"下拉列表框，选择"文字标注"图层作为当前图层。

步骤 06 执行"格式｜文字样式"菜单命令，新建"轴号文字"文字样式，选择字体"Complex"，并置为当前，如图 13-49 所示。

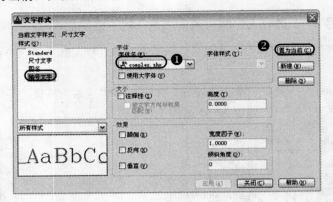

图 13-49　"文字样式"对话框

步骤 07 执行"圆"命令（C），绘制宽度为 10mm、直径为 350mm 的圆，如图 13-50 所示。

步骤 08 再使用"绘图｜块｜定义属性"菜单命令，打开"属性定义"对话框，设置相应的参数，如图 13-51 所示。

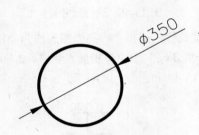

图 13-50　绘制圆

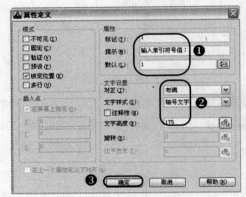

图 13-51　"属性定义"对话框

步骤 09 双击上一步定义属性的块，修改相应的属性值，结果如图 13-52 所示。

步骤 10 在"样式"工具栏中选择"图名"文字样式，单击工具栏中"单行文字"按钮A，在相应的位置输入比例"1:20"，其文字高度别为"125"，如图 13-53 所示。

图 13-52　修改属性值　　　　　　　　　图 13-53　图名标注

13.4.4　添加图框

　　用户可以根据图幅的需要加上图框，一般 A4 图幅为 210mm×297mm，按照 1:50 的比例，此例调用了"案例\13\图框标题栏.dwg"文件，插入图框后的效果如图 13-31 所示。

　　至此，墙体详图已绘制完毕，用户可按 Ctrl＋S 组合键对其文件进行保存。

　　拓展学习：通过本章节对建筑详图的绘制思路的学习和绘制方法的掌握，为了使读者更加牢固地掌握建筑详图的绘制技巧，并能达到熟能生巧的目的，可以参照前面的步骤和方法进行绘制，其效果如图 13-54 和图 13-55 所示。参照光盘"案例\13"文件下的"门窗详图拓展.dwg"和"墙体详图拓展.dwg"文件。

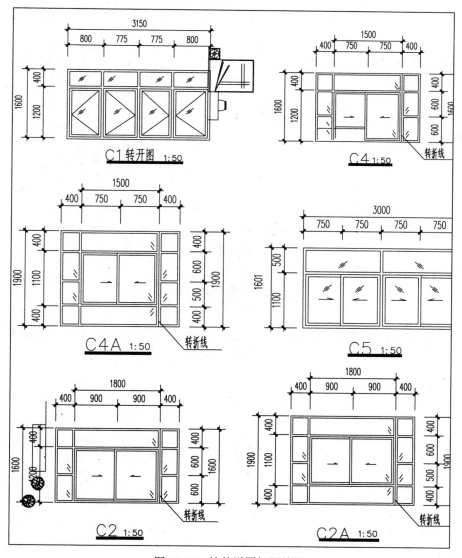

图 13-54　墙体详图拓展效果

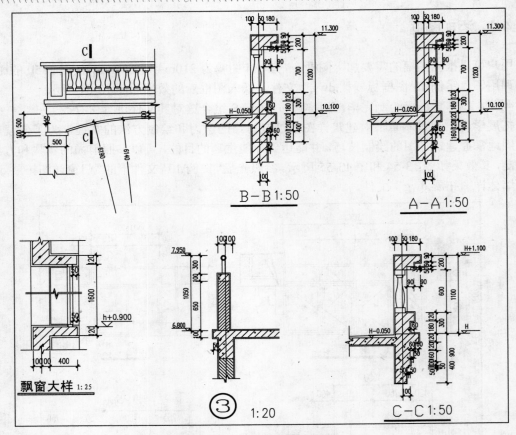

图 13-55　门窗详图拓展效果

13.5　本章小节

　　本章首先学习了建筑详图的基础知识，然后通过某一门、窗、墙体的具体实例，熟悉建筑详图的绘制思路和步骤，从而真正让读者掌握建筑详图的绘制方法。

第14章　绘制结构施工图

结构设计是根据建筑物各方面的要求进行结构造型构件布置，经过结构计算，确定各承重构件的形状、尺寸、材料，以及内部构造施工要求等。

结构施工图是构件制作、安装编制预算和指导施工的重要依据。本章节通过对基础平面布置图、二～四层结构平面图、基础详图的绘制，让读者掌握结构施工图的基础知识、绘制步骤和技巧，然后进行相应的标注。最后给出"拓展详图.dwg"的效果图，让读者自行巩固练习。

主要内容

- 掌握结构施工图的基础知识
- 绘制基础平面布置图
- 绘制二～四层结构平面图
- 绘制基础详图

14.1　结构施工图的基础知识

用户在绘制结构施工图时，首先应掌握结构施工图的形成与用途、命名与图示内容、绘制要求等知识。

1. 识读方法和步骤

正确的看图方法是关键。实践经验告诉我们：看图的方法是"由外向里看，由大到小看，由粗到细看，先主体，后局部，图样与说明互相对照看，建施与结施对照看"。

识图步骤如下：

（1）先看图纸目录，了解建筑性质，是结构类型，建筑面积大小，图纸张数等信息。

（2）按照图纸目录检查各类图纸是否齐全，有无错误，标准图是哪一类，以便可以随时查看。

（3）看设计说明，了解建筑概况和施工技术要求。

（4）看总平面图，了解建筑物的地理位置、高程、朝向及建筑有关情况，考虑如何进行定位放线。

（5）看完总平面图后，依次看平面图、立面图、剖面图，通过平、立、剖面图，在脑海中逐步建立立体形象。

（6）通过平、立、剖面图形成建筑的轮廓以后，再通过详图了解各构件、配件的位置，以及它们之间是如何连接的。

2．绘图要求

和建筑平面图、立面图、剖面图、详图一样，绘制建筑结构图也有相关的规范要求，下面详细讲解绘制建筑结构图时，其比例、定位轴线、线型、图列、尺寸标注、详图索引符号方面的一些具体要求。

（1）图纸比例：常用图纸如下，同一张图纸中，不宜出现三种以上的比例。

● 常用比例：1:1、1:2、1:5、1:10、1:20、1:50、1:100、1:200、1:500、1:1000。

● 可用比例：1:3、1:15、1:25、1:30、1:150、1:250、1:300、1:1500。

（2）轴线：轴线圆均应以细实线绘制，圆的直径为 8mm。

（3）索引符号：索引符号的圆及直径均应以细实线绘制，圆的直径 10mm。

（4）详图：详图符号以粗实线绘制，直径为 14mm。

（5）引出线均采用水平向 0.25 宽细线，文字说明均写于水平线之上。

（6）尺寸界线和尺寸线应用细实线绘制，端部出头 2mm。

3．绘制步骤

用户在绘制建筑结构图时，可按照如下步骤绘制：

（1）设置绘图环境。

（2）绘制轴线网。

（3）绘制平面墙体、柱子、梁、板等各种构建。

（4）绘制楼梯、室内预留洞等细节部分。

（5）绘制钢筋、墙体剖段线及混泥土剖切线等。

（6）标注尺寸。

（7）添加钢筋标注、必要的说明、索引等。

14.2　实例1：绘制基础平面布置图

视频\14\基础平面布置图的绘制.avi

案例\14\基础平面布置图.dwg

由于住宅楼每层楼房大致相同，绘制其基础平面布置图即可，最终的效果如图 14-1 所示。

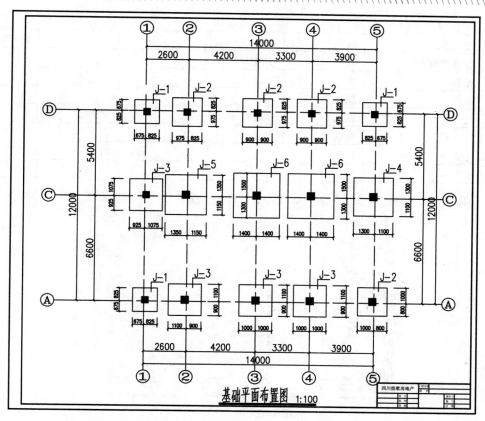

图 14-1　基础平面布置图的效果

14.2.1　设置绘图环境

从图 14-1 所示的基础平面布置图所知，在绘制图形前，需要设置与之匹配的绘图环境。

1．新建文件

步骤 01　启动 AutoCAD 2012 软件，将空白文件保存为 "案例\14\基础平面布置图.dwg" 文件。

步骤 02　选择 "格式 | 图形界限" 菜单命令，依照提示，设定图形界限的左下角为(0,0)，右上角为(42000,29700)。

步骤 03　在命令行输入 Z→空格→A，使输入的图形界限区域全部显示在图形窗口内。

2．规划图层

绘制结构施工图前，需建立如表 14-1 所示的图层。

表 14-1　图层设置

序号	图层名	线宽	线型	颜色	打印属性
1	轴线	默认	ACAD_IS004W100	红色	不打印
2	柱子	默认	实线	8色	打印
3	墙体	0.30mm	实线	黑色	打印

（续表）

序号	图层名	线宽	线型	颜色	打印属性
4	独立基础	默认	实线	242 色	打印
5	配筋	默认	实线	洋红色	打印
6	轴线编号	默认	实线	绿色	打印
7	尺寸标注	默认	实线	蓝色	打印
8	文字标注	默认	实线	黑色	打印
9	标高	默认	实线	114 色	打印
10	其他	默认	实线	134 色	打印

步骤 01 选择"格式｜图层"菜单命令，将打开"图层特性管理器"面板，根据前面如表 14-1 所示来设置图层的名称、线宽、线型和颜色等，如图 14-2 所示。

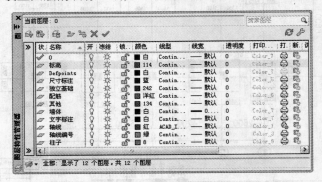

图 14-2 规划图层

步骤 02 选择"格式｜线型"菜单命令，打开"线型管理器"对话框，单击"显示细节"按钮，打开"详细信息"选项组，输入"全局比例因子"为 100，然后单击"确定"按钮，如图 14-3 所示。

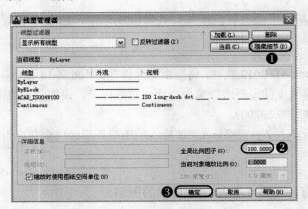

图 14-3 设置线型比例

3．设置文字样式

选择"格式｜文字样式"菜单命令，按照表 14-2 所示的各种文字样式对每一种样式进行字体、高度、宽度因子的设置，如图 14-4 所示。

表 14-2 文字样式

文字样式名	打印到图样上的文字高度	图形文字高度 （文字样式高度）	字体文件
尺寸文字	3.5	0	Tssdeng
图内文字	3.5	350	Tssdeng / Gbcib
图名	5	500	Tssdeng / Gbcib
配筋文字	7	700	Tssdeng / Tsschn
轴号文字	3.5	350	Complex

图 14-4 文字样式

4．设置标注样式

步骤 01 选择"格式｜标注样式"菜单命令，创建"结构施工图-100"，单击"继续"按钮后，进行到"新建标注样式"对话框，然后分别在各选项卡中设置相应的参数，其设置的效果如表 14-3 所示。

表 14-3 "结构施工图-100"标注样式的参数设置

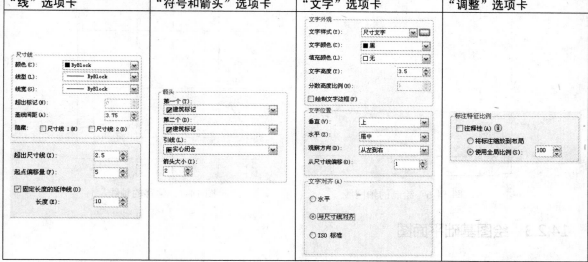

步骤 02 选择"文件｜另存为"菜单命令，打开"图形另存为"对话框，选择文件类型为"AutoCAD 图形样板(*.dwt)"，保存到"案例\14"文件夹下，并在"文件名"文本框中输入"结构施工图"，然后单击"保存"按钮，如图 14-5 所示。

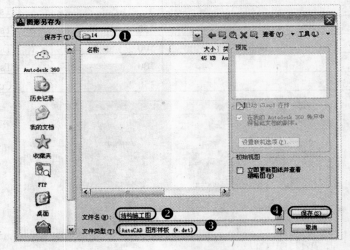

图 14-5　保存为样板文件

14.2.2　绘图轴网线

步骤 01 单击"图层"工具栏的"图层控制"下拉列表框，将"轴线"图层置为当前图层。

步骤 02 按"F8"键切换到"正交"模式。执行"直线"命令（L），在图形窗口的适应位置绘制相互垂直的两条辅助轴线，水平轴线长 18000mm，垂直轴线长 16000mm，如图 14-6 所示。

步骤 03 执行"偏移"命令（O），将水平轴线依次向上偏移 6600mm、54000mm，将垂直轴线向右各偏移 2600mm、4200mm、3300mm 和 3900mm，如图 14-7 所示。

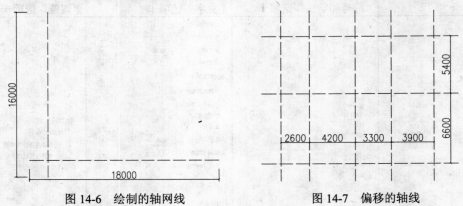

图 14-6　绘制的轴网线　　　　　　　　　图 14-7　偏移的轴线

14.2.3　绘图基础平面图

步骤 01 单击"图层"工具栏的"图层控制"下拉列表框，将"独立基础"图层置为当前图层。

步骤 **02**　执行"矩形"命令（REC），绘制 1500mm 的正方形。

步骤 **03**　单击"图层"工具栏的"图层控制"下拉列表框，将"柱子"图层置为当前图层。

步骤 **04**　执行"矩形"命令（REC），绘制 400mm×400mm 的正方形，且居中对齐。

步骤 **05**　执行"图案填充"命令（H），将 400mm×400mm 的正方形填充"SOLID"图案，绘制完成的柱基对象 J-1，如图 14-8 所示。

步骤 **06**　使用上述同样的方法，参照相应的尺寸，绘制 J-2、J-3、J-4、J-5、J-6 柱基对象，如图 14-9～图 14-13 所示。

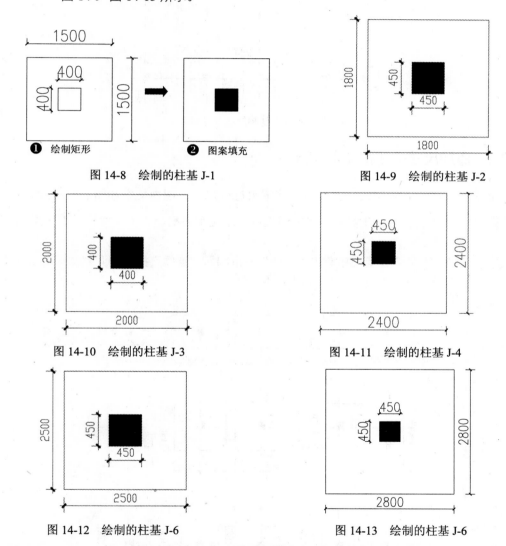

图 14-8　绘制的柱基 J-1　　　　　　　图 14-9　绘制的柱基 J-2

图 14-10　绘制的柱基 J-3　　　　　　　图 14-11　绘制的柱基 J-4

图 14-12　绘制的柱基 J-6　　　　　　　图 14-13　绘制的柱基 J-6

步骤 **07**　执行"复制"命令（CO），分别将前面所绘制的柱基 1～6 复制到相应的交点位置，从而完成基础平面图中柱基基础的绘制，如图 14-14 所示。

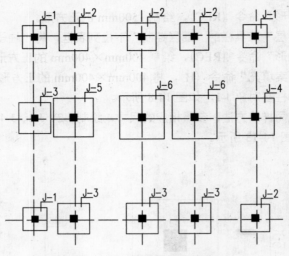

图 14-14　复制的柱基基础

14.2.4　添加尺寸标注和文字说明

前面对基础平面布置图绘制完成后，接下来进行尺寸、图内文字和图名的标注。

步骤 01　单击"图层"工具栏的"图层控制"下拉列表框，将"尺寸标注"图层置为当前图层。

步骤 02　在"标注"工具栏中单击"线性"按钮┡┥和"连续"按钮┡┯┥，对图形内部的柱基基础进行尺寸的标注，如图 14-15 所示。

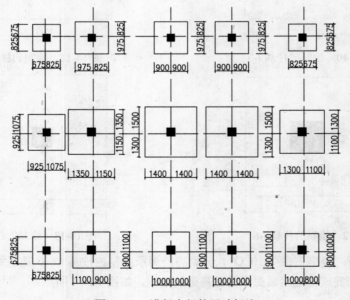

图 14-15　进行内部的尺寸标注

步骤 03　继续使用上述同样的命令，对图形外围进行尺寸的标注，如图 14-16 所示。

步骤 **04**　单击"图层"工具栏的"图层控制"下拉列表框，将"其他"图层置为当前图层。

步骤 **05**　执行"引线标注"命令（QL），并在相应的位置执行引线标注并编辑注释。

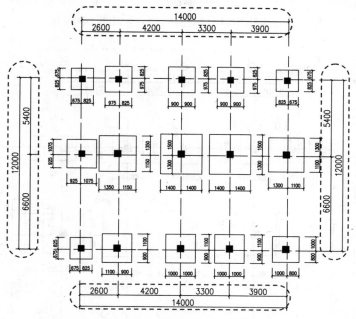

图 14-16　进行外围的尺寸标注

步骤 **06**　单击"图层"工具栏的"图层控制"下拉列表框，将"文字标注"图层置为当前图层。

步骤 **07**　单击工具栏中"单行文字"按钮 A，选择"图内文字"文字样式，在相应的位置分别输入 J-2、J-3、J-4、J-5、J-6，其文字高度为"600"，结果如图 14-17 所示。

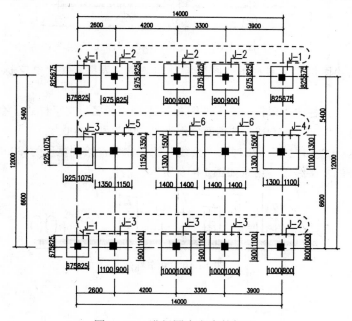

图 14-17　进行图内文字的标注

步骤 **08** 单击"图层"工具栏的"图层控制"下拉列表框，将"轴线编号"图层置为当前图层。

步骤 **09** 执行"插入块"命令（I），将绘制的图块文件"案例\14\轴线编号.dwg"插入到视图相应的位置，并修改轴线编号属性值，结果如图 14-18 所示。

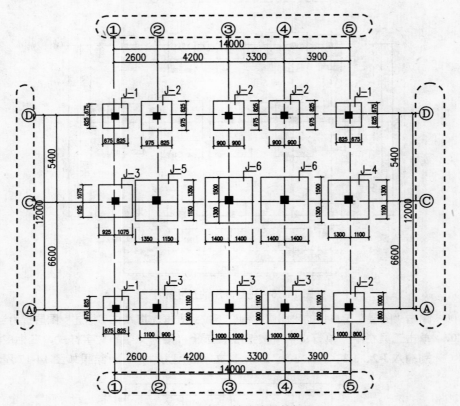

图 14-18　进行轴线编号的标注

步骤 **10** 单击"图层"工具栏的"图层控制"下拉列表框，将"文字标注"图层置为当前图层。

步骤 **11** 单击工具栏中"单行文字"按钮 **A**，选择"图名"文字样式，输入图名"基础平面布置图"和"1:100"，其高度分别为"1000"和"500"。

步骤 **12** 再执行"多段线"（PL）和"直线"（L）命令，绘制宽度为 30mm 的水平多段线和等长的水平线段，结果如图 14-19 所示。

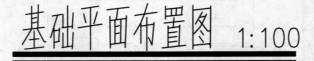

图 14-19　文字标注

14.2.5　添加图框

用户可以根据图幅的需要加上图框，一般 A3 图幅为 420mm×297mm，按照 1:100 的比例，此例调用了"案例\14\图框标题栏.dwg"文件，插入图框后的效果如图 14-1 所示。

至此，基础平面布置图绘制完毕，用户可按 Ctrl+ S 组合键对其进行保存。

14.3　实例2：绘制二～四层结构平面图

视频\14\二～四层结构平面图的绘制.avi
案例\14\二～四层结构平面图.dwg

前面绘制了基础平面布置图，接下来绘制二～四层结构平面的布置图。首先设置绘图环境，绘制轴网线、柱基，并通过多段线的方式绘制钢筋轮廓线，最后对其进行尺寸标注、文字说明即可，最终效果如图 14-20 所示。

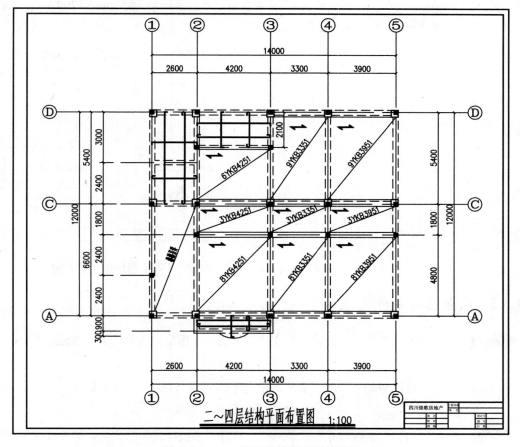

图 14-20　二～四层结构平面图的效果

14.3.1　调用绘图环境

步骤 01　启动 AutoCAD 2012 软件,选择"文件｜打开"菜单命令,将"案例\14\结构施工图.dwt"样板文件打开。

步骤 02　然后执行"文件｜另存为"菜单命令,将文件另存为"二～四层结构平面图.dwg"文件。

14.3.2　绘图轴网线

步骤 01　单击"图层"工具栏的"图层控制"下拉列表框,将"轴线"图层置为当前图层。

步骤 02　按"F8"键切换到"正交"模式。执行"直线"命令（L）,在图形窗口的适应位置绘制相互垂直的两条辅助轴线,水平轴线长 18000mm,垂直轴线长 16000mm,如图 14-21 所示。

步骤 03　执行"偏移"命令（O）,将水平轴线依次向上偏移 900mm、2400mm、2400mm、1800mm、2400mm、900mm 和 2100mm,将垂直轴线向右各偏移 2600mm、4200mm、3300mm 和 3900mm；再使用"修剪"命令（TR）,修剪掉多余的线段,结果如图 14-22 所示。

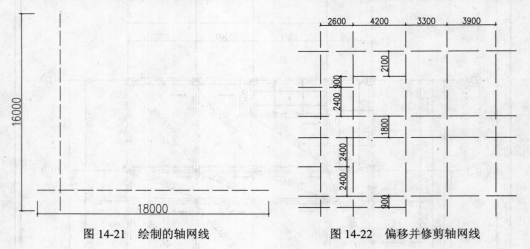

图 14-21　绘制的轴网线　　　　　　图 14-22　偏移并修剪轴网线

14.3.3　绘图结构平面图

步骤 01　使用"图层"命令（LA）,新建"墙体虚线"图层,并置为当前图层,如图 14-23 所示。

✔　墙体虚线　　♀　☼　　🔓　▣ 130　CONTIN...　—— 默认

图 14-23　新建"墙体虚线"图层

步骤 02　执行"格式｜多线样式"菜单命令,打开"多线样式"对话框,如图 14-24 所示。进行多线 Q300 和 Q250mm 的设置。

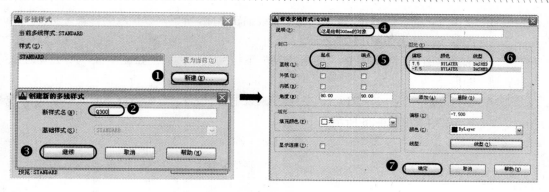

图 14-24 设置多线样式

步骤 03 使用"多线"命令（ML），在轴线上绘制 Q300mm 的多线，如图 14-25 所示。

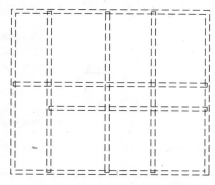

图 14-25 绘制的多线 Q300

 此处是在轴线基础上绘制了多线后，隐藏了"轴线"图层的多线效果，方便观察图形。

步骤 04 执行"修改｜对象｜多线"菜单命令，或双击需要编辑的多线，都可打开"多线编辑工具"对话框，单击"T 形打开"按钮 对其指定的交点进行合并操作，再单击"角点结合"按钮 对其指定的拐角点进行角点结合操作，如图 14-26 所示。

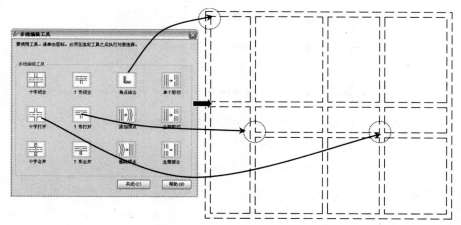

图 14-26 编辑的多线 Q300

步骤 **05** 使用上述同样的方法，重复多线和多线编辑命令，接下来在相应的位置绘制 Q250mm 的多线，结果如图 14-27 所示。

步骤 **06** 单击"图层"工具栏的"图层控制"下拉列表框，将"独立基础"图层置为当前图层。

步骤 **07** 执行"矩形"命令（REC），在视图轴线的交点位置，分别绘制 20mm×400mm 的矩形，结果如图 14-28 所示。

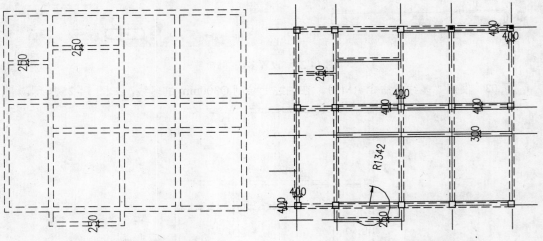

图 14-27　绘制及编辑的多线 Q250　　　　　　图 14-28　绘制矩形

步骤 **08** 再执行"矩形"命令（REC），分别绘制 240mm×240mm 的正方形，并进行"SOLID"图案的填充操作，来表示柱子如图 14-29 所示。

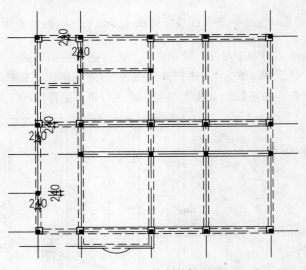

图 14-29　绘制的柱子

步骤 **09** 单击"图层"工具栏的"图层控制"下拉列表框，将"配筋"图层置为当前图层。

步骤 **10** 执行"多段线"命令（PL），对照尺寸绘制宽度为 50mm 的多段线对象；再执行"复制"命令（CO），将绘制的多段线对象复制到相应的位置，结果如图 14-30 所示。

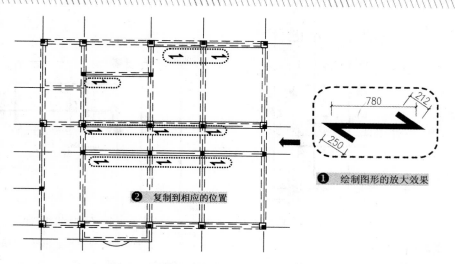

图 14-30　绘制的多段线对象

步骤 11　执行"多段线"命令（PL），绘制宽度为 50mm 的表示配筋的对象 1～2，如图 14-31 所示。

步骤 12　执行"复制"（CO）、"拉伸"（S）、"旋转"（RO）等命令，将上一步绘制的配筋对象 1、2 在图形的左下侧、左上侧部位进行相应的编辑操作，结果如图 14-32～图 14-34 所示。

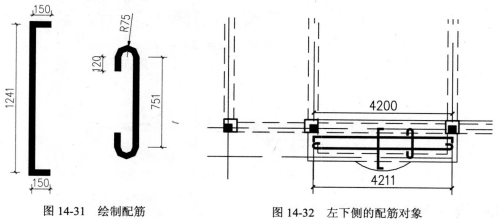

图 14-31　绘制配筋　　　　　　　　　　图 14-32　左下侧的配筋对象

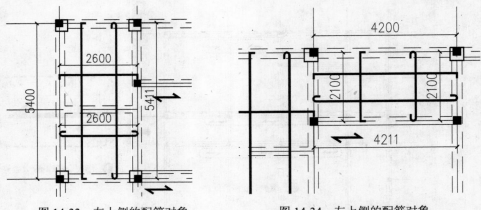

图 14-33　左上侧的配筋对象　　　　　图 14-34　左上侧的配筋对象

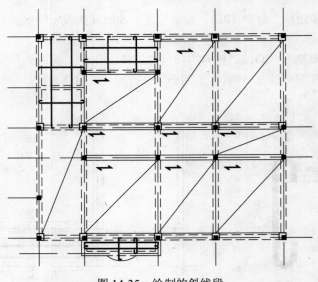

步骤 13　单击"图层"工具栏的"图层控制"下拉列表框，将"其他"图层置为当前图层。

步骤 14　执行"直线"命令（L），在图形柱子的适当位置绘制斜线段，如图 14-35 所示。

图 14-35　绘制的斜线段

14.3.4　添加尺寸标注和文字说明

前面对结构平面图绘制完成后，接下来进行尺寸、图内文字和图名的标注。

步骤 01　单击"图层"工具栏的"图层控制"下拉列表框，将"尺寸标注"图层置为当前图层。

步骤 02　在"标注"工具栏中单击"线性"按钮 $\vdash$ 和"连续"按钮 $\vdash\!\!\vdash$，对图形进行尺寸的标注，如图 14-36 所示。

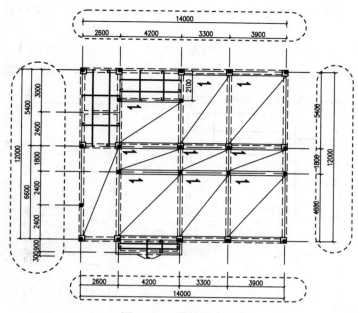

图 14-36 进行尺寸标注

步骤 03 单击"图层"工具栏的"图层控制"下拉列表框,将"轴线编号"图层置为当前图层。

步骤 04 执行"插入块"命令(I),将绘制的图块文件"案例\10\轴线编号.dwg"插入到视图相应的位置,并修改轴线编号属性值,结果如图 14-37 所示。

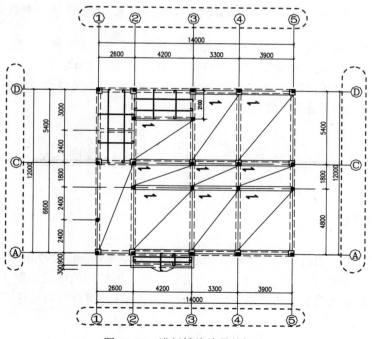

图 14-37 进行轴线编号的标注

步骤05 单击"图层"工具栏的"图层控制"下拉列表框，将"文字标注"图层置为当前图层。

步骤06 单击工具栏中"单行文字"按钮**A**，选择"图内文字"文字样式，输入相应的内容，其高度"400"，并旋转一定的角度，与绘制的斜线平行即可，如图 14-38 所示。

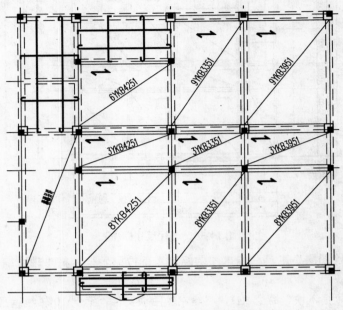

图 14-38　进行图内文字标注

 此处是为了方便观察文字标注的效果，隐藏了"尺寸标注"和"轴线编号"图层。

步骤07 单击工具栏中"单行文字"按钮**A**，选择"图名"文字样式，输入图名"基础平面布置图"和"1:100"，其高度分别为"1000"和"500"；

步骤08 再执行"多段线"（PL）和"直线"（L）命令，绘制宽度为 30mm 的水平多段线和等长的水平线段，结果如图 14-39 所示。

二～四层结构平面布置图　1:100

图 14-39　进行图名标注

14.3.5　添加图框

用户可以根据图幅的需要加上图框，一般 A3 图幅为 420mm×297mm，按照 1:100 的比例，此例调用了"案例\14\图框标题栏.dwg"文件，插入图框后的效果如图 14-20 所示。

至此，二～四层结构平面图绘制完毕，用户可按 Ctrl+ S 组合键对其进行保存。

14.4　实例3：绘制基础详图

视频\14\基础详图的绘制.avi
案例\14\基础详图.dwg

在绘制基础结构详图时，使用"多段线"绘剖面详图和钢筋的轮廓，然后进行尺寸 、标高、文字、图名的标注，最终效果如图 14-40 所示。

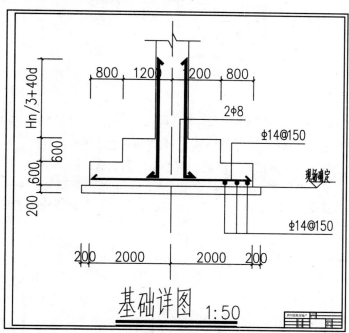

图 14-40　基础详图的效果

14.4.1　调用绘图环境

步骤 01　启动 AutoCAD 2012 软件，选择"文件｜打开"菜单命令，将"案例\14\结构施工图.dwt"样板文件打开。

步骤 02　然后执行"文件｜另存为"菜单命令，将文件另存为"基础详图.dwg"文件。

14.4.2　绘图基础详图

步骤 01　单击"图层"工具栏的"图层控制"下拉列表框，将"轴线"图层置为当前图层。

步骤 02　按"F8"键切换到"正交"模式。执行"直线"命令（L），在图形窗口的适当位置绘制高 6000mm 的垂直线段，如图 14-41 所示。

步骤 03　单击"图层"工具栏的"图层控制"下拉列表框，将"独立基础"图层置为当前图层。

步骤 **04** 执行"直线"命令（L），绘制如图 14-42 所示的线段。

步骤 **05** 执行"镜像"命令（MI），将绘制的线段向右进行镜像操作，如图 14-43 所示。

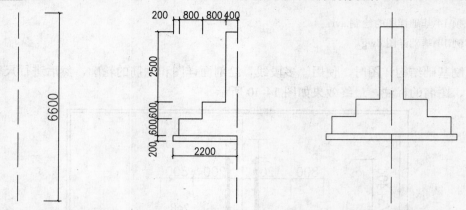

图 14-41　绘制垂直线段　　　图 14-42　绘制的线段　　　图 14-43　镜像操作

步骤 **06** 执行"直线"命令（L），在图形上侧绘制一表示折断的线段，如图 14-44 所示。

步骤 **07** 单击"图层"工具栏的"图层控制"下拉列表框，将"配筋"图层置为当前图层。

步骤 **08** 执行"多段线"命令（PL），设置宽度为 45mm，按照如图 14-45 所示绘制主配筋。

步骤 **09** 执行"复制"（CO）和"镜像"（MI）命令，将主配筋镜像复制操作，如图 14-46 所示。

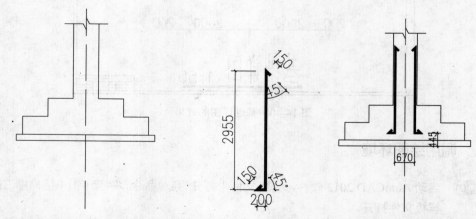

图 14-44　绘制打断线　　　图 14-45　绘制主配筋　　　图 14-46　镜像复制操作

步骤 **10** 执行"多段线"命令（PL），绘制宽度为 30mm 的次配筋，如图 14-47 所示。

步骤 **11** 执行"圆"（C）和"图案填充"（H）等命令，绘制直径为 50mm 的 3 个圆；且选择"SOLID"样例进行填充（保护层厚度及弯钩根据施工要求绘制），如图 14-48 所示。

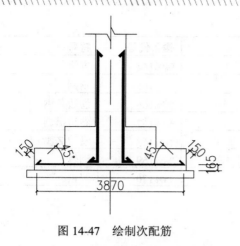

图 14-47　绘制次配筋

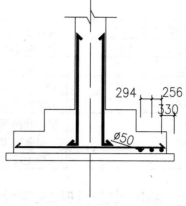

图 14-48　绘制圆配筋

14.4.3　钢筋符号的知识

用户在 Auto CAD 中要输入一些钢筋符号时，首先应将"案例\CAD 钢筋符号字体库"文件夹中的所有文件复制到 AutoCAD 软件安装位置的"Fonts"文件夹，然后设置相应的钢筋符号字体，再在相应的位置输入相应的代号即可。在如表 14-4 所示中给出了 AutoCAD 中钢筋符号所对应的代号。

表 14-4　AutoCAD 中钢筋符号所对应的代号

输入代号	符号	输入代号	符号
%%c	ϕ	%%172	双标下标开始
%%d	度符号	%%173	上下标结束
%%p	±号	%%147	对前一字符画圈
%%u	下划线	%%148	对前两字符画圈
%%130	Ⅰ级钢筋 ϕ	%%149	对前三字符画圈
%%131	Ⅱ级钢筋 ⊕	%%150	字串缩小 1/3
%%132	Ⅲ级钢筋 ⊕	%%151	Ⅰ
%%133	Ⅳ级钢筋 ⊞	%%152	Ⅱ
%%130%%145ll%%146	冷轧带肋钢筋	%%153	Ⅲ
%%130%%145j%%146	钢绞线符号	%%154	Ⅳ
%%1452%%146	平方	%%155	Ⅴ
%%1453%%146	立方	%%156	Ⅵ
%%134	小于等于≤	%%157	Ⅶ
%%135	大于等于≥	%%158	Ⅷ
%%136	千分号	%%159	Ⅸ
%%137	万分号	%%160	Ⅹ
%%138	罗马数字ⅩⅠ	%%161	角钢
%%139	罗马数字ⅩⅡ	%%162	工字钢
%%140	字串增大 1/3	%%163	槽钢

（续表）

输入代号	符号	输入代号	符号
%%141	字串缩小 1/2(下标开始)	%%164	方钢
%%142	字串增大 1/2(下标结束)	%%165	扁钢
%%143	字串升高 1/2	%%166	卷边角钢
%%144	字串降低 1/2	%%167	卷边槽钢
%%145	字串升高缩小 1/2(上标开始)	%%168	卷边 Z 型钢
%%146	字串降低增大 1/2(上标结束)	%%169	钢轨
%%171	双标上标开始	%%170	圆钢

14.4.4 添加尺寸标注和文字说明

前面对结构平面图绘制完成后，接下来进行尺寸、图内文字和图名的标注。

步骤01 单击"图层"工具栏的"图层控制"下拉列表框，将"尺寸标注"图层置为当前图层。

步骤02 在"标注"工具栏中单击"线性"按钮┝┥和"连续"按钮┝┝┥，对图形进行尺寸的标注，如图 14-49 所示。

步骤03 单击"图层"工具栏的"图层控制"下拉框，将"标高"图层置为当前图层。

步骤04 执行"插入块"命令（I），将绘制的图块文件"案例\14\标高.dwg"插入到视图相应的位置，并修改标高值。

步骤05 单击"图层"工具栏的"图层控制"下拉列表框，将"文字标注"图层置为当前图层，并在"样式"工具栏中设置文字样式为"图内文字"。

步骤06 执行"引线标注"命令（QL），将图形进行引线标注；再单击"文字"工具栏中的"单行文字"按钮**AI**，在相应的位置输入配筋文字，如图 14-50 所示。

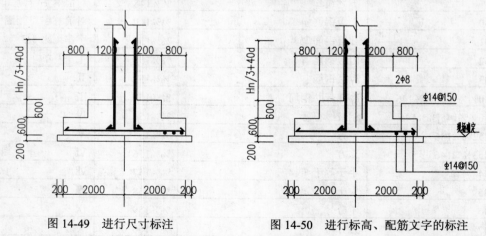

图 14-49 进行尺寸标注   图 14-50 进行标高、配筋文字的标注

技巧提示 用户需要将"CAD 钢筋符号字体库"文件下的字体，复制安装到 AutoCAD 2012 的目录的"FONTS"文件夹中，这样，输入配筋符号时，才会正常显示。

步骤 **07** 单击工具栏中"单行文字"按钮 A，选择"图名"文字样式，输入图名"基础详图"和"1:50"，其高度分别为"800"和"400"。

步骤 **08** 再执行"多段线"(PL) 和"直线"(L) 命令，绘制宽度为 30mm 的水平多段线和等长的水平线段，结果如图 14-51 所示。

图 14-51　进行图名标注

14.4.5　添加图框

用户可以根据图幅的需要加上图框，一般 A4 图幅为 210mm×297mm，按照 1:50 的比例，此例调用了"案例\14\图框标题栏.dwg"文件，缩小一定的比例后，其效果如图 14-52 所示。

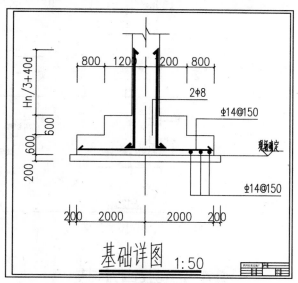

图 14-52　插入图框的效果

至此，基础详图绘制完毕，用户可按 Ctrl+S 组合键对其进行保存。

拓展学习： 通过本章节对结构施工图的绘制思路的学习和绘制方法的掌握，为了使读者更加牢固地掌握结构施工图的绘制技巧，并能达到熟能生巧的目的，可以参照前面的步骤和方法，打开光盘中"案例\14"文件夹下的"拓展详图.dwg"文件进行绘制，如图 14-53 所示。

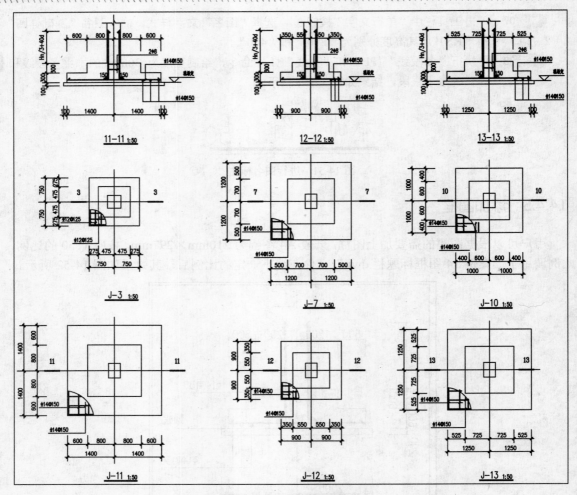

图 14-53　拓展详图的效果

14.5　本章小节

　　学习结构施工图的基础知识、绘图要求，通过其基础平面布置图、二～四层结构平面图、基础详图等实例的绘制，使读者熟悉结构施工图的绘制步骤，举一反三，从而真正地掌握结构施工图的绘制方法。

第 15 章　绘制结构配筋图

本章首先讲解了结构配筋图的基础知识，包括钢筋混凝土梁配筋图的画法、图例、标注方法，通过基础梁布置及配筋图、二层梁配筋图、坡屋面板配筋图的绘制，以及设置绘图环境、轴网线及结构配筋图，然后进行尺寸、文字、标高、图名等标注；让读者掌握结构配筋图的绘制方法与技巧。

主要内容

- 掌握配筋图的基础知识
- 绘制基础梁布置及配筋图
- 绘制二层梁配筋图
- 绘制坡屋面板配筋图

15.1　绘制配筋图的基础知识

配筋是指建筑中房屋等的钢筋配制情况，一般用图形表示。可以根据配筋图去确定建筑中钢筋使用的位置、形状以及钢筋的型号等。

1. 种类及作用

按钢筋在构件中所起的作用不同，可分为受力筋、箍筋、架立筋、分布筋、构造筋。如图 15-1 所示。

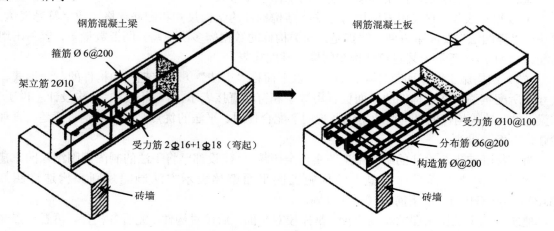

图 15-1　钢筋混凝土梁与土板示意图

（1）受力筋：也称纵筋、主筋，可承受拉力、压力或扭力，承受拉力的纵筋称为受拉筋，承受压力的纵筋称为受压筋，承受扭力的钢筋称为抗扭纵筋。

（2）箍筋：用以固定受力钢筋的位置并承受剪力或扭力的作用，多作于梁和柱内。

（3）架立筋：用以固定箍筋的位置，并与受力筋、箍筋一起构成钢筋骨架，一般用于钢筋混凝土梁中。

（4）分布筋：用以固定受力钢筋的位置，并将构件所受外力均匀传递给受力钢筋，以改善受力情况，常与受力钢筋垂直布置，此种钢筋常用于钢筋混凝土板、墙类构件中。

（5）构造筋：因构造要求或者施工安装需要而配置的钢筋，包括架立筋、分布筋、腰筋、拉接筋、吊筋等，如吊环。

2. 注意事项

绘制配筋图可按照顺序绘制：一般按底筋、面筋、配筋量、负筋长度、板号标志、板号、框架梁号、次梁号、剪力墙号、柱号的顺序进行绘制，板底、面钢筋均用粗实线表示，宜画在板的 1/3 处。文字用绘图针笔书写，字体大小要均匀（可用数字模板），当受到位置限制时，可跨越梁线书写，以能看清为准。所有直线段都不应徒手绘制，双向板及单向板应采用表示传力方向的符号加板号表示，在板号下中应标出板厚。

当大部分板厚度相同时，可只标出特殊的板厚，其余在本图内用文字说明，在各层模板图中，应标出全部构件（板、框架梁、次梁、剪力墙、柱）的编号，不得以对称性等为由漏标。过梁（GL）应编注于过梁之上的楼层平面中。梁上起柱（LZ），要标出小柱的定位尺寸，说明其做法。

15.1.1　钢筋混凝土梁配筋图的画法

钢筋混凝土结构构件配筋图的表示方法有 3 种，即详图法、梁柱表法和平法。

（1）详图法。它通过平、立、剖面图将各构件（梁、柱、墙等）的结构尺寸、配筋规格等"逼真"地表示出来，但用详图法绘图的工作量非常大。

（2）梁柱表法。它采用表格填写方法将结构构件的结构尺寸和配筋规格用数字符号表达。此法比"详图法"要简单方便，缺点是：同类构件的数据需多次填写，图纸数量多，容易出现错漏。如图 15-2 所示为某建筑结构图的框架柱配筋表。

（3）结构施工图平面整体设计方法（以下简称"平法"）。它把结构构件的截面形式、尺寸及所配钢筋规格在构件的平面位置用数字和符号直接表示，再与相应的"结构设计总说明"和梁、柱、墙等构件的"构造通用图及说明"配合使用。平法的优点是图面简洁、清楚、直观性强，图纸数量少。

为了保证按平法设计的结构施工图实现全国统一，建设部已将平法的制图规则纳入国家建筑标准设计图集，详见《混凝土结构施工图平面整体表示方法制图规则和构造详图》(GJBT-51800G101)，以下简称《平法规则》。

建筑结构平法施工图的看图要点，是先校对平面，后校对构件；先看各构件，再看节点与连接。但是建施图与结施图一定要结合起来看。

框架柱配筋表

柱号	标 高	截面尺寸 BxH	角筋	B边 中部筋	H边 中部筋	箍 筋	箍筋 类型
KZ1	基础~3.300	350x350	4Φ18	1Φ18	1Φ18	Φ8@100	1
KZ2	基础~3.300	350x350	4Φ18	1Φ18	1Φ18	Φ8@100/200	1
KZ3	基础~3.900	400x400	4Φ22	1Φ20	1Φ20	Φ10@100	1
KZ4	基础~3.900	400x400	4Φ20	1Φ18	1Φ18	Φ10@100/200	1
KZ5	基础~3.900	400x600	4Φ22	1Φ22	1Φ22	Φ8@100	1

柱号	标 高	截面尺寸 BxH	角筋	B边 中部筋	H边 中部筋	箍 筋	箍筋 类型
KZ1	3.900~10.500	400x400	4Φ20	1Φ20	1Φ20	Φ8@100	1
KZ2	3.900~10.500	400x400	4Φ22	1Φ18	1Φ18	Φ8@100/200	1
KZ3	3.900~10.500	400x600	4Φ20	1Φ20	1Φ20	Φ8@100	1

柱号	标 高	截面尺寸 BxH	角筋	B边 中部筋	H边 中部筋	箍 筋	箍筋 类型
KZ1	10.500~13.200	400x400	4Φ16	1Φ16	1Φ16	Φ8@100	1

图 15-2　某建筑结构图柱表

（1）看结构设计说明中的有关内容。

（2）检查各柱的平面布置和定位尺寸，根据相应的建筑结构平面图，查对各柱的平面布置与定位尺寸是否正确。特别应注意截面处，上下截面与轴线的关系。

（3）从图中（截面注写方式）及表中(列表注写方式)逐一检查柱的编号、起止标高、截面尺寸、纵向钢筋、箍筋、混凝土强度等级。

（4）柱纵向钢筋的连接位置、连接方法、连接长度、连接范围内的箍筋要求。

（5）柱与填充墙的拉接筋及其他二次结构预留筋或预埋铁件。

按平法设计的配筋图，应与相应的"梁、柱、剪力墙构造通用图及说明"配合使用。

1．柱平法施工图

柱平法施工图有列表注写和截面注写两种方式。柱在不同标准界面多次变化时，可用列表注写方式，否则宜用截面注写方式。

在平法施工图中，应在图纸上注明包括地下和地上各层的结构层楼（地）面标高、结构层标高及相应的结构层号，并在图中用粗线表示出该平法施工图要表达的柱或墙、梁。

（1）列表注写方式

在柱平面布置图上，分别在统一编号的柱中选择一个或几个截面标注几何参数代号（反映截面对轴线的偏心情况），用简明的柱标注写柱号、柱段起止标高、几何尺寸（含截面对轴线的偏心情况）与配筋数值，并配以各种柱截面形状及箍筋类型图，如图 15-3 所示。柱表中自根部（基础顶面标高）往上以变截面位置或配筋改变处为界分段注写，具体注写方法详见《平法规则》。

（2）截面注写方式

在分标准层绘制的柱平面布置图的柱截面上，分别在同一编号的柱子中选择一个截面，直接注写截面尺寸和配筋数值，如图 15-4 所示。

框架柱配筋表

柱号	标　高	截面尺寸 B×H	角筋	B边中部筋	H边中部筋	箍　筋	箍筋类型
KZ1	基础~3.300	350x350	4Φ18	1Φ18	1Φ18	Φ8@100	1
KZ2	基础~3.300	350x350	4Φ18	1Φ18	1Φ18	Φ8@100/200	1
KZ3	基础~3.900	400x400	4Φ22	1Φ20	1Φ20	Φ10@100	1
KZ4	基础~3.900	400x400	4Φ20	1Φ18	1Φ18	Φ10@100/200	1
KZ5	基础~3.900	400x600	4Φ22	1Φ22	1Φ22	Φ8@100	1

图 15-3　列表注写方式

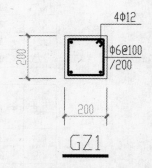

图 15-4　柱截面注写方式

- 在柱定位图中，按一定比例放大绘制柱截面配筋图，在其编号后再注写截面尺寸（按不同形状标注所需数值）、角筋、中部筋及箍筋。
- 柱的箍筋数量及箍筋形式直接画在大样图上，并集中标注在大样旁边。
- 当柱纵筋采用同一直径时，可标注全部钢筋；当纵筋采用两种直径时，需将角筋和各边中部筋的具体数值分开标注；当柱采用对称配筋时，可仅在一侧注写附筋。
- 必要时，可在同一个柱平面图上用小括号"（）"和尖括号"<>"区分和表达各不同标准层的注写数值。
- 如柱的分段截面尺寸和配筋均相同，仅分段截面与轴线的关系不同时，可将其编号为同一柱号，但此时应在未画配筋的柱面上注写该截面与轴线关系具体尺寸。

2. 剪力墙平法施工图

剪力墙平法施工图也有列表注写和截面注写两种方式。剪力墙在不同的标准层截面多次变化时，可用列表注写方式，否则宜用截面注写方式。

剪力墙平面布置图可采取适当比例单独绘制，也可与柱或梁平面图合并绘制，当剪力墙较为复杂或采用截面注写方式时，应按标准层分别绘制。

在剪力墙平法施工图中，也应采用表格或其他方式注明各结构层的楼面标高、结构层标高及相应的结构层号。

 对于轴线未居中的剪力墙（包括端柱），应标注其偏心定位尺寸。

（1）列表注写方式

把剪力墙视为由墙柱、墙身、墙梁三类构件组成，对应于剪力墙平面布置图上的编号，分别在剪力墙柱表、剪力墙身表和剪力墙梁表中注写几何尺寸与配筋数，并配以各种构件的截面图。在各种构件的表格中，应自构件根部（基础顶梁标高）往上以变截面位置或配筋改变处为界分段注写，详见《平法规则》。

（2）截面注写方式

在分标准层绘制的剪力墙平面布置图上，直接在墙柱、墙身、墙梁上注写截面尺寸和配筋数值。

- 选用适当比例原位放大绘制剪力墙平面布置图。对墙身、墙柱、墙梁分别编号。
- 从相同编号的暗柱中选择一个截面，标注截面尺寸、全部纵筋及箍筋的具体数值。
- 从相同编号的墙身中选择一道墙身，按墙身编号、墙厚尺寸、水平分布筋、竖向分布筋和拉筋的顺序注写具体数值。
- 从相同编号的墙梁中选择一道墙身，依次可注墙梁编号、截面尺寸、箍筋、上部纵筋、下部纵筋和墙梁顶面标高高差。墙梁顶面标高高差是指相对于墙梁所在结构层楼面标高的高差值，高于者为正值，低于者未负值，无高差时不标注。
- 必要时，可在一个剪力墙平面布置图上用小括号"（）"和尖括号"< >"区分和表达不同标准层的注写数值。
- 如若干墙柱（或墙身）的截面尺寸与配筋均相同，仅截面与轴线的关系不同时，可将其编号为同一墙柱（或墙身）号。
- 当在连梁中配交叉斜筋时，应绘制交叉斜筋的构造详图，并注明设置交叉斜筋的连梁编号。

15.1.2 配筋图的画法图例

同建筑平面图一样，建筑结构图有其相关的图例代号，主要包括钢筋代号、钢筋示意图、填充物符号和建筑结构制图标准中规定的代号。

（1）在钢筋混凝土结构设计规范中，对国产的建筑用钢按其产品种类等级的不同分为以下几类，如表 15-1 所示。

表 15-1　钢筋等级

图例	钢筋等级
⌀	I 级钢筋（HPB235）
⌀	II 级钢筋（HPB335）
⌀	III 级钢筋（HPB300）
⌀	IV 级钢筋（HPB400）

（2）结构图中，通常采用单根的粗实线表示钢筋的立面，用黑阴点表示钢筋的横断面，如表 15-2 所示为常用钢筋示意图。

表 15-2　钢筋示意图

名称	图例
钢筋横断面	●
无弯钩钢筋端部	
半圆形弯钩钢筋端部	
直钩钢筋端部	

（续表）

名称	图例
带丝扣钢筋连接	
无弯钩钢筋搭接	
带半圆形弯钩钢筋的搭接	
直钩钢筋搭接	
花篮螺丝钢筋接头	
机械连接钢筋接头	
焊接网	

（3）填充物符号。结构施工图中常用填充物符号有砖砌体填充和钢筋混凝土填充两种，如图 15-5 所示。

（a）砖砌体填充

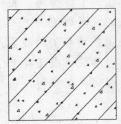
（b）钢筋混凝土填充

图 15-5　图案填充

（4）建筑制图结构标准（GB/T50105-2001）规定的代号。房屋结构的基本构件种类众多，布置复杂，为了图示明了，所以给每类构件一个代号，以便于制表、查阅、施工。国家《建筑结构制图标准（GB/T50105-2001）》中规定代号见表 15-3 所示。

表 15-3　建筑结构制图标准（GB/T50105-2001）规定代号（部分）

名　称	代　号	名　称	代　号
板	B	天窗架	CJ
屋面板	WB	托架	TJ
空心板	KB	框架	KJ
密肋板	MB	钢架	GJ
楼梯板	TB	柱	Z
盖板或盖沟板	GB	框架柱	KZ
挡雨板或檐口板	YB	构造柱	GZ
墙板	QB	承台	CT
天沟板	TGB	设备基础	SJ
梁	L	屋架	WJ
屋面框架梁	WKL	桩	ZH
吊车梁	DL	挡土墙	DQ
圈梁	QL	地沟	DG
过梁	GL	梯	T

（续表）

名　称	代　号	名　称	代　号
连系梁	LL	雨篷	YP
基础梁	JL	阳台	YT
楼梯梁	TL	预埋件	M--
框架梁	KL	基础	J
框支梁	KZL	暗柱	AZ

15.1.3　配筋图的标注方法

梁平法是施工图同样有截面注写和平面注写两种方式。当梁为异性截面时，可用截面注写的方式，否则宜用平面注写的方式。

梁平面布置图应分标准层以适当比例绘制，其中包括全部梁和与其相关的柱、墙、板。对于轴线未居中的梁，应标注其定位尺寸（贴柱边的梁除外）。当局部梁的布置过密时，可将过密区用虚线框出，适当放大比例后再表示，或将纵横梁分开画在两张图上。

1. 截面注写方式

在分标准层绘制的梁平面布置图上，从不同编号的梁中各选择一根梁用剖面号引出配筋图并在其上注写截面尺寸和配筋数值。截面注写方式既可单独使用，也可与平面注写方式结合使用，如图 15-6 所示。

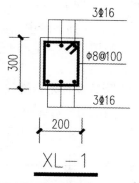

图 15-6　梁截面注写方式

2. 平面注写方式

在梁平面布置图上，对不同编号的梁各选一根并在其上注写截面尺寸和配筋数值，如图 15-7 所示。

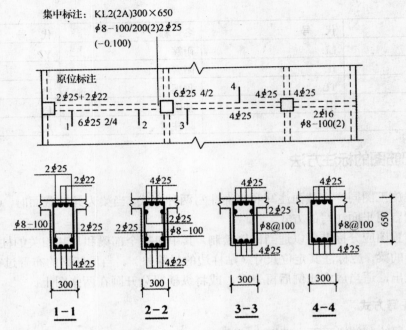

图 15-7　梁平面注写方式

平面注写包括集中标注和原位标注。集中标注的梁编号及截面尺寸、配筋等代表纵多跨，原位标注的要素仅代表本跨。具体表示方式如下：

（1）梁编号及多跨通用的截面尺寸、箍筋、跨中面筋基本值采用集中标注，可从该梁任意一跨引出注写；梁底筋和支座面筋均采用原位标注。对于集中标注不同某跨梁截面尺寸、箍筋、跨中面筋、腰筋等，可将其值原位标注。

（2）梁编号由梁类型代号、序号、跨数及有无悬挑代号几项组成，应符合表 15-4 的规定。

表 15-4　梁编号表示

梁类型	代号	序号	跨数及是否带有悬挑
楼层框架梁	KL	XX	(XX)或(XXA)或(XXB)
屋面框架梁	WKL	XX	(XX)或(XXA)或(XXB)
框支梁	KZL	XX	(XX)或(XXA)或(XXB)
非框支梁	LXX	XX	
悬挑梁	XL	XX	
注：（XXA）为一端悬挑，（XXB）为两端悬挑，悬挑不计入跨数			

例如，KL7（5A），表示第七号框架梁，5 跨，一端悬挑。

（3）梁截面尺寸为必注值。当为等截面梁时，用 $b \times h$ 表示；当为加腋梁时，用 $b \times h \, yc_1 \times c_2$ 表示，其中 c_1 为腋长，c_2 为腋高，如图 15-8(a)所示。当有悬挑梁且根部和端部的高度不同时，用斜线"/"分隔根部和端部的高度值，即 $b \times h_1/h_2$，如图 15-8 (b)所示。

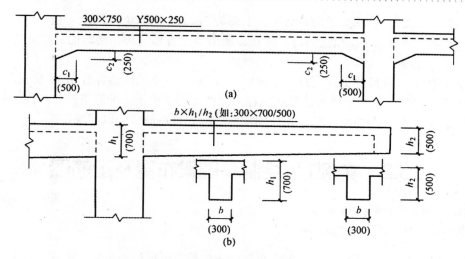

图 15-8　梁截面尺寸注写方式

例：$300 \times 700Y500 \times 250$，表示加腋梁跨中截面 300×700，腋长为 500，腋高为 250；$200 \times 500/300$，表示悬挑梁的宽度为 200，根部高度为 500，端部高度为 300。

（4）箍筋加密区和非加密区的间距用斜线"/"分开，当梁箍筋为同一间距时，则不需要用斜线；箍筋支数用括号内的数值表示。

例：$\phi 8@100/200（4）$，表示箍筋加密区间距为 100，非加密区间距为 200，均为四肢箍。

（5）梁上部或下部纵向钢筋多余一排时，各排筋按从上往下的顺序用斜线"/"分开；同一排纵筋有两种直径时，则用加号"+"将两种直径的纵筋相连，注写时，角部纵筋在前面；当梁中间支座两边的上部纵筋相同时，可仅在支座的一边标注配筋值，另一边省去不注，如图 15-9 所示。

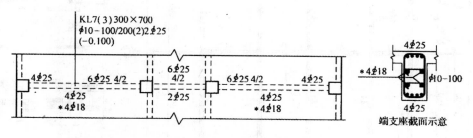

图 15-9　大小跨梁的注写方式

例：$6\phi 25\ 4/2$，表示上一排纵筋为 $4\phi 25$，下一排纵筋为 $2\phi 25$；$2\phi 25+2\phi 22$，表示四根纵筋，$2\phi 25$ 放在角部，$2\phi 22$ 放在中部。

（6）梁中间支座两边的上部纵筋不同时，需在支座两边分别标注；支座两边的上部纵筋相同时，可仅在支座一边标注。

（7）梁跨中面筋（贯通筋、架立筋）的根数，应根据结构受力要求及箍筋肢数等构造要求而定，注写时，架立筋需写在括号内，以示与贯通筋的区别。

例：$3\phi 22（3\phi 20）$，表示上部为 $3\phi 22$ 的贯通筋，下部为 $3\phi 20$ 的架立筋。

（8）当梁的上、下部纵筋均采用贯通筋，可用";"号使上部与下部的配筋分隔开来标注。

例：3ϕ22；3ϕ20，表示梁采用贯通筋，上部为3ϕ22，下部为3ϕ20。.

（9）梁某跨侧面布有抗扭腰筋时，需在该跨适当位置标注抗扭腰筋的总配筋值，并在前面加"*"号。

例：在梁的下部纵筋处另注写有"*6ϕ18"时，则表示该梁两侧各有3ϕ18抗扭腰筋。

（10）附加箍筋（密箍）或吊筋直接画在平面图中的主梁上，配筋值原位标注；多数梁的顶面标高相同时，可在图面统一标注，个别特殊的标高可在原位加以标注。

15.2　实例1：绘制基础梁布置及配筋图

视频\15\基础梁布置及配筋图.avi

案例\15\基础梁布置及配筋图.dwg

在绘制基础梁布置及配筋图时，首先设置绘图环境，包括规划图层、尺寸、文字标注等样式。首先绘制轴线网，接着绘制独立基础构件，然后将其独立构件复制到相应的轴线网上；然后绘制基础梁的配筋图；最后进行尺寸、轴线编号、标高、文字、及图名的标注，最终的效果如图15-10所示。

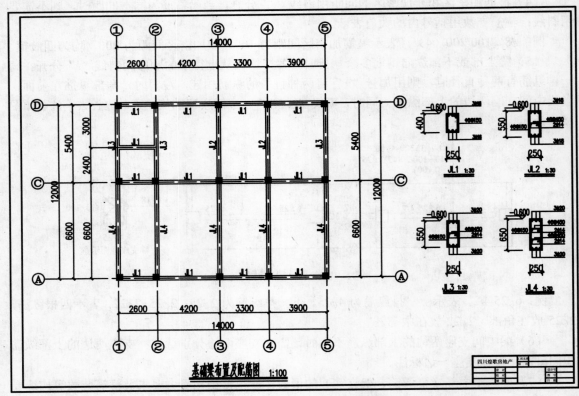

图15-10　基础梁布置及配筋图的效果

310

15.2.1　设置绘图环境

从图 15-10 所示的基础梁布置及配筋图所知,在绘制图形之前,需设置相应的绘图环境。这里借用第 14 章节的"结构施工图.dwt"样板文件,增加部分图层。

1. 新建绘图环境

步骤01 使用"文件│打开"菜单命令,打开"案例\14\结构施工图.dwt"样板文件。

步骤02 使用"文件│保存"菜单命令,将其保存为"案例\15\基础梁布置及配筋图.dwg"文件。

步骤03 选择"格式│图形界限"菜单命令,依照提示,设定图形界限的左下角为(0,0),右上角为(42000,29700)。

步骤04 在命令行输入 Z→空格→A,使输入的图形界限区域全部显示在图形窗口内。

2. 规划图层

步骤01 选择"格式│图层"菜单命令,将打开"图层特性管理器"面板,新增"墙体虚线"图层,设置图层的名称、线宽、线型和颜色等,如图 15-11 所示。

步骤02 选择"格式│线型"菜单命令,打开"线型管理器"对话框,单击"显示细节"按钮,打开"详细信息"选项组,输入"全局比例因子"为 100,然后单击"确定"按钮,如图 15-12 所示。

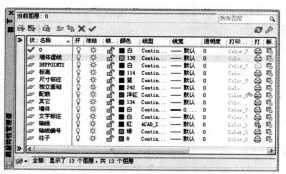

图 15-11　规划图层

图 15-12　设置线型比例

步骤03 选择"文件│另存为"菜单命令,打开"图形另存为"对话框,选择文件类型为"AutoCAD 图形样板(*.dwt)",保存到"案例\15"文件夹下,并在"文件名"文本框中输入"结构配筋图",然后单击"保存"按钮,如图 15-13 所示。

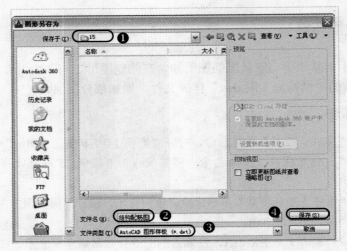

图 15-13　保存为样板文件

15.2.2　绘制轴网线

步骤 01　单击"图层"工具栏的"图层控制"下拉列表框，将"轴线"图层置为当前图层。

步骤 02　按"F8"键切换到"正交"模式。执行"直线"命令（L），在图形窗口的适应位置，绘制相互垂直的两条辅助轴线，水平轴线长 18000mm，垂直轴线长 16000mm，如图 15-14 所示。

步骤 03　执行"偏移"命令（O），将水平轴线依次向上偏移 6600mm、2400mm 和 3000mm，将垂直轴线向右各偏移 2600mm、4200mm、3300mm 和 3900mm；再使用"修剪"命令（TR），修剪掉多余的线段，结果如图 15-15 所示。

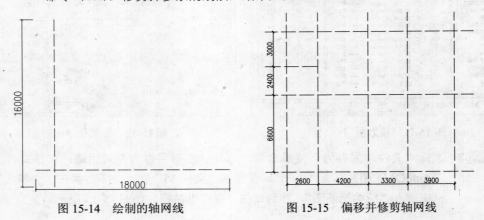

图 15-14　绘制的轴网线　　　　　　　图 15-15　偏移并修剪轴网线

15.2.3　绘制基础梁布置图

步骤 01　单击"图层"工具栏的"图层控制"下拉列表框，将"墙体"图层置为当前图层。

步骤 02　执行"格式｜多线样式"菜单命令，打开"多线样式"对话框，如图 15-16 所示。进行多线 Q250mm 的设置。

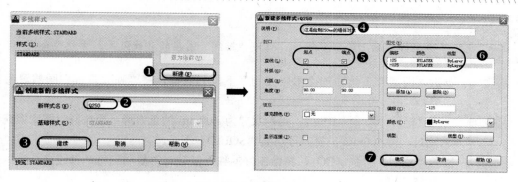

图 15-16　设置多线样式

步骤 03　使用"多线"命令（ML），选择"无"对正方式，绘制多线，结果如图 15-17 所示。

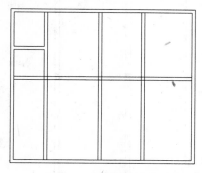

图 15-17　绘制的墙体

 此处是在轴线基础上绘制了多线后，隐藏了"轴线"图层的多线效果，方便观察图形。

步骤 04　执行"修改│对象│多线"菜单命令，或双击需要编辑的多线，打开"多线编辑工具"对话框，如图 15-18 所示。单击"T 形打并"按钮╤对其指定的交点进行合并操作，再单击"角点结合"按钮└对其指定的拐角点进行角点结合操作，如图 15-19 所示。

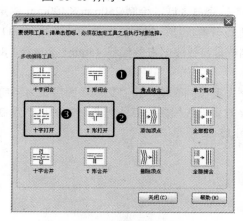

图 15-18　"多线编辑工具"对话框

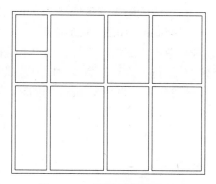

图 15-19　编辑后的多线效果

此处是在轴线基础上绘制多线后，隐藏"轴线"图层的多线效果，方便观察图形。

步骤05 单击"图层"工具栏的"图层控制"下拉列表框，将"独立基础"图层置为当前图层。

步骤06 执行"矩形"命令（REC），绘制尺寸为 400mm 的正方形；再执行"图案填充"命令（H），将 400mm 的正方形填充"SOLID"图案。

步骤07 执行"复制"命令（CO），将绘制好的独立基础对象复制到每个轴线交点上，效果如图 15-20 所示。

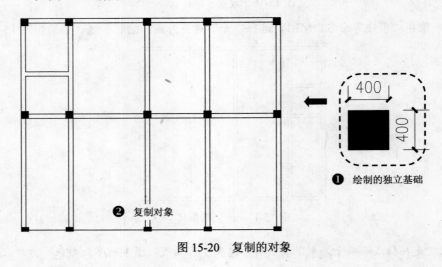

图 15-20 复制的对象

15.2.4 绘制基础梁详图

步骤01 单击"图层"工具栏的"图层控制"下拉列表框，将"独立基础"图层置为当前图层。

步骤02 执行"矩形"命令（REC），在视图的空白区域，绘制 250mm×400mm 的矩形；再执行"分解"命令（X），将矩形进行分解操作；然后执行"偏移"命令（O），将水平线段向中间各偏移 25mm，左侧的垂直线段向右各偏移 45mm、80mm、80mm 和 45mm，如图 15-21 所示。

步骤03 单击"图层"工具栏的"图层控制"下拉列表框，将"配筋"图层置为当前图层。

步骤04 执行"圆环"命令（DO），以水平与垂直线段的交点作为圆环的中点，绘制外径为 25mm、内径为 0mm 的圆环，如图 15-22 所示。

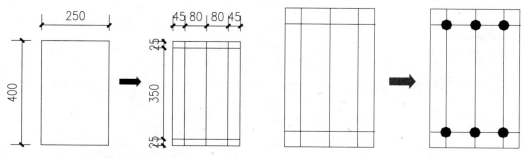

图 15-21   绘制矩形及垂直线段   图 15-22   绘制圆环

步骤 05   执行"矩形"命令（REC），绘制 205mm×355mm 的矩形，且绘制的矩形垂直中点
对齐；再执行"圆角"命令（F），对右上角处进行半径为 23mm 的圆角操作；再按
Ctrl+1 组合键，在"特性"面板中，将线宽设置为 15mm，如图 15-23 所示。

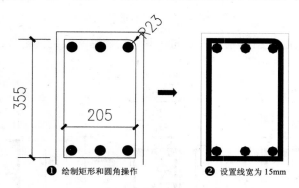

❶ 绘制矩形和圆角操作   ❷ 设置线宽为 15mm

图 15-23   绘制的图形对象

步骤 06   执行"多段线"命令（PL），绘制如图 15-24 所示宽度为 15mm 的"多段线"对象；
再执行"移动"（M）和"合并"（J）命令，将弯钩配筋对象移动到右上角圆角处，
并且与其他的圆角配筋合并为一个整体。

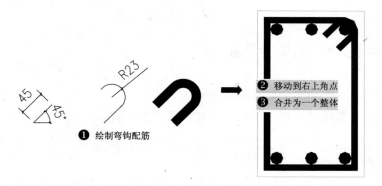

❶ 绘制弯钩配筋   ❷ 移动到右上角点
❸ 合并为一个整体

图 15-24   绘制的弯钩对象

一般光圆钢筋的端部为弯钩，如下图 15-25 所示：

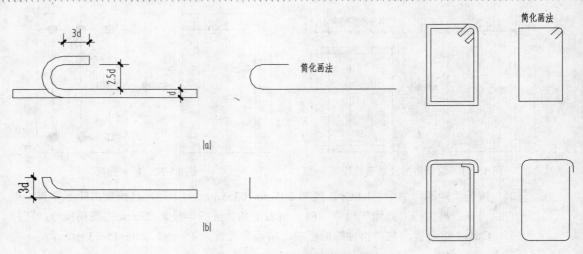

图 15-25　不同形状的弯钩对象

> 步骤 **07**　按照上面配筋图的绘制方法与步骤，绘制基础梁的其他 2～4 配筋图，如图 15-26 所示。

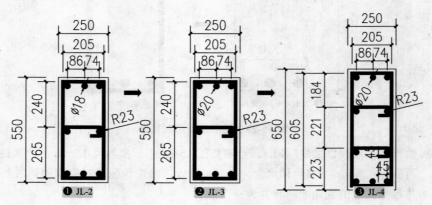

图 15-26　绘制其他的配筋图

15.2.5　添加尺寸标注和文字说明

1. 梁布置图

在绘制基础梁布置图后，接下来进行尺寸、图内文字的标注。

> 步骤 **01**　单击"图层"工具栏的"图层控制"下拉列表框，将"尺寸标注"图层置为当前图层。

> 步骤 **02**　在"标注"工具栏中单击"线性"按钮⊢和"连续"按钮⊢⊢，对基础梁布置图进行尺寸标注，如图 15-27 所示。

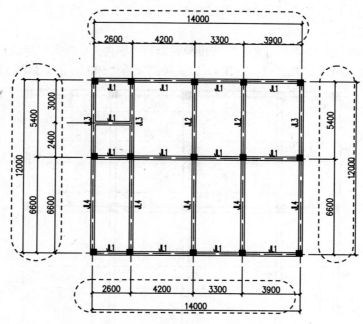

图 15-27　进行尺寸标注

步骤 03　单击"图层"工具栏的"图层控制"下拉列表框，将"轴线编号"图层置为当前图层。

步骤 04　执行"插入块"命令（I），将绘制的图块文件"案例\15\轴线编号.dwg"插入到视图相应的位置，并修改轴线编号属性值，结果如图 15-28 所示。

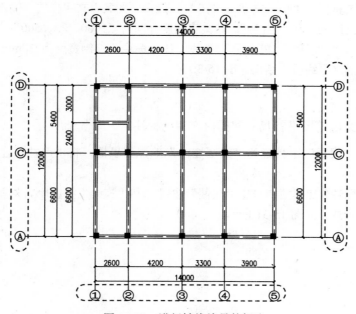

图 15-28　进行轴线编号的标注

步骤 05 单击"图层"工具栏的"图层控制"下拉列表框，将"文字标注"图层置为当前图层。

步骤 06 单击工具栏中"单行文字"按钮 **A**，选择"图内文字"文字样式，在相应的位置分别输入 JL1 、JL2、JL3、JL4，其文字高度为"500"，结果如图 15-29 所示。

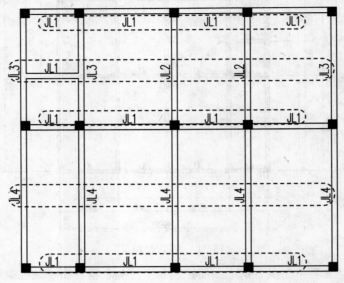

图 15-29　进行图内文字的标注

 此处隐藏了"轴线"、"尺寸标注"和"轴线编号"图层，以方便观察输入文字的效果。

步骤 07 单击工具栏中"单行文字"按钮 **A**，选择"图名"文字样式，输入图名"基础梁布置及配筋图"和"1:100"，其文字高度分别为"1000"和"500"；

步骤 08 再执行"多段线"（PL）和"直线"（L）命令，绘制宽度为 30mm 的水平多段线和等长的水平线段，结果如图 15-30 所示。

2. 梁详图

接下来对基础梁配筋图进行尺寸和图内文字的标注。

步骤 01 单击"图层"工具栏的"图层控制"下拉列表框，将"尺寸标注"图层置为当前图层。

步骤 02 在"标注"工具栏中单击"线性"按钮 **⊢** 和"连续"按钮 **⊞**，对基础梁布置图进行尺寸标注，如图 15-31 所示。

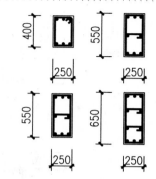

基础梁布置及配筋图 1:100

图 15-30　进行图名的标注　　　　　图 15-31　进行的尺寸标注

步骤 03 单击"图层"工具栏的"图层控制"下拉列表框，将"文字标注"图层置为当前图层。

步骤 04 单击工具栏中"单行文字"按钮 A，选择"配筋文字"文字样式，在相应的位置分别输入相应的文字对象，其高度为"300"，结果如图 15-32 所示。

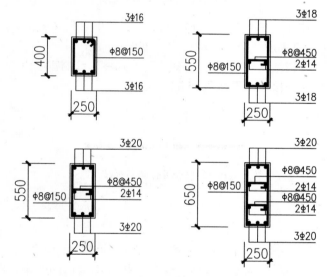

图 15-32　进行图内文字的标注

步骤 05 单击"图层"工具栏的"图层控制"下拉列表框，将"标高"图层置为当前图层。

步骤 06 执行"插入块"命令（I），将绘制的图块文件"案例\15\标高.dwg"插入到视图相应的位置，并修改标高值，结果如图 15-33 所示。

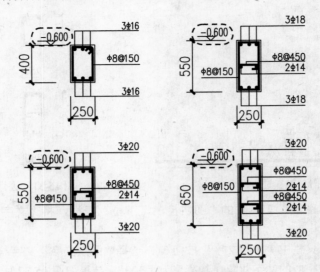

图 15-33　进行标高的标注

步骤 07　单击工具栏中"单行文字"按钮 A，选择"图名"文字样式，输入图名"JL4"和"1:30"，其高度分别为"500"和"300"；

步骤 08　再执行"多段线"（PL）和"直线"（L）命令，绘制宽度为 30mm 的水平多段线和等长的水平线段，结果如图 15-34 所示。

图 15-34　进行图名标注

15.2.6　添加图框

用户可以根据图幅的需要加上图框，一般 A3 图幅为 420mm×297mm，按照 1:100 的比例，此例调用了"案例\15\图框标题栏.dwg"文件，插入图框后的效果如图 14-10 所示。

至此，基础梁布置及配筋图绘制完毕，用户可按 Ctrl+ S 组合键对其进行保存。

15.3　实例2：绘制二层梁配筋图

视频\15\二层梁配筋图.avi
案例\15\二层梁配筋图.dwg

借用第 14 章节的二～四层结构平面布置图，复制一份，再对图形进行整理，然后进行钢筋平法文字的标注，即可完成二层梁配筋图的绘制，其最终效果如图 15-35 所示。

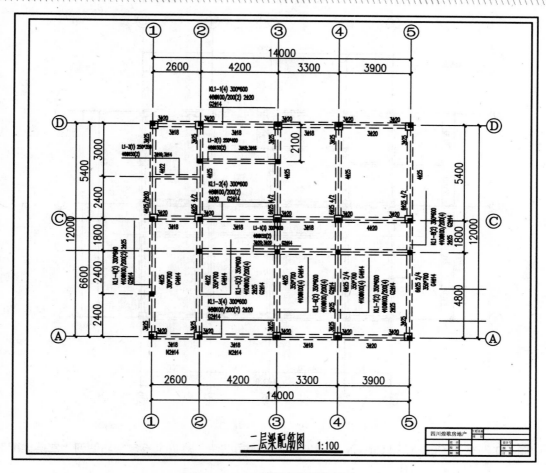

图 15-35 二层梁配筋图的效果

15.3.1 调用样板

步骤 01 启动 AutoCAD 2012 软件，选择"文件 | 打开"菜单命令，将"案例\15\结构配筋图.dwt"样板文件打开。

步骤 02 然后执行"文件 | 保存"菜单命令，将文件保存为"二层梁配筋图.dwg"文件。

15.3.2 整理图形

步骤 01 执行"文件 | 打开"菜单命令，将"案例\14\二～四层结构平面布置图.dwg"图形文件打开。

步骤 02 框选所有的图形对象向右复制一份；再单击"图层特性管理器"面板，关闭"配筋"和"文字标注"图层；使用"删除"（E）等命令，删除多余的对象；并转换部分线型，结果如图 15-36 所示。

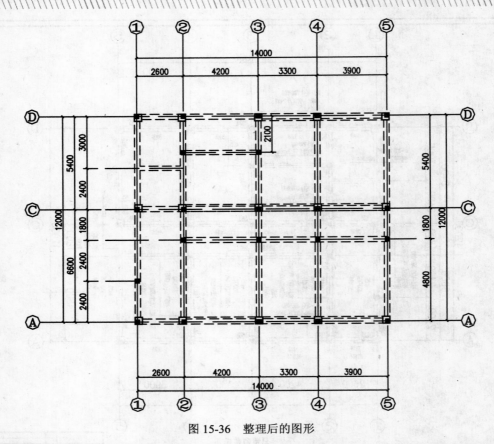

图 15-36　整理后的图形

步骤 03 使用 Ctrl+ C 和 Ctrl+ V 组合键，将整理后的图形对象全部复制粘贴到"二层梁配筋图.dwg"文件中。

15.3.3　添加尺寸标注和文字说明

由于二层梁配筋图与二～四层结构平面布置图大部分相同,所以不用再绘制二层梁配筋图形,接下来进行配筋文字、图名的标注即可。

步骤 01 使用"图层"命令（LA），新建"平法名称"图层，并置为当前图层，如图 15-37 所示。

✔ 平法名称　　⏻　☼　🔓　■ 蓝　Contin...　—— 默认

图 15-37　新建"平法名称"图层

步骤 02 单击工具栏中"单行文字"按钮 A，选择"配筋文字"文字样式，在相应的位置分别输入内容，其文字高度为"300"，并进行旋转 90°，结果如图 15-38 所示。

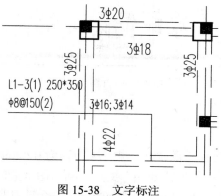

图 15-38 文字标注

步骤 03 再使用同样的方法，对其他的梁进行文字标注，如图 15-39 所示。

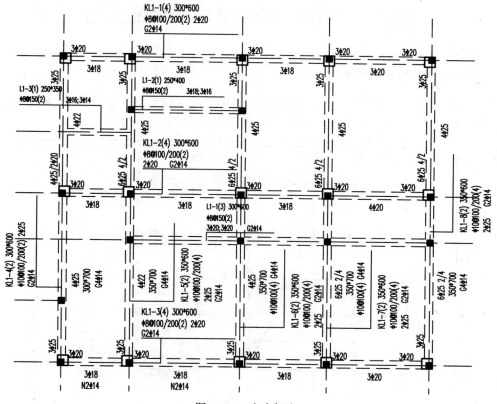

图 15-39 文字标注

 此处隐藏了"轴线"、"尺寸标注"和"轴线编号"图层，以方便观察输入文字的效果。

步骤 04 单击工具栏中"单行文字"按钮 A，选择"图名"文字样式，输入图名"二层梁配筋图"和"1:100"，其高度分别为"1000"和"500"。

步骤 05 再执行"多段线"（PL）和"直线"（L）命令，绘制宽度为 30mm 的水平多段线和等长的水平线段，结果如图 15-40 所示。

二层梁配筋图 1:100

图 15-40 进行图名的标注

15.3.4 添加图框

用户可以根据图幅的需要加上图框，一般 A3 图幅为 420mm×297mm，按照 1:100 的比例，此例调用了"案例\15\图框标题栏.dwg"文件，插入图框后的效果如图 14-35 所示。

至此，二层梁配筋图绘制完毕，用户可按 Ctrl+ S 组合键对其进行保存。

15.4 实例3：绘制坡屋面板配筋图

视频\15\坡屋面板配筋图的绘制.avi
案例\15\坡屋面板配筋图.dwg

调用二层梁配筋图的绘图环境，并通过多段线的方式绘制钢筋轮廓线，最后对其进行配筋文字标注、图内文字说明、图名标注即可，最终效果如图 15-41 所示。

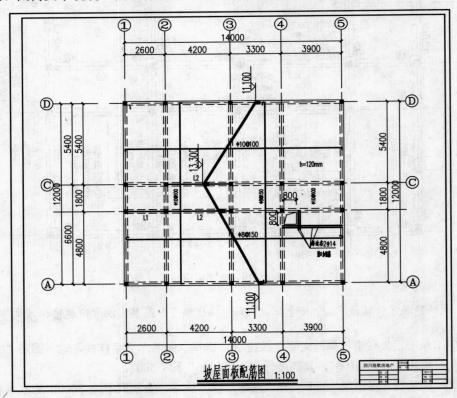

图 15-41 坡屋面板配筋图的效果

15.4.1　调用绘图环境

步骤 01　启动 AutoCAD 2012 软件，选择"文件｜打开"菜单命令，将"案例\15\二层梁配筋图.dwg"文件打开。

步骤 02　然后执行"文件｜另存为"菜单命令，将文件另存为"坡屋面板配筋图.dwg"文件。

15.4.2　整理图形

步骤 01　在"图层特性管理器"面板中关闭"平法名称"、"独立基础"等图层，结果如图 15-42 所示。

步骤 02　使用"删除"（E）等命令，删除多余的对象；将图形外侧的"墙体虚线"转换为"墙体"图层；将中间的墙体虚线进行拉伸操作，如图 15-43 所示。

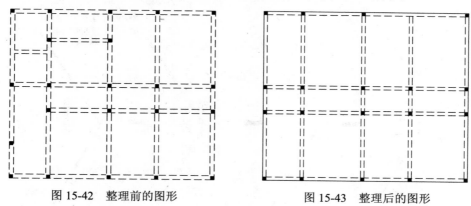

图 15-42　整理前的图形　　　　图 15-43　整理后的图形

　此处隐藏了"轴线"、"尺寸标注"、"文字标注"和"轴线编号"图层，观察前后的效果。

15.4.3　绘制坡屋面板配筋图

步骤 01　单击"图层"工具栏的"图层控制"下拉列表框，将"配筋"图层置为当前图层。

步骤 02　执行"多段线"（PL）和"填充"（H）命令，绘制与填充如图 15-44 所示的图形。

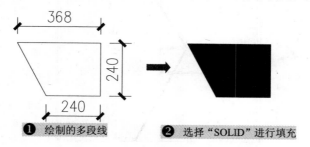

❶ 绘制的多段线　　❷ 选择"SOLID"进行填充

图 15-44　绘制与填充图形

步骤 03 执行"多段线"（PL）命令，在图形的中间位置，分别绘制宽度为 50mm 的长度为 4200mm、6800mm 的水平多段线；再使用"移动"命令（M），将上一步绘制的对象移动到相应的位置，如图 15-45 所示。

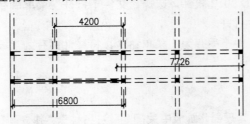

图 15-45　绘制及移动对象

步骤 04 执行"多段线"（PL）、"偏移"（O）、"直线"（L）、"矩形"（REC）、"合并"（J）、"填充"（H）等命令，绘制如图 15-46 所示的多段线对象。

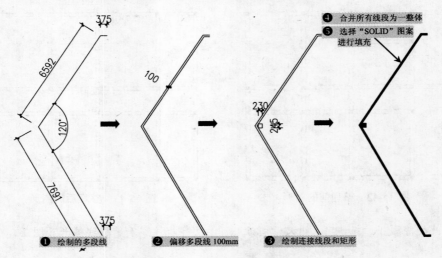

❶ 绘制的多段线　　❷ 偏移多段线 100mm　　❸ 绘制连接线段和矩形

❹ 合并所有线段为一整体
❺ 选择"SOLID"图案进行填充

图 15-46　绘制的多段线对象

步骤 05 执行"移动"（M）命令，将上一步绘制的多段线对象移动到相应的位置，如图 15-47 所示。

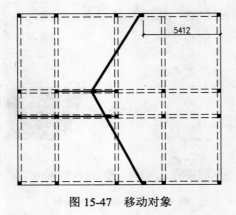

图 15-47　移动对象

步骤 06　单击"图层"工具栏的"图层控制"下拉列表框，将"其他"图层置为当前图层。

步骤 07　执行"多段线"命令（PL），绘制如图 15-48 所示的图形。

步骤 08　执行"移动"命令（M），将上一步绘制的多段线对象移动到相应的位置

步骤 09　单击"图层"工具栏的"图层控制"下拉列表框，将"配筋"图层置为当前图层。

步骤 10　执行"直线"命令（L），在图形右下角相应的位置绘制宽度为 50mm，长度为 3900mm 的水平多段线和高为 1310mm 的垂直线段，如图 15-49 所示。

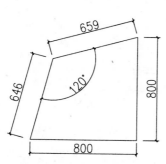

图 15-48　绘制的图形

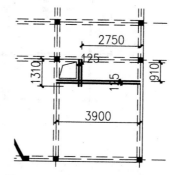

图 15-49　移动对象及绘制线段

步骤 11　执行"多段线"命令（PL），绘制多段线对象；再进行拉伸、旋转、复制等命令，复制到图形的相应位置，结果如图 15-50 所示。

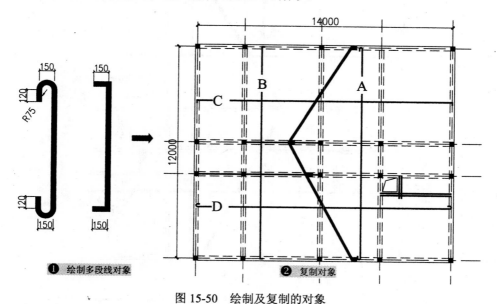

❶ 绘制多段线对象　　　　❷ 复制对象

图 15-50　绘制及复制的对象

15.4.4　添加尺寸标注和文字说明

前面对坡屋面板进行了绘制，接下来进行尺寸、标高、文字、图名标注。

步骤 01　单击"图层"工具栏的"图层控制"下拉列表框，将"文字标注"图层置为当前图层。

步骤 02 单击工具栏中"单行文字"按钮 A，选择"配筋文字"文字样式，在相应的位置分别输入内容，设置其文字高度为"400"，并进行旋转 90°，结果如图 15-51 所示。

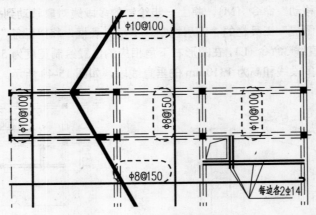

图 15-51 进行配筋文字的标注

步骤 03 单击工具栏中"单行文字"按钮 A，选择"图内文字"文字样式，在相应的位置分别输入内容，设置其文字高度为"400"，结果如图 15-52 所示。

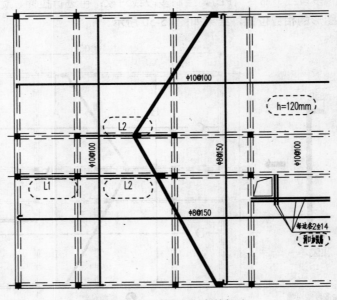

图 15-52 进行图内文字的标注

步骤 04 单击"图层"工具栏的"图层控制"下拉列表框，将"标高"图层置为当前图层。

步骤 05 执行"插入块"命令（I），将绘制的图块文件"案例\15\标高.dwg"插入到视图相应的位置，并修改标高值和进行相应的旋转与镜像操作，如图 15-53 所示。

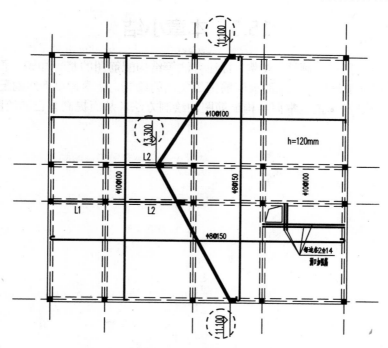

图 15-53 进行标高标注

 此处隐藏了"尺寸标注"和"轴线编号"图层，以方便观察输入文字的效果。

步骤 **06** 单击"图层"工具栏的"图层控制"下拉列表框，将"文字标注"图层置为当前图层。并将"尺寸标注"和"轴线编号"图层打开。

步骤 **07** 单击工具栏中"单行文字"按钮 **A**，选择"图名"文字样式，输入图名"坡屋面板配筋图"和"1:100"，其高度分别为"1000"和"500"。

步骤 **08** 再执行"多段线"（PL）和"直线"（L）命令，绘制宽度为 30mm 的水平多段线和等长的水平线段，结果如图 15-54 所示。

坡屋面板配筋图 1:100

图 15-54 进行图名的标注

15.4.5 添加图框

用户可以根据图幅的需要加上图框，一般 A3 图幅为 420mm×297mm，按照 1:100 的比例，此例调用了"案例\15\图框标题栏.dwg"文件，插入图框后的效果如图 14-41 所示。

至此，坡屋面板配筋图绘制完毕，用户可按 Ctrl+ S 组合键对其进行保存。

15.5 本章小结

学习混凝土梁配筋图的画法、图例、标注方法等结构配筋图的基础知识，通过其基础梁布置及配筋图、二层梁配筋图、坡屋面板配筋图等实例的绘制，使读者熟悉结构配筋图的绘制思路和步骤，举一反三，真正地掌握结构配筋图的绘制方法，从而提高自己的绘图水平。

第16章　办公楼施工图的绘制

在本书的第 9~13 章中，就已经针对建筑设计中的建筑总平面图、建筑平面图、建筑立面图、建筑剖面图、建筑详图进行了详细的讲解，使用户基本掌握了建筑的一些基本知识、识图方法、绘制方法等。在本章中，通过一套完整的办公楼施工图的绘制，使用户掌握全套施工的相关配套绘制方法。

主要内容

- 掌握图纸封面、目录、说明及门窗表的绘制
- 熟练掌握办公楼一、二层平面图的绘制方法
- 熟练办公楼三层及屋面平面图的绘制
- 熟练掌握办公楼各个立面图的绘制及演练
- 熟练掌握办公楼各个剖面图及详图的绘制

16.1　实例1：图纸封面及目录的绘制

视频\15\施工图封面及目录.avi
案例\15\施工图封面及目录.dwg

首先使用矩形命令，按照 A3 图纸的大小来绘制矩形对象；再根据图形的比例扩大 100 倍，从而设计好图框大小；然后使用文字命令，在图框的左侧输入单位、工程及设计人员的信息内容，并设置不同的字体及字高；最后在右侧插入一图纸目录表格，输入相应的表格内容。其绘制好的图纸封面及目录效果如图 16-1 所示。

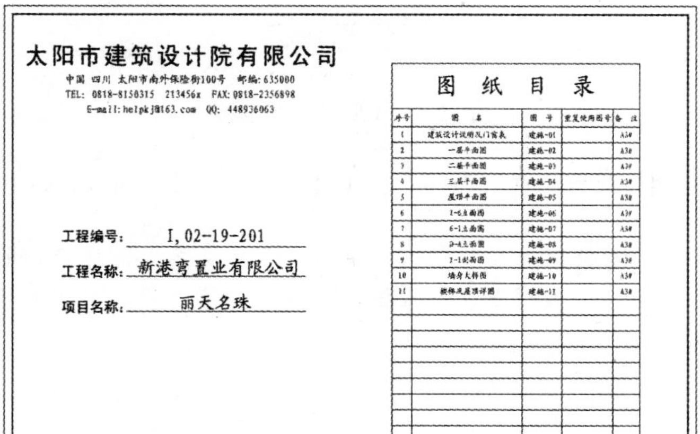

图 16-1　封面及目录

步骤 01 正常启动 AutoCAD 2012 软件，选择"文件/打开"菜单命令，将事先准备好的文件打开，即"案例\16\建筑样板.dwt"文件。

步骤 02 执行"文件/另存为"菜单命令，将现在的文件另存为"案例\16\办公楼建筑施工图.dwg"文件。

步骤 03 执行"格式/图层"菜单命令，新建"图幅"图层，如图 16-2 所示。

| ✔ 图幅 | ♀ ☼ 🔓 ■白 Continuous —— 默认 |

图 16-2 新建"图幅"图层

步骤 04 执行"矩形"命令（REC），绘制 42000mm×29700mm 的矩形对象；执行"偏移"命令（O），将绘制的矩形对象向内偏移 500；执行"直线"命令（L），过上、下侧中点来绘制垂直中线段，如图 16-3 所示。

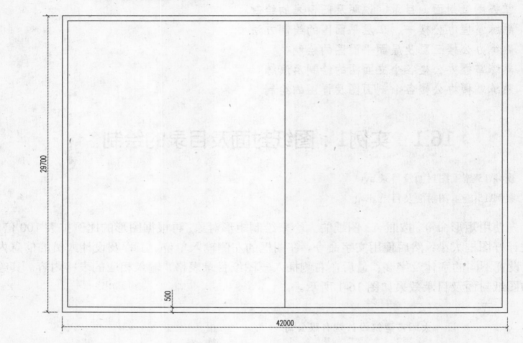

图 16-3 绘制矩形并偏移

 用户选择内侧的矩形对象，再按 Ctrl+1 键打开"特性"面板，设置其全局宽度为 35。

步骤 05 将"文字"图层置为当前图层，单击"多行文字"按钮 **A**，在图框的左上侧框选一个区域，然后根据要求输入单位信息的文字内容，并设置不同文字的大小，如图 16-4 所示。

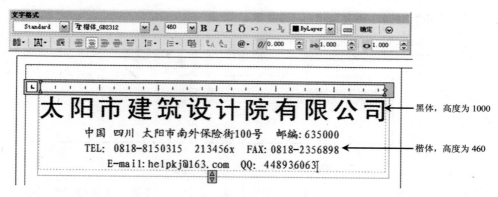

图 16-4 输入的文字

步骤 06 同样，在下侧的相应位置框选一区域，并输入工程的相关信息内容，其文字的高度为 800；再执行"直线"命令（L），在相应的位置绘制水平线段，如图 16-5 所示。

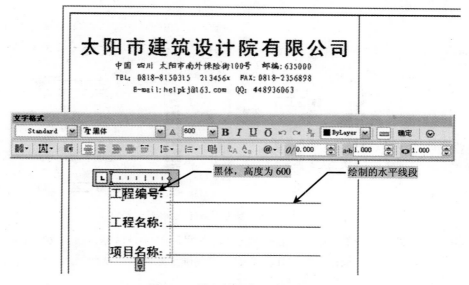

图 16-5 输入的文字及绘制直线

步骤 07 单击"单行文字"按钮 **AI**，在水平横线上输入相应的工程信息内容，其文字字体为楷体，字高为 800，如图 16-6 所示。

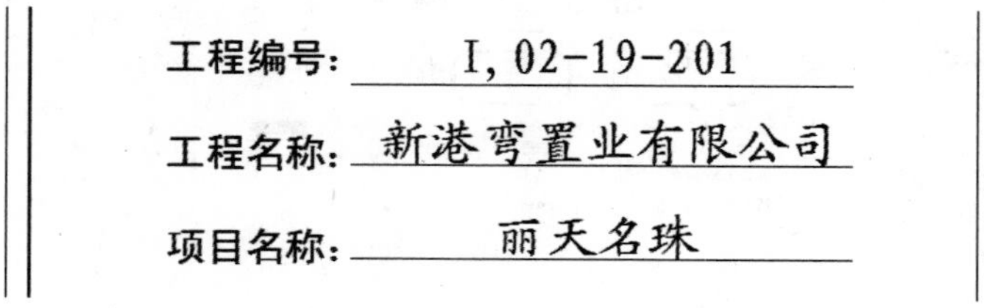

工程编号： I, 02-19-201

工程名称： 新港弯置业有限公司

项目名称： 丽天名珠

图 16-6 输入的单行文字

步骤 08 单击"多行文字"按钮 **A**，再在图形的下侧输入相关设计人员的信息内容，其文字字体为楷体，高度为 450，如图 16-7 所示。

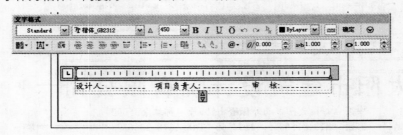

图 16-7 输入的设计人员信息

步骤 09 单击"表格"按钮 ，弹出"插入表格"对话框，单击"表格样式"按钮 ，弹出"表格样式"对话框，单击"修改"按钮，弹出"修改表格样式"对话框，在"单元样式"下拉列表框中选择"标题"选项，在下侧的文字高度为 1000；同样，再设置表头和数据项的文字高度为 350，然后依次单击"确定"和"关闭"按钮返回，图 16-8 所示。

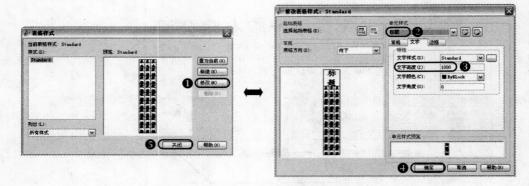

图 16-8 设置表格样式

步骤 10 在"列和行设置"区中设置列数为 5，列宽为 3000，数据行数为 20，行高为 2，再单击"确定"按钮，然后在图形的右上侧确定插入点，从而插入一个表格，图 16-9 所示。

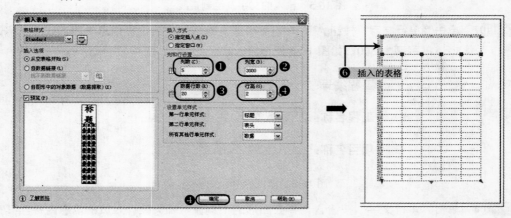

图 16-9 插入的表格

选择所创建的表格，使用鼠标拖动相应的夹点，来改变表格列的宽度；再双击表头的单元格，分别输入相应的文字内容，图 16-10 所示。

图 16-10　调整表格

 双击数据项的单元格，分别在单元格中输入内容；然后将中间的垂直线段删除，从而完成该任务的操作，图 16-1 所示。

步骤⑬　至此，该施工图纸的封面及目录已经绘制完成，按 Ctrl+S 组合键对其文件进行保存。

> **技巧提示** 用户可以执行"写块（W）"命令，将所绘制的封面及目录保存为"案例\16\施工图封面及目录.dwg"。

16.2　实例2：制作建筑设计说明及门窗表

视频\16\办公楼设计说明及门窗表.avi
案例\16\办公楼设计说明及门窗表.dwg

用户在制作建筑设计说明及门窗表时，先复制一份图幅框效果，再将事先准备好的"案例\16\建筑设计说明.txt"文件插入到图幅框内，并设置文字的字高、分栏等，然后再在图幅框的右下角处插入一表格，且输入表格的内容。其制作好的建筑设计说明及门窗表如图 16-11 所示。

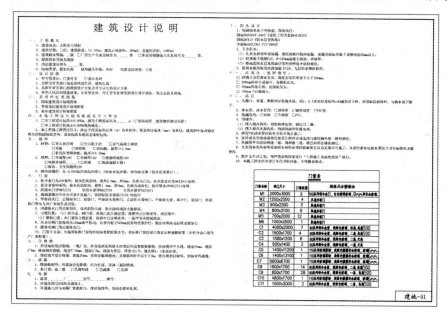

图 16-11　建筑设计说明及门窗表效果

步骤 01 执行"复制"命令（CO），将图幅水平或垂直复制一份到空白位置，并修改图标签为"建施-01"。

步骤 02 在"文字"工具栏中单击"多行文字"按钮 **A**，使用鼠标在图幅的内框拖动一个文字区域，并在文字的工具栏中设置字体样式为 Standard、字体为宋体、字高为 300，如图 16-12 所示。

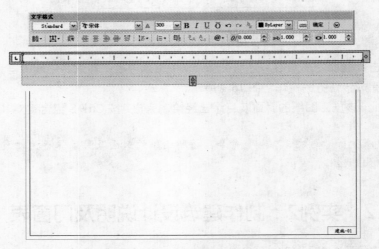

图 16-12 设置多行文字格式

 如果用户觉得文字过大，可以将其字高设置为 250，这个用户可以根据需要灵活进行设置。

步骤 03 此时光标在文字编辑区中，单击鼠标右键鼠标，从弹出的快捷菜单中选择"输入文字"命令，将弹出"选择文件"对话框，选择"案例\16\建筑设计说明.txt"文件，并单击"打开"按钮，如图 16-13 所示。

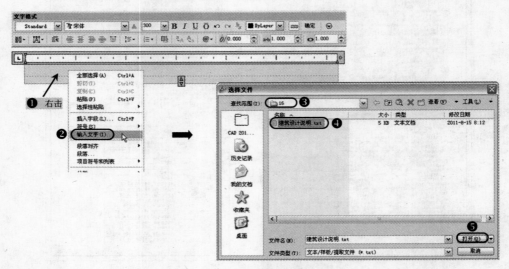

图 16-13 选择插入的文件

步骤 04 此时软件将所选择文件中的对象插入到当前位置，然后在"文字格式"工具栏中单击"确定"按钮，即可看到所插入的文字对象，如图 16-14 所示。

步骤 05 再双击插入的文字对象，并放大视图，分别选择其标题内容，在"文字格式"工具栏中选择标题字样，并设置字高为 450、加粗，如图 16-15 所示。

图 16-14 插入的文件

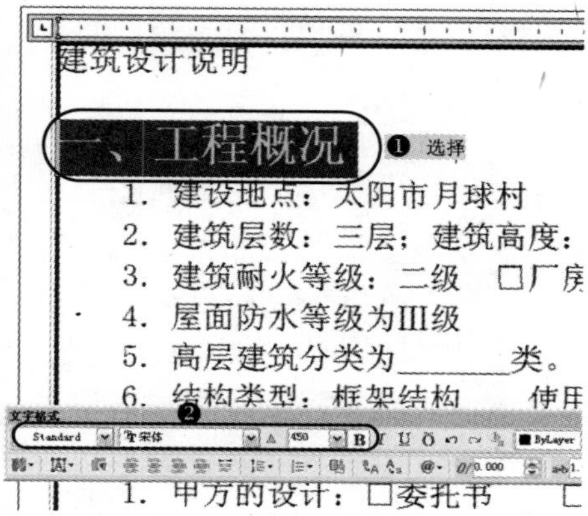

图 16-15 设置标题字样

步骤 06 再按照同样的方法，分别设置其他相应的标题字样。

步骤 07 使用鼠标选择除第一行之外的其他文字内容，再单击鼠标右键，从弹出的快捷菜单中依次选择"分栏/静态栏/2"命令，即可看到分栏后的设置效果，如图 16-16 所示。

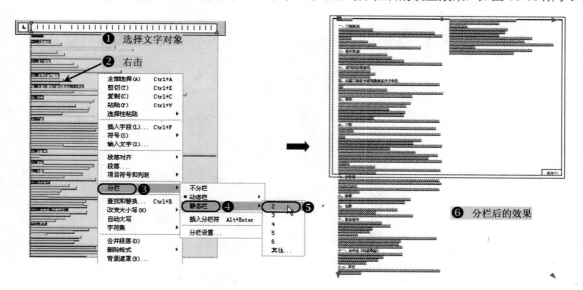

图 16-16 分栏设置

步骤 08 使用鼠标拖动文字左下角的控制按钮，将其向上拖到图幅的内边框。

步骤 09 选择第一行标题的文字内容"建筑设计说明"，设置其字高为 700，并加粗设置，则设置后的文字效果如图 16-17 所示。

图 16-17　设置的文字效果

步骤 10　在"绘图"工具栏中单击"表格"按钮▦，将弹出"插入表格"对话框，设置列数为 4，数据行数为 17，且设置列宽和行高为"自动"，然后单击"确定"按钮，如图 16-18 所示。

图 16-18　设置表格的参数

步骤 11　此时使用鼠标在图幅右下角的相应位置来拖动一个区域，使之来确定绘制门窗表的区域，如图 16-19 所示。

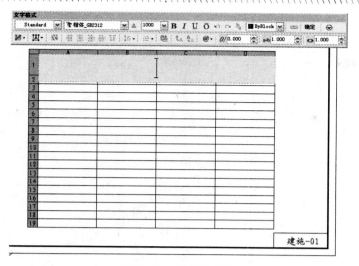

图 16-19 插入的表格

步骤 12 根据表格的要求，选择表格，此时表格将显示多个夹点，使用鼠标调整相应的夹点，从而确定不同的列宽效果，如图 16-20 所示。

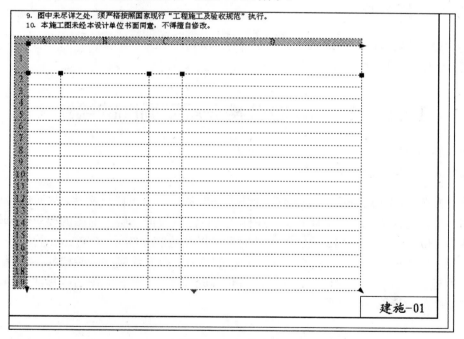

图 16-20 调整表格

步骤 13 分别双击表格的不同单元格，按照要求在不同的单元格中输入相应的文字对象，其文字的样式为 "_HZTXT"，大小为 350，如图 16-21 所示。

门窗表

门窗名称	洞口尺寸	门窗数量	规格及分隔做法
M1	2000x3000	2	100系列铝合金门，白色透明玻璃，8mm厚安全玻璃。
M2	1200x2500	4	双扇夹板门
M3	900x2500	3	单扇夹板门
M4	800x2100	6	单扇夹板门
M5	700x2000	12	单扇夹板门
M6	1000x2500	1	单扇夹板门
C1	4000x2000	7	90系列铝合金窗，浅绿色玻璃，四扇，亮高500
C2	1500x1700	4	90系列铝合金窗，浅绿色玻璃，二扇，亮高500
C3	1500x1200	6	90系列铝合金窗，浅绿色玻璃，二扇，无亮
C4	600x1400	3	90系列铝合金窗，浅绿色玻璃，一扇，无亮
C5	1400x11200	1	110系列玻璃幕墙，浅绿色镀膜安全玻璃，玻璃6mm
C6	1400x13100	1	110系列玻璃幕墙，浅绿色镀膜安全玻璃，玻璃6mm
C7	5600x6700	1	110系列玻璃幕墙，浅绿色镀膜安全玻璃，玻璃6mm
C8	1800x1700	14	90系列铝合金窗，浅绿色玻璃，二扇，亮高500
C9	850x1700	28	90系列铝合金窗，浅绿色玻璃，一扇，亮高500
C10	4800x1700	1	110系列玻璃幕墙，浅绿色镀膜安全玻璃，玻璃6mm
C11	1500x2000	2	90系列铝合金窗，浅绿色玻璃，二扇，亮高500

图 16-21   输入表格文字

 步骤14 至此，该办公楼的"建筑设计说明"及"门窗表"已经创建完成，按 Ctrl+S 组合键对其文件进行保存。

 用户可以执行"写块（W）"命令，将所绘制的一层平面图保存为"案例\16\办公楼设计说明及门窗表.dwg"。

16.3   实例3：办公楼一层平面图的绘制

视频\16\办公楼一层平面图.avi
案例\16\办公楼一层平面图.dwg

在绘制办公楼的一层平面图时，首先打开事先准备好的建筑样板文件，从而调用事先准备好的绘制环境，包括图层、文字样式、标注样式等；然后根据一层平面图的要求绘制轴线，再绘制外墙为 180mm、内墙为 120mm 的墙体对象，以及绘制 400mm×500mm 的柱子；接着开启门窗洞口，并"安装"相应的门窗对象到相应的位置，以及绘制并安装楼梯；布置卫生间内的相应设施对象，以及绘制大门的台阶；最后对其进行尺寸、标注、图名等标注操作。其办公楼一层平面图的效果图 16-22 所示。

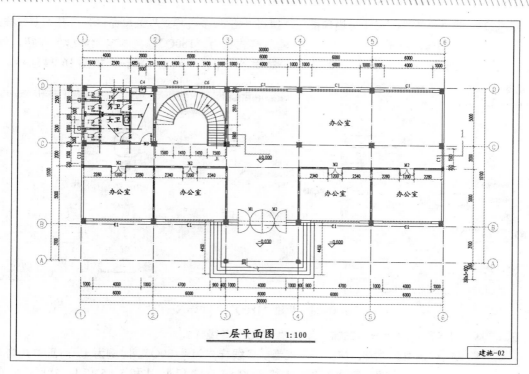

图 16-22 办公楼一层平面图效果

16.3.1 绘制轴线、墙体及柱子

根据办公楼施工图的要求，有 6 条纵向轴线，开间间距均为 6000；4 条横向轴线，横向间距为 3100、7000、5000。外墙为 180mm、内墙为 120mm，柱子尺寸为 400mm×500mm。

步骤 01 将"轴线"图层置为当前图层；执行"构造线"命令（XL），分别绘制水平和垂直的两条构造线；再执行"偏移"命令（O），将水平构造线向上偏移 3100、7000、5000，将垂直构造线向右均偏移 6000，偏移的次数为 5 次，图 16-23 所示。

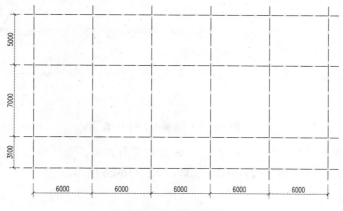

图 16-23 绘制轴网

步骤 02 将"墙体"图层置为当前图层,执行"格式/多线样式"菜单命令,打开"多线样式"对话框,单击"新建"按钮,输入样式名为"180Q",再单击"继续"按钮,修改图元的偏移量分别为 90 和-90,然后依次单击"确定"按钮,如图 16-24 所示。

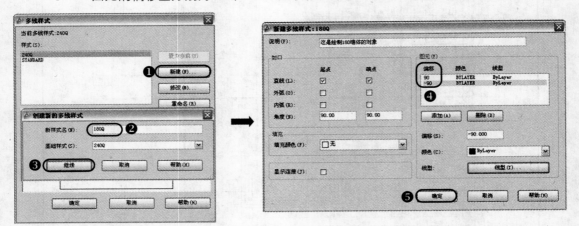

图 16-24 新建"180Q"多线样式

步骤 03 同样,按照上一步的方法新建"120Q"多线样式。

步骤 04 执行"多线"命令(ML),设置当前多线样式为"180Q",比例为 1,对正方式为"上(T)",依次捕捉轴网的交点 1 和 2、2 和 3、3 和 4、4 和 5、5 和 1,然后按回车键确定;执行"移动"命令(M),将交点 3 和 4 所绘制的水平墙体垂直向下移动 180,将交点 5 和 1 所绘制的水平墙体垂直向上移动 250,如图 16-25 所示。

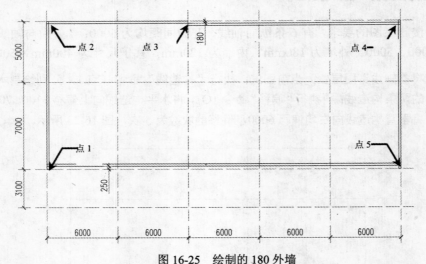

图 16-25 绘制的 180 外墙

步骤 05 继续执行"多线"命令(ML),设置对正方式为"无(Z)",连接轴网交点 6 和 7、8 和 9,从而绘制这两段 180 墙体,如图 16-26 所示。

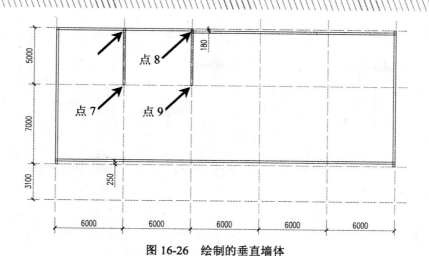

图 16-26　绘制的垂直墙体

步骤 06 执行"偏移"命令（M），按照如图 16-27 所示的尺寸对其轴线进行偏移，并将多余的轴线进行修剪操作。

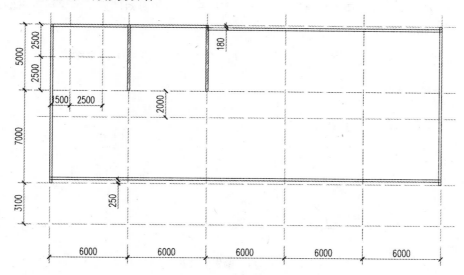

图 16-27　偏移的轴线网

步骤 07 执行"多线"命令（ML），设置当前多线样式为"120Q"，比例为 1，对正方式为"无（Z）"，捕捉相应的交点来绘制 120 墙体，如图 16-28 所示。

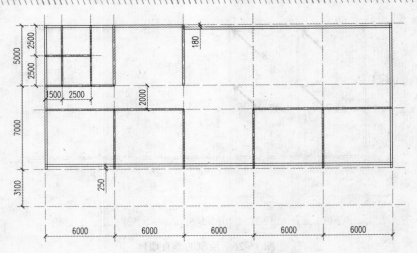

图 16-28　绘制的 120 墙体

步骤 08　执行"修改/对象/多线"菜单命令，弹出"多线编辑工具"对话框，分别使用"T 形打开" 〒、"角点结合" ╚ 和"十字打开" ╬ 工具对图形中的多线进行编辑操作，如图 16-29 所示。

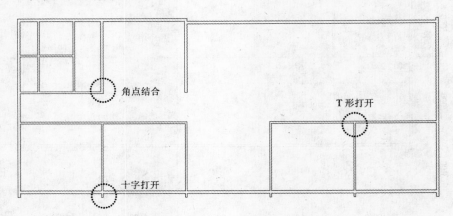

图 16-29　编辑的墙体

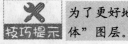 为了更好地观察所编辑的墙体效果，用户可暂时将不需要的图层隐藏关闭，只显示出"墙体"图层。

步骤 09　执行"格式/图层"菜单命令，新建"柱子"图层，设置颜色为"洋红"，并设置为当前图层。

步骤 10　执行"矩形"命令，绘制 400mm×500mm 和 450mm×450mm 的两上矩形对象；再执行"图案填充"命令（H），分别对其矩形填充"SOLID"图案，使之形成柱子；再执行移动或复制命令，将其柱子对象"安装"在相应的轴线交点位置，如图 16-30 所示。

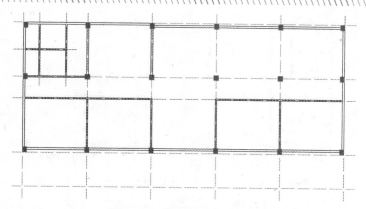

图 16-30　绘制并安装的柱子

步骤 11　执行"直线"命令（L），分别在相应的墙体位置绘制直线段，再执行"图案填充"命令（H），对其进行图案填充，使之形成 250 的混凝土柱子；同样，再在下侧中间位置绘制直径为 400 的圆形柱子，如图 16-31 所示。

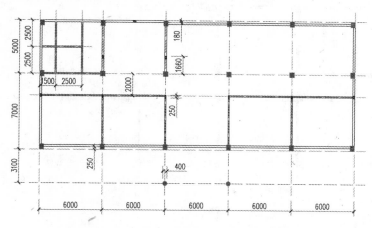

图 16-31　绘制的 250 混凝土柱及圆形柱

16.3.2　开启门、窗洞口

一层平面图中，在其他墙上安装有 C1 窗（4000mm×2000mm）、C3 窗（1500mm×1200mm）、C4 窗（600mm×1400mm）、C5 窗（1400mm×11200mm）、C6 窗（1400mm×13100mm）和 C11 窗（1500mm×2000mm）；以及安装相应的 M1 转门（2000mm×3000mm）、M2 门（1200mm×2500mm）、M3 门（900mm×2500mm）、M4 门（800mm×2100mm）和 M5 门（700mm×2000mm）。

步骤 01　执行"偏移"命令（O），将垂直轴线分别向左、右各偏移 1000；再执行"修剪"命令（TR），将其多余的墙体进行修剪，从而开启窗（C1）和转门（M1）洞口，如图 16-32 所示。

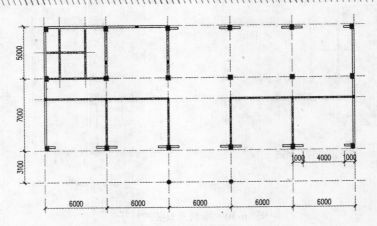

图 16-32　开启洞口

步骤 02 同样，再按照同样的方法开启其他窗洞口，如图 16-33 所示。

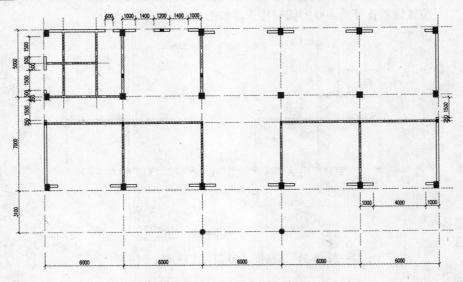

图 16-33　开启其他窗洞口

步骤 03 将"墙体"图层置为当前图层，再按照图形的要求对其卫生间绘制 120 墙体，如图 16-34 所示。

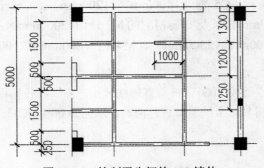

图 16-34　绘制卫生间的 120 墙体

步骤 04 同样，在按照要求对其开启门洞口，如图 16-35 所示。

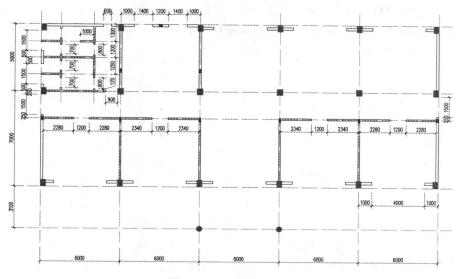

图 16-35　开启的门洞口

16.3.3　安装门、窗对象

用户在开启门、窗洞口过后，应分别来绘制相应的门、窗对象，然后将其安装在相应的位置。

 用户在绘制平面窗时，可以使用多线（4线）的方式来绘制相应长度的平面窗效果。

步骤 01 执行"格式/多线样式"菜单命令，新建"180C"多线样式，多线总的宽度为 180，其图元的偏移量分别为 90、45、−45 和−90，如图 16-36 所示。

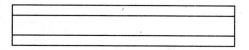

图 16-36　新建"180C"多线样式

步骤 02 将"门窗"图层置为当前图层，执行"多线"命令，选择"180C"多线样式，设置对正方式为"无（Z）"，然后分别捕捉相应的中点来绘制平面窗效果，如图 16-37 所示。

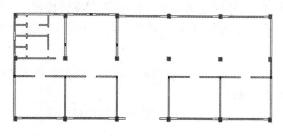

图 16-37　绘制的平面窗

步骤 03 将 "0" 图层置为当前图层，使用直线、圆、修剪等命令，按照如图 16-38 所示来绘制转门 M1，然后将其保存为图块 "案例\16\M1.dwg"。

步骤 04 同样，再按照如图 16-39 所示来绘制标准的平开门（以 1000 的宽度来绘制标准门），然后将其保存为图块 "案例\16\M.dwg"。

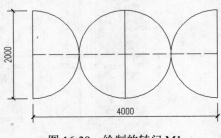

图 16-38　绘制的转门 M1

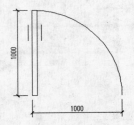

图 16-39　绘制的门 M

步骤 05 将 "门窗" 图层置为当前图层，执行 "插入块" 命令（I），分别将前面所创建的转门 "M1" 和标准门 "M" 图块插入到当前平面图形门洞口的相应位置，并对其门洞口的尺寸要求进行比例缩放，如图 16-40 所示。

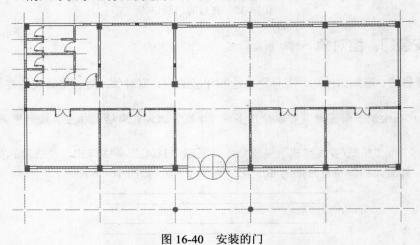

图 16-40　安装的门

16.3.4　绘制并安装楼梯

根据图形的需要，在 2、3 号轴线墙体的上侧安装有旋转楼梯，其旋转楼梯的宽度为两墙体的距离，即 5820mm，在一层平面图的旋转楼梯起步位置，还有一段直跑楼梯，其长度为 1800mm。

步骤 01 将 "0" 图层置为当前图层，使用圆、直线、阵列、修剪等命令，绘制如图 16-41 所示的旋转楼梯对象。

步骤 02 执行 "写块" 命令（W），将绘制的旋转楼梯对象保存为 "案例\16\LT.dwg" 图块。

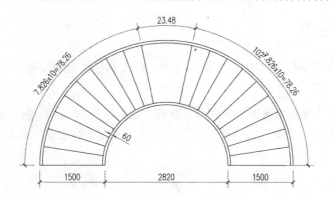

图 16-41　绘制的旋转楼梯

步骤 03　将"楼梯"图层置为当前图层，执行"插入块"命令（I），将保存的 **LT.dwg** 图块文件插入到墙体的相应位置，如图 16-42 所示。

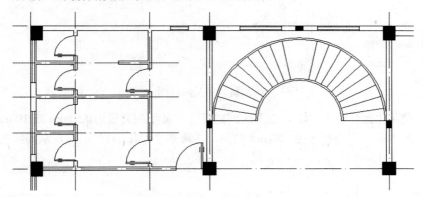

图 16-42　插入的旋转楼梯

步骤 04　使用直线、修剪、偏移等命令，在旋转楼梯的右侧绘制宽度为 1500、长度为 1800 的直跑楼梯，并与旋转楼梯相连，如图 16-43 所示。

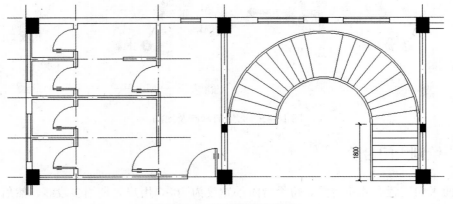

图 16-43　绘制的直跑楼梯

16.3.5 布置卫生间

卫生间分男、女卫生间，共安装有 4 个便槽，以及相应的地漏，在男、女卫生间分别安装有洗手池。

步骤 01 当"设施"图层置为当前图层，执行"插入块"命令（I）将"案例\16"文件夹下面的"便槽"、"便池"、"洗手池"图块插入到相应的位置，如图 16-44 所示。

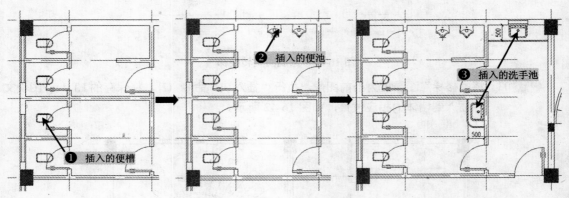

图 16-44 插入的图块

步骤 02 使用"圆"命令（C），在卫生间的相应位置绘制直径为 150mm 或 100mm 的圆作为放水阀，再绘制直径 100mm 的圆，并填充"ANLI 31"图案，从而绘制地漏效果，如图 16-45 所示。

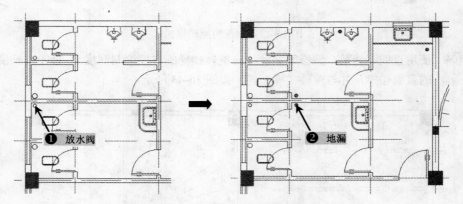

图 16-45 布置放水阀及地漏

16.3.6 绘制大门台阶

在前面大门位置有 4 步台阶，每级台阶的宽度为 300，用户可使用多段线，然后对其偏移台阶的宽度值（300）即可。

步骤 01 执行"格式/图层"菜单命令，新建"台阶"图层，并置为当前，如图 16-46 所示。

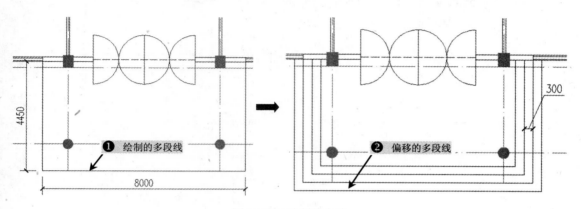

图 16-46　新建"台阶"图层

步骤 02　执行"多段线"命令（PL），在相应的位置绘制一多段线；再执行"偏移"命令（O），将其多段线向外偏移 300，再向内偏移 2 次，偏移的距离均为 300，如图 16-47 所示。

图 16-47　绘制的台阶

16.3.7　平面图的标注

目前其一层平面图的大致轮廓对象已经基本绘制完成，还需要对其进行文字标注、标高标注、尺寸标注、图名标注、说明等。

步骤 01　暂时将"轴线"图层隐藏关闭，并将"文字"图层置为当前图层。

步骤 02　在"文字"工具栏中单击"单行文字"按钮 **AI**，并设置文字的高度为 450，分别在指定的位置输入文字内容，如图 16-48 所示。

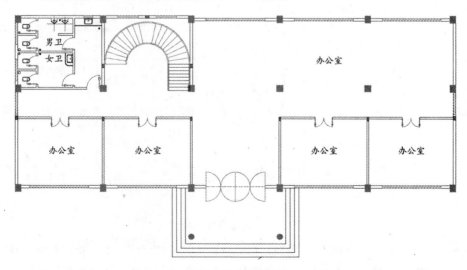

图 16-48　文字标注

步骤 03　同样，再单击"单行文字"按钮 **AI**，并设置文字的高度为 300，分别在指定的位置输入门窗代号，并标明卫生间的坡度及箭头，如图16-49所示。

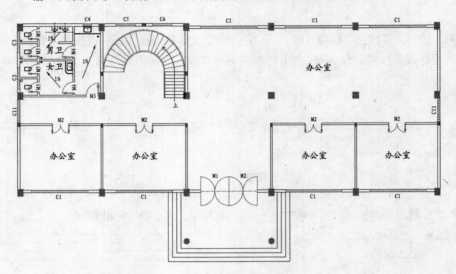

图 16-49　门窗标注

步骤 04　将"标注"图层置为当前图层，在"标注"工具栏中单击"线性"标注 及"连续"
标注 按钮，首先对其进行内部尺寸标注，如图16-50所示。

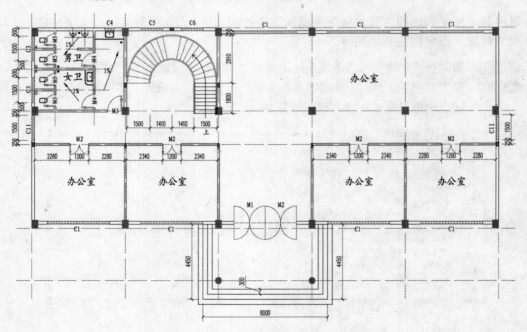

图 16-50　内部尺寸的标注

步骤 05　同样，再对其外部尺寸进行标注。执行"插入块"命令（I），将"案例\16\标高.dwg"
属性图块插入到图形中的指定位置，并修改相应的标高值，如图16-51所示。

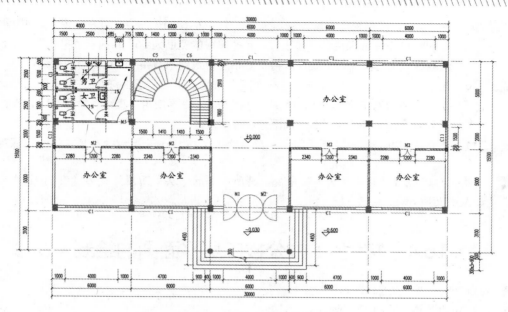

图 16-51　外部尺寸及标高标注

步骤 06　将"轴标"图层置为当前图层，使用"圆（C）"命令，绘制一个半径为 400mm 的圆，再在圆中输入数字 1，且设置数字 1 为"轴号文字"文字样式，且置于"正中（MC）"位置。

步骤 07　使用"直线（L）"命令，以圆的上侧象限点为起点，向上绘制长度为 1000mm 的垂线，从而完成一个单独轴标号的绘制。

步骤 08　执行"复制（CO）"命令，将其前面绘制的轴标号复制到相应的轴线位置，并双击圆中的文字对象，修改相应的轴号，如图 16-52 所示。

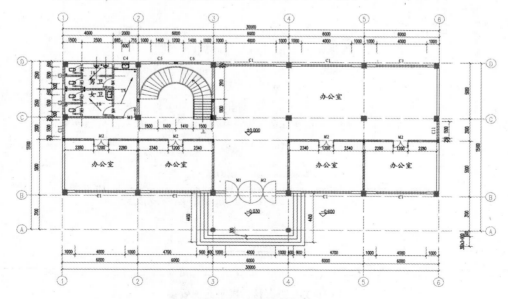

图 16-52　轴标号标注

将"文字"图层置为当前图层。执行"多段线（PL）"命令，过左侧窗 C3、中间楼梯、右侧窗 C11 位置来绘制一多段线，且多段线的宽度为 50；再执行"打断"命令，将多余的线段进行打断修剪处理；再在其相应位置输入数字 1，从而形成剖切符号 1-1。

步骤 10 在"文字"工具栏中单击"多行文字"按钮 A，在图形的右下方输入图名及比例，并设置图名的字高为 700，比例的字高为 450；再使用"直线"命令（L），在图名的正下方绘制两条水平线段，如图 16-22 所示。

步骤 11 至此，该办公楼一层平面图已经绘制完成，按 Ctrl+S 组合键对其文件进行保存。

 用户可以执行"写块（W）"命令，将所绘制的一层平面图保存为"案例\16\办公楼一层平面图.dwg"。

16.4　实例4：办公楼二层平面图的绘制

视频\16\办公楼二层平面图.avi
案例\16\办公楼二层平面图.dwg

用户在绘制办公楼二层平面图时，可以在一层平面图的基础上来进行绘制，其办公楼二层平面图的效果图 16-53 所示。

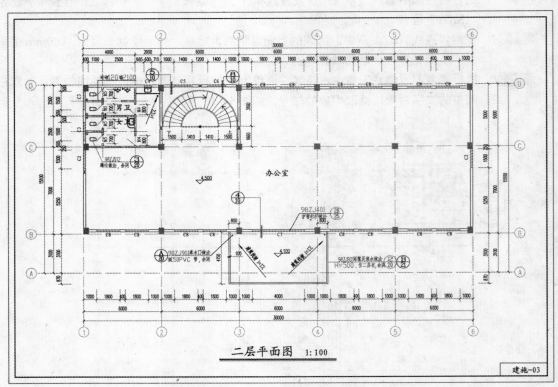

图 16-53　办公楼二层平面图效果

下面简要讲解二层平面图的绘制方法和步骤。

步骤 01 将当前图层除"轴线"、"轴标"、"楼梯"、"设施"以外的其他图层关闭，当前图形的效果如图 16-54 所示。

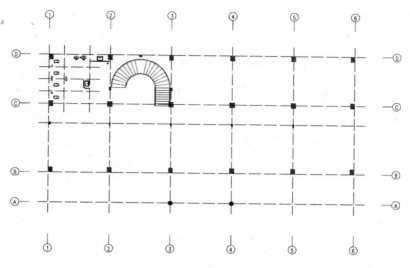

图 16-54　复制的图形

步骤 02 使用鼠标框选前面所绘制一层平面图，将目前所显示的对象水平向右复制一份，再在"图层特性"工具栏的"图层控制"下拉列表框中，将所有的图层显示出来。

步骤 03 将"墙体"图层置为当前图层，按照二层平面图的要求，绘制相应的外墙（180）及内墙（120）对象，以及进行多线的编辑操作，如图 16-55 所示。

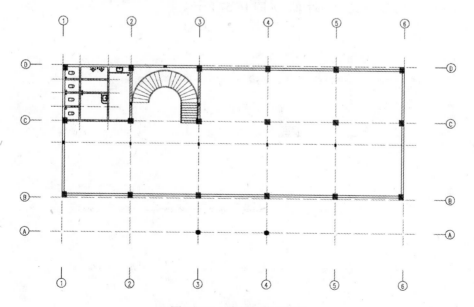

图 16-55　绘制的墙体对象

355

用户在绘制墙体对象时，同样采用多线的方式来进行绘制，分别选取 180Q 和 120Q 多线样式，然后执行"修改/对象/多线"菜单命令，对墙体相交和拐角处进行编辑操作。

步骤 04 使用"偏移"命令（O），分别对轴线进行偏移，再对其进行修剪，从而形成门窗洞口，如图 16-56 所示。

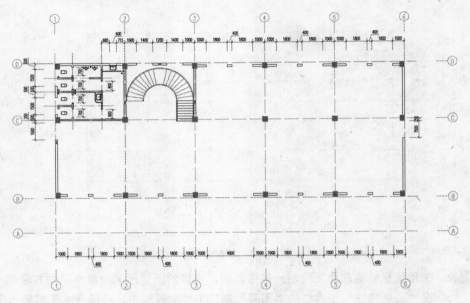

图 16-56　开启的门窗洞口

步骤 05 使用"多线"命令（ML），选择"180C"多线样式来绘制窗对象，同样再通过"直线"的方式来绘制门对象，如图 16-57 所示。

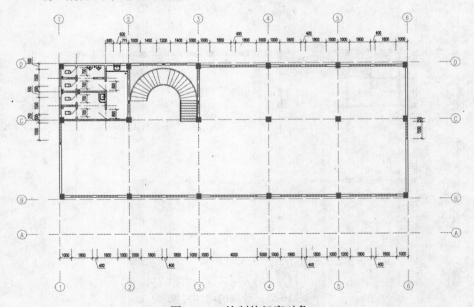

图 16-57　绘制的门窗对象

步骤 06 根据二层平面图的要求，应绘制半圆旋转楼梯对象。用户可以在保留的楼梯对象上进行修改绘制，其二层平面图的楼梯对象效果如图 16-58 所示。

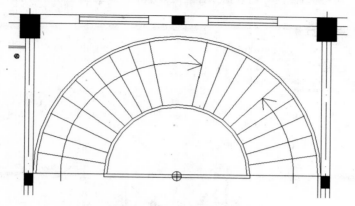

图 16-58 二层楼梯效果

步骤 07 使用"直线"命令（L），在图形下侧的 3、4 号轴线之间的位置处绘制挡雨板平面效果，再在左、右两侧来绘制小圆对象，从而形成雨水管，然后再标注挡雨板上的箭头和文字，如图 16-59 所示。

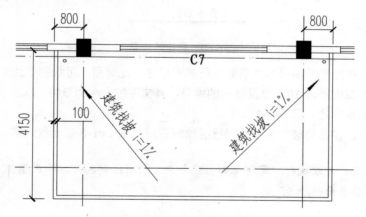

图 16-59 绘制的挡雨板

步骤 08 将"文字"图层置为当前图层，在二层平面图上标注出相应的文字对象效果。

步骤 09 在"标注"工具栏中，单击相应的标注按钮对其图形进行尺寸标注和标高标注，并在图形的下方进行图名及比例标注，图 16-60 所示。

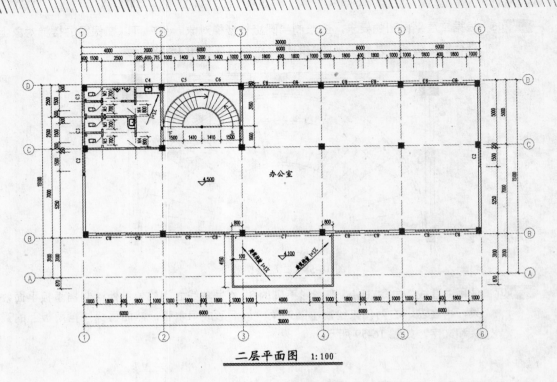

二层平面图 1:100

图 16-60 标注的效果

 由于在图形的局部地方需要进行详图标注，此时用户可绘制半径为 500 的圆，并标注详图纸号为 10，以及详图的编号，其文字的大小为 340，以及进行标注图集的剖切编号标注，图 16-53 所示。

 至此，该办公楼二层平面图已经绘制完成，按 Ctrl+S 组合键对其文件进行保存。

 同样，用户可以执行"写块（W）"命令，将所绘制的一层平面图保存为"案例\16\办公楼二层平面图.dwg"。

16.5 实例5：办公楼三层平面图的绘制

案例\16\办公楼三层平面图.dwg

用户在绘制办公楼的三层平面图时，可以在二层平面图的基础上来进行绘制，其办公楼三层平面图的效果如图 16-61 所示。

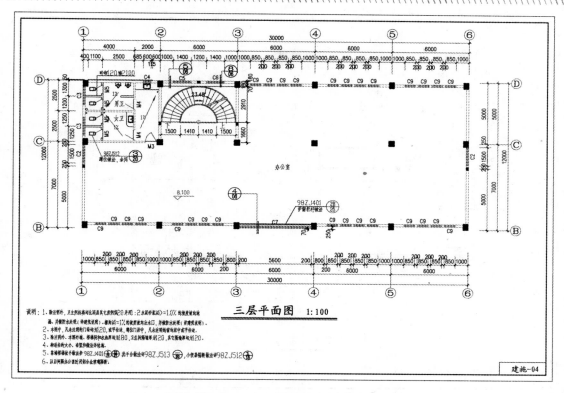

图 16-61 办公楼三层平面图效果

其办公楼其他平面图的绘制方法，基本上参照前面第一、二层平面图的绘制方法，由于篇幅有限，所以在此就不作详细的讲解，只列出了相应的平面图效果，让用户自行去绘制练习。

16.6 实例6：办公楼屋面平面图的绘制

案例\16\办公楼屋面平面图.dwg

用户在绘制办公楼的屋顶平面图时，将前面三层平面图中的轴线网对象、旋转楼梯对象水平向右复制一份，再根据相应的图形要求绘制屋顶层的女儿墙，并绘制屋顶平面轮廓对象，然后分别对其进行文字、标高、详图编号、尺寸及图名的标注等，其办公楼屋面平面图的效果图16-62 所示。

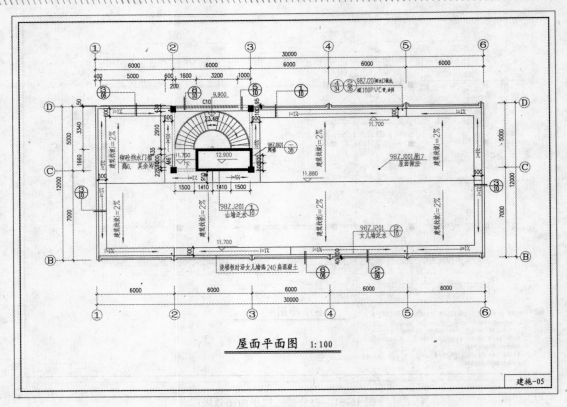

图 16-62　办公楼屋顶平面图效果

16.7　实例7：办公楼1-6立面图的绘制

视频\16\办公楼 1-6 立面图.avi

案例\16\办公楼 1-6 立面图.dwg

　　用户在绘制办公楼 1-6 立面图时，首先将平面图中的 1-6 号轴线对象复制一份，然后绘制地坪线，进行楼层线的绘制，再绘制并安装相应的立面门窗对象，以及立面台阶、立面屋顶对象，最后对其进行文字、尺寸及图名的标注，其办公楼 1-6 立面图的效果如图 16-63 所示。

图 16-63　办公楼 1-6 立面图效果

下面简要讲解二层平面图的绘制方法和步骤。

步骤 01　执行"复制"命令（CO），将一层平面图的 1~6 号纵向轴线对象复制一份，再绘制一条水平轴线对象，并将水平轴线向上偏移 600、4500、3600、3600、1400、1800，从而形成相关楼层的高度，如图 16-64 所示。

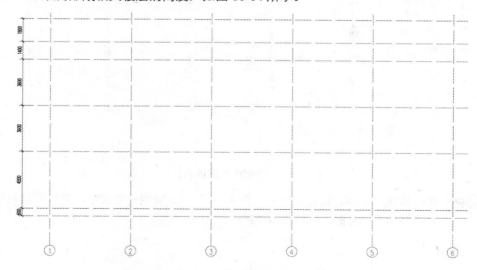

图 16-64　复制并偏移的轴线网

步骤 02 将"墙体"图层置为当前图层,执行"多线"命令(ML),设置比例为 400.00,样式为 STANDARD,从而来绘制纵向宽度为 400mm 的立面墙体对象,如图 16-65 所示。

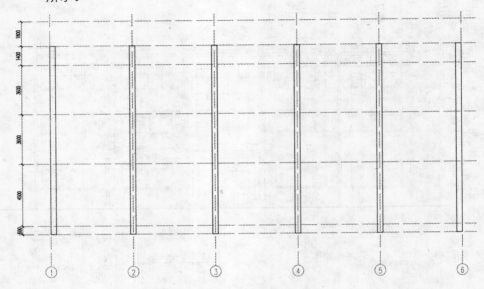

图 16-65 绘制的立面墙体

步骤 03 同样,再绘制比例为 100 的多线,从而形成立面钢筋柱子对象,如图 16-66 所示。

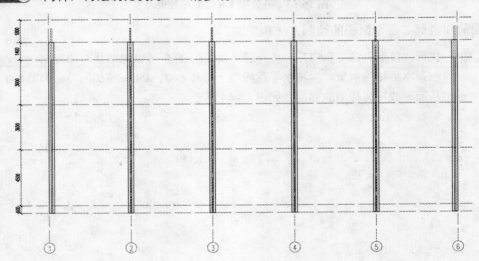

图 16-66 绘制的立面钢筋柱子

步骤 04 执行直线、偏移、修剪等命令,在 3、4 号轴线墙的一层楼中,来绘制挡雨板轮廓,并绘制相应的台阶,如图 16-67 所示。

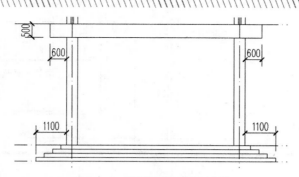

图 16-67　绘制的挡雨板和台阶

步骤 05　将"门窗"图层置为当前图层，楼水平的轴线（楼层线）进行相应的偏移，然后捕捉相应的交点来绘制窗台及窗梁轮廓，如图 16-68 所示。

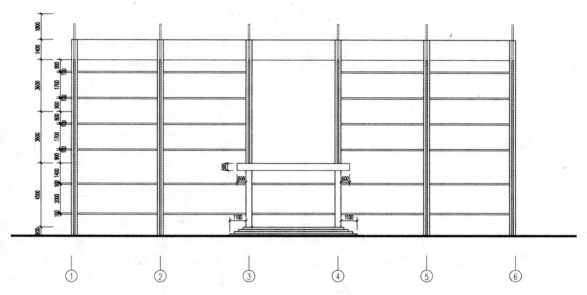

图 16-68　绘制的轮廓线

　用户可以采用多段线的方式在图形的下侧来绘制地坪线，其地坪线的宽度为 100。

步骤 06　执行"偏移"命令（O），将 1、2 号轴线向内偏移 1000，再执行"矩形"命令（REC）来绘制矩形对象，从而形成窗洞口效果；再执行"插入块"命令（I），将"案例\16\C1.dwg"图块插入到相应的门洞口位置，如图 16-69 所示。

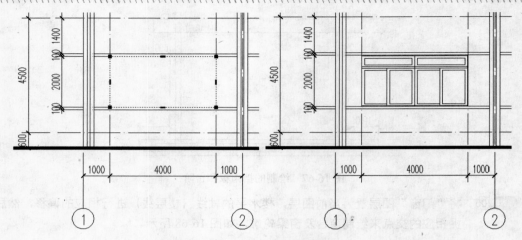

图 16-69　插入的窗（C1）

步骤 07 由于一层楼都采用的是 C1 窗，所以用户应将开间的 C1 窗都插入到相应的位置，且将"案例\16\M1 立.dwg"图块插入到 3、4 轴线间，图 16-70 所示。

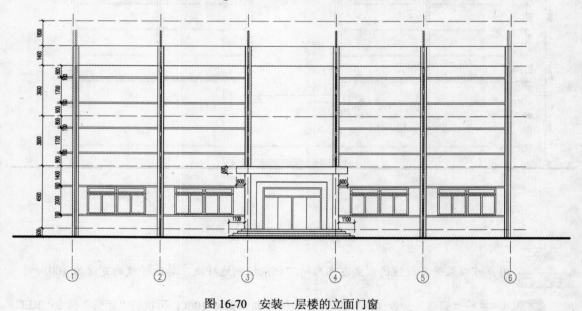

图 16-70　安装一层楼的立面门窗

步骤 08 同样，将二层、三层楼的立面窗对象安装到相应的位置，并在 3、4 号墙体之间的二、三层来安装玻璃墙，图 16-71 所示。

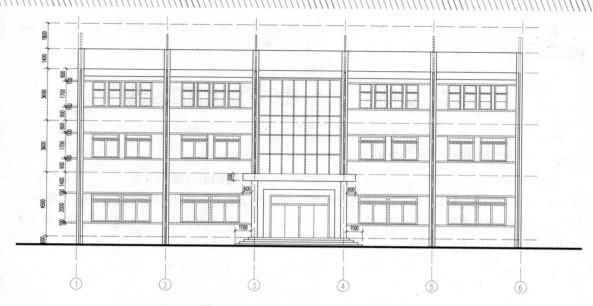

图 16-71　安装二、三层楼的立面门窗

二层立面窗图块为"C8"，三层立面窗图块为"C9"，玻璃墙图块为"玻璃幕墙"。

步骤 09　这时根据屋顶层的要求，使用直线、修剪等命令来绘制屋顶层的立面图效果，如图 16-72 所示。

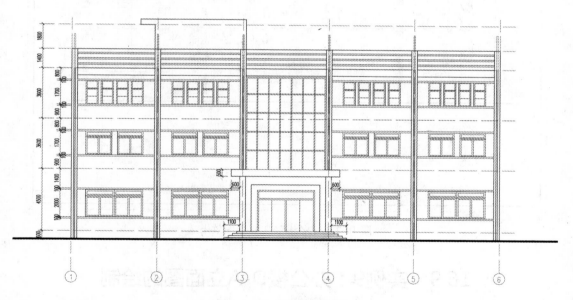

图 16-72　立面屋顶效果

步骤 10　最后，对其立面图进行文字、尺寸、标高、图名等标注，如图 16-63 所示。

步骤 11　至此，该办公楼 1-6 立面图已经绘制完成，按 **Ctrl+S** 组合键对其文件进行保存。

用户可以执行"写块（W）"命令，将所绘制的一层平面图保存为"案例\16\办公楼 1-6 立面图.dwg"。

16.8 实例8：办公楼6-1立面图的绘制

 案例\16\办公楼 6-1 立面图.dwg

用户在绘制办公楼 6-1 立面图时，同样按照 1-6 立面图的方法来进行绘制。首先将 1-6 立面图的 1-6 号轴线对象复制一份，并进行水平镜像，再绘制立面墙体和轮廓线条，然后绘制地坪线、立面门窗对象和立面屋顶对象，最后对其进行文字、尺寸及图名的标注，其办公楼 6-1 立面图的效果如图 16-73 所示。

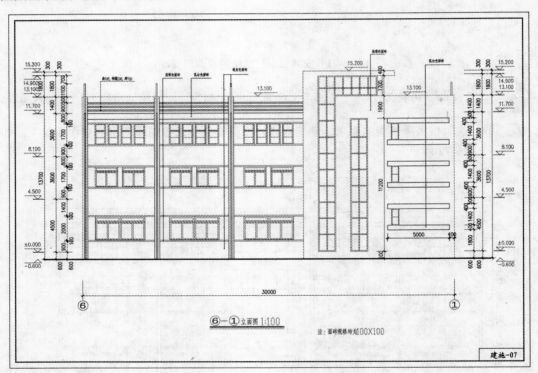

图 16-73 办公楼 6-1 立面图效果

16.9 实例9：办公楼D-A立面图的绘制

 案例\16\办公楼 D-A 立面图.dwg

用户在绘制办公楼 D-A 立面图时，同样按照 1-6 立面图的方法来进行绘制。由于篇幅有限，在此只列出 D-A 立面图的效果，让用户自行去绘制，其办公楼 6-1 立面图的效果如图 16-74

所示。

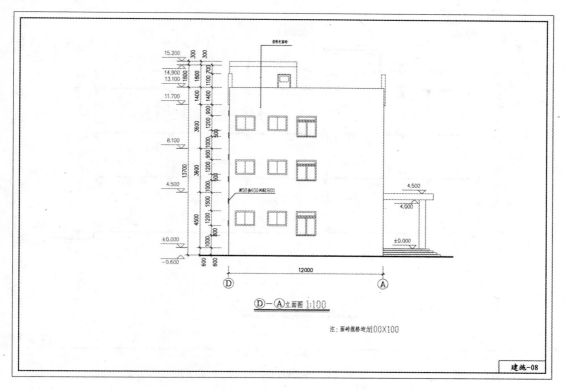

图 16-74 办公楼 D-A 立面图效果

16.10 实例10：办公楼1-1剖面图的绘制

案例\16\办公楼 1-1 剖面图.dwg

用户在绘制办公楼 1-1 剖面图时，首先将 1~6 号纵向轴线复制到新的位置，并绘制剖面墙体及楼层对象，然后绘制及安装剖面窗，再根据要求来绘制剖面旋转楼梯对象，最后对其进行尺寸、标高、文字等标注，其办公楼 1-1 剖面图的效果如图 16-75 所示。

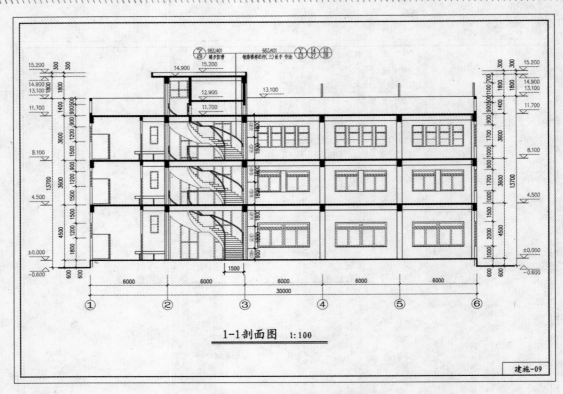

图 16-75　办公楼 1-1 剖面图效果

步骤 01　执行"复制"命令（CO），将一层平面图的 1~6 号纵向轴线对象复制一份，再绘制一条水平轴线对象，并将水平轴线向上偏移 600、4500、3600、3600、1400、1800，从而形成相关楼层的高度，如图 16-76 所示。

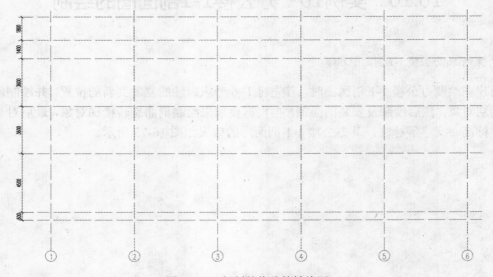

图 16-76　复制并偏移的轴线网

步骤 02　将"墙体"图层置为当前图层，执行"多线"命令（ML），样式为 STANDARD，分别设置多线的比例为 120、180、400 来绘制纵向立面墙体对象，如图 16-77 所示。

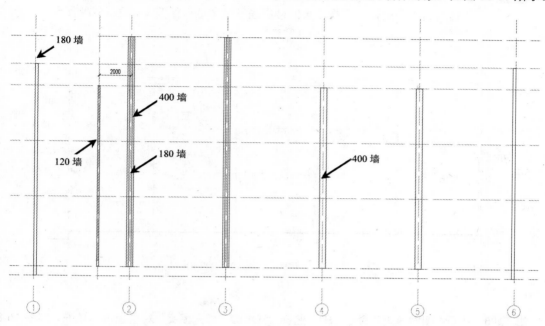

图 16-77　绘制的立面墙体

步骤 03　新建"楼层线"图层，并置为当前图层。使用"多线"命令（ML），设置比例为 100，在相应的楼层绘制厚度为 100mm 的楼板。

步骤 04　将"地坪线"图层置为当前图层，使用"多段线"命令（PL）在立面图的下侧绘制地坪线，并设置地坪线的宽度为 50，如图 16-78 所示。

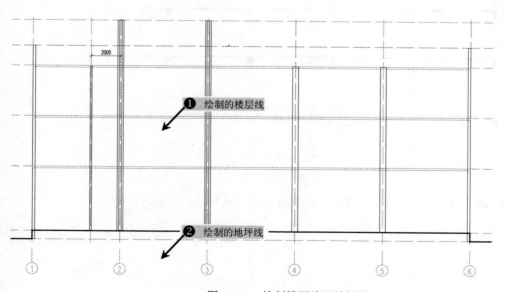

图 16-78　绘制楼层线及地坪线

步骤 05 执行"偏移"命令（O），将指定的水平轴线向下偏移 600，并将偏移的轴线设置为"楼层线"图层，然后将多余的楼层线及墙体进行修剪，如图 16-79 所示。

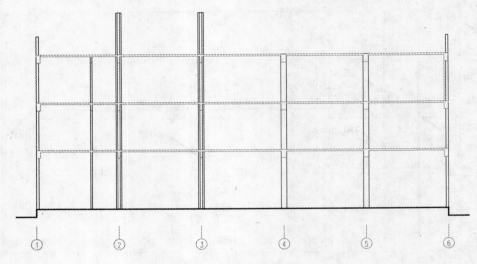

图 16-79　修剪线段

步骤 06 执行"图案填充"命令（H），选择"SOLID"填充图案，对楼板进行填充，如图 16-80 所示。

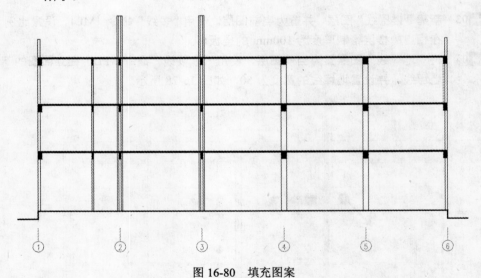

图 16-80　填充图案

步骤 07 再按照同样的方法，对屋顶的剖面楼板进行绘制，如图 16-81 所示。

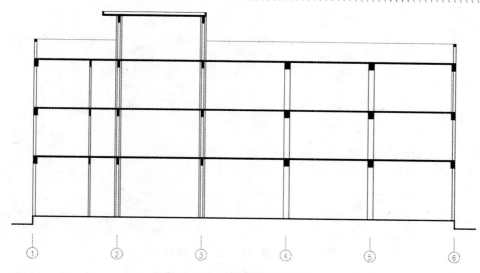

图 16-81　绘制屋顶楼板层效果

步骤 08　执行"偏移"命令（O），将水平的轴线依次向下进行偏移，并将偏移的水平轴线转
换为"门窗"图层；再执行"修剪"命令（TR）将多余的线段进行修剪，从而形成
立面剖切窗洞效果，如图 16-82 所示。

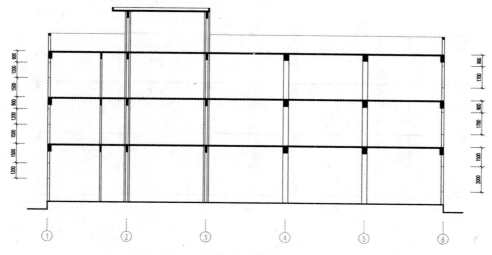

图 16-82　修剪的立面墙的剖切门窗洞口

步骤 09　执行"格式/多线样式"菜单命令，设置"剖面窗"多线样式，多线的偏移图元为 90、
45、−45、−90，并且将其置为当前，如图 16-83 所示。

图 16-83　设置"剖面窗"多线样式

步骤 10　将"门窗"图层置为当前图层，执行"多线"命令（ML），比例为 1，在左、右两侧的立面墙来绘制剖面窗；同样，再设置多线的比例为 0.67（120÷180=0.67），绘制 120 墙上的剖面门窗对象，如图 16-84 所示。

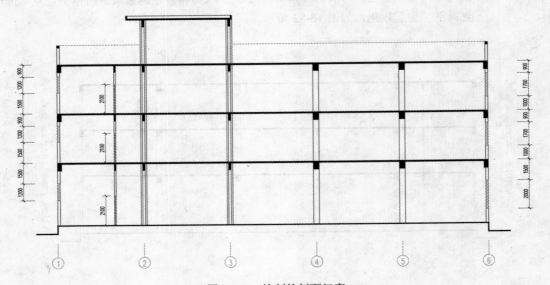

图 16-84　绘制的剖面门窗

步骤 11　由于在左侧有卫生间剖面墙及剖面门窗，所以在左侧立面墙的相应位置来绘制 2100mm 高的剖面门窗效果，如图 16-85 所示。

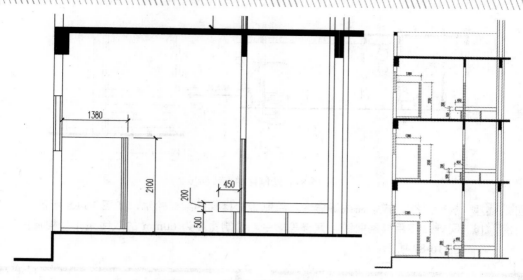

图 16-85　绘制卫生间剖面墙窗效果

步骤 12　使用"直线"命令（L），在每层楼的剖面圈梁处绘制直线，并将其直线转换为"楼层线"图层；再执行"修剪"命令（TR），将多余的直线段进行修剪，如图 16-86 所示。

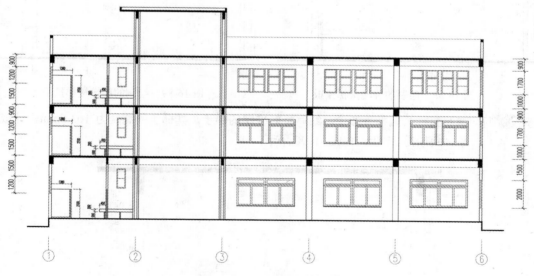

图 16-86　绘制直线并修剪

步骤 13　将"楼梯"图层置为当前图层，执行"多线"命令（ML），选择当前多线样式为 STANDARD，比例为 60，对正方式为"无(Z)"在 2、3 号轴线之间的一层楼的楼梯位置处绘制长度为 2045mm 的两段多线，且相距 1500mm。

步骤 14　执行"直线"命令（L），绘制楼梯高度为 150mm 的梯步共 6 步，如图 16-87 所示。

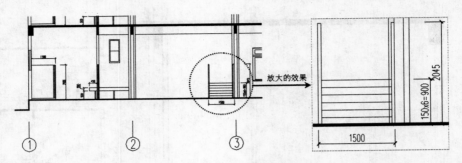

图 16-87　绘制楼梯直线梯步

步骤 15 执行直线、样条曲线等命令，绘制旋转楼梯的梁板轮廓，如图 16-88 所示。

步骤 16 同样，使用样条曲线、偏移等命令，绘制宽度为 60mm 的双线来作为楼梯扶手，如图 16-89 所示。

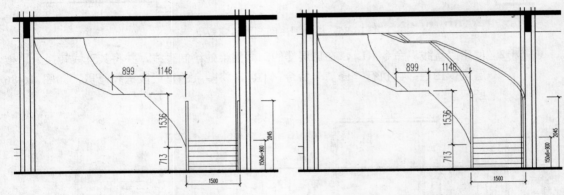

图 16-88　绘制的旋转楼梯梁板　　　　　图 16-89　绘制的旋转楼梯扶手

步骤 17 执行直线、偏移等命令，绘制旋转楼梯的梯步，其梯步的高度为 163.6mm，分成两阶，每阶是 11 步，如图 16-90 所示。

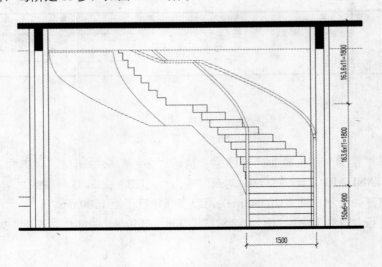

图 16-90　绘制的旋转梯步

步骤 18 同样，按照前面的方法来绘制二楼的旋转楼梯。其二楼高度为 3600mm，没有直线楼线，只有两个台阶，每个台阶是 163.6×11=1800，如图 16-91 所示。

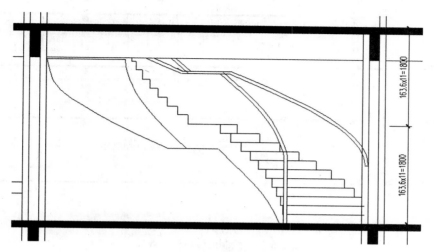

图 16-91 绘制二楼的楼梯及扶手

步骤 19 由于二楼的转角处有相应的扶手对象，其扶手的高度为 1124mm，宽度为 60mm，所以在相应的位置绘制出转角扶手对象，如图 16-92 所示。

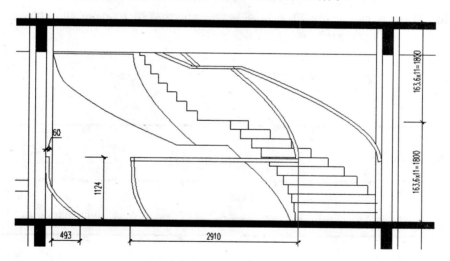

图 16-92 绘制转角的扶手

步骤 20 同样，三楼的转角楼梯对象与二楼是一样的，使用"复制"命令（CO），将其二楼的楼梯对象垂直向上复制即可，如图 16-93 所示。

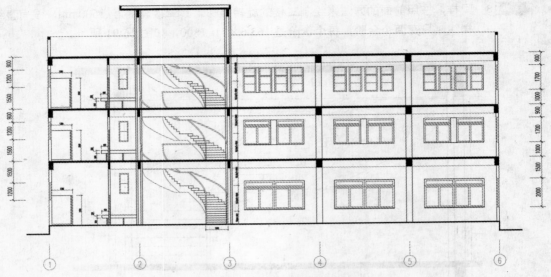

图 16-93　绘制的转角楼梯效果

步骤 21　从前面 16.8 节中的 6-1 立面图中，或者从门窗总表可以看出，其转角楼梯后所安装的玻璃窗为 C5（1400×12100）和 C6(1400×13100)，这时可以将 6-1 立面图中的 C5 和 C6 玻璃窗复制到楼梯的相应位置。

步骤 22　执行"偏移"命令，将 2、3 号轴线分别向内偏移 1000mm 和 1400mm，从而确定 C5、C6 玻璃窗的位置，如图 16-94 所示。

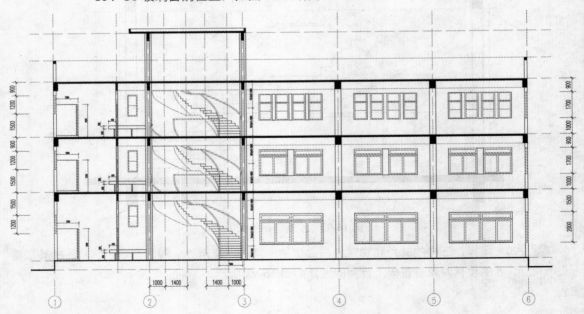

图 16-94　偏移的轴线

步骤 23　在 6-1 立面图中，单击选择 C6 玻璃窗对象，再执行"复制"命令（CO），将其复制到当前剖面图的相应位置，如图 16-95 所示。

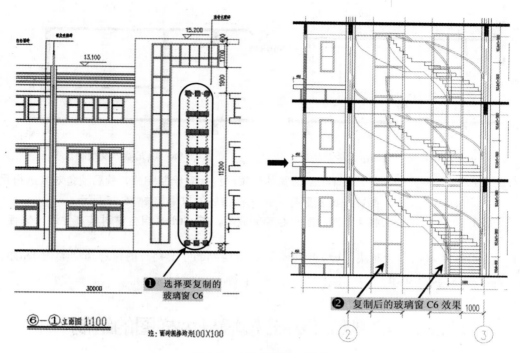

图 16-95　复制后的玻璃窗

步骤 24　执行"修剪"命令（TR），将被遮挡的玻璃窗进行修剪，如图 16-96 所示。

图 16-96　修剪后的玻璃窗 C6

步骤 25　执行直线、偏移、修剪等命令，对其屋顶层的的剖面墙及楼层进行绘制，如图 16-97 所示。

步骤 26　使用"图案填充"命令，对其墙面墙进行"SOLID"图案填充，再将转角处的楼梯扶手进行绘制及修剪，然后安装玻璃窗，如图 16-98 所示。

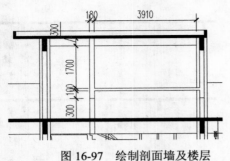
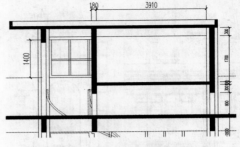

图 16-97 绘制剖面墙及楼层 　　　　 图 16-98 填充墙体及绘制扶手

步骤 27 通过前面的操作，该 1-1 剖面图的效果已经大致绘制完成，最后就是对其进行尺寸、标高、文字、图名、比例等标注，其标注后的效果如图 16-75 所示。

步骤 28 至此，该办公楼 1-1 剖面图已经绘制完成，按 Ctrl+S 组合键对其文件进行保存。

 用户可以执行"写块（W）"命令，将所绘制的 1-1 剖面图保存为"案例\16\办公楼 1-1 剖面图.dwg"。

16.11 实例11：办公楼墙身大样图的绘制

在"建施-10"施工图纸中有多个墙身大样详图，图 16-99 所示。下面就以几个典型的详图进行讲解，让读者掌握其详图的识读和绘制方法即可。

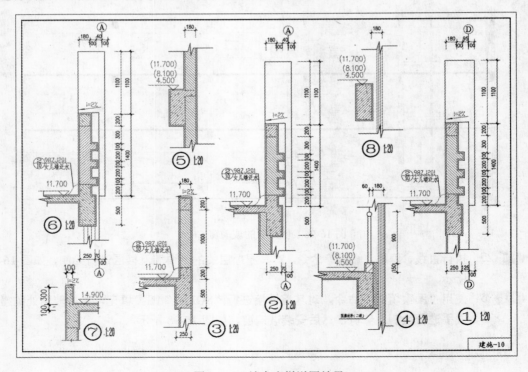

图 16-99 墙身大样详图效果

16.11.1 玻璃幕墙详图的绘制

视频\16\玻璃幕墙详图.avi

案例\16\玻璃幕墙详图.dwg

　　该办公楼的二层楼、三层楼、屋顶层楼的 3、4 号轴线之间的 B 轴墙上，是安装有玻璃幕墙 C7，其玻璃幕墙左、右两侧与柱子贯通连接在一起，玻璃幕墙 C7 详图的效果如图 16-100 所示，下面针对其大样详图进行绘制。

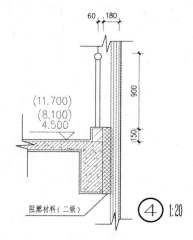

图 16-100　玻璃幕墙详图效果

步骤 01　将"门窗"图层置为当前图层，执行"多线"命令（ML），当前设置:对正 = 无，比例 = 550.00，样式 = STANDARD，在视图的空白位置绘制垂直长度为 13000mm 的多线。

步骤 02　执行"多段线"命令（PL），在多线的上、下侧分别来绘制打断符号；执行"分解"命令（EX）将该多线打散；执行"修剪"命令（TR），将上、下两侧多余的线段进行修剪。

步骤 03　执行"偏移"命令（O），将其垂直线段向内偏移 150，从而形成剖面玻璃幕墙效果，如图 16-101 所示。

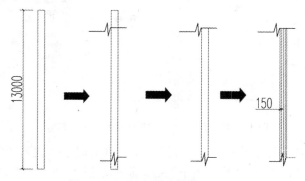

图 16-101　绘制的多线及打断符号

由于该详图采用的比例是 1:20，前面的平面图中绘制图形时所采用的比例为 1:100，而该 C7 玻璃幕墙采用的是 110 系列的玻璃幕墙，所以这时应绘制厚度为 550mm（100÷20×110=550）的宽度来作为玻璃幕墙。

步骤 04 将"墙体"图层置为当前图层，使用直线、偏移、修剪等命令，在玻璃幕墙的左侧绘制柱子及楼板剖面效果。

步骤 05 执行"图案填充"命令（H），分别对其指定的区域填充钢筋混凝土（ANSI 31，比例为 50、AR-CONC，比例为 2.5）及阻燃材料（ANSI 37，比例为 50）。

步骤 06 再执行偏移、圆、修剪等命令，绘制剖面栏杆效果。如图 16-102 所示。

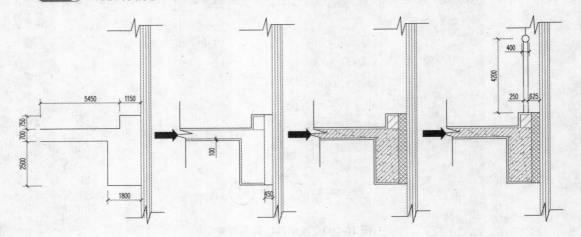

图 16-102　绘制剖面墙、柱、栏杆

步骤 07 执行"格式/标注样式"菜单命令，弹出"标注样式管理器"对话框，在"样式"列表框中选择"建筑平面-100"标注样式，单击"新建"按钮，然后输入新样式名称为"大样标注-20"，再单击"继续"按钮，如图 16-103 所示。

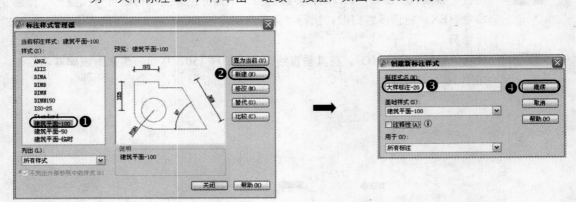

图 16-103　建立"大样标注-20"标注样式

步骤 08 由于在当前图形中绘制的大样详图是以 1:20 的比例来进行绘制的，此时用户可以在"主单位"选项卡的"比例因子"文本框中设置标注的比例为 0.2，然后依次单击"确定"和"关闭"按钮，如图 16-104 所示。

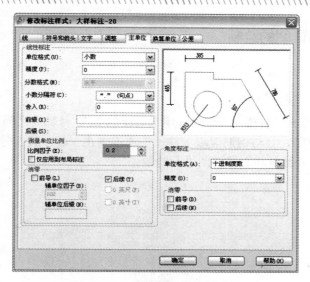

图 16-104　设置标注的比例因子

步骤 09　将"标注"图层置当前图层，对其玻璃幕墙详图进行尺寸标注；再执行"插入块"命令（I），将"案例\16\标高.dwg"图块插入到相应的位置，并设分别设置不同楼层的高度值。

步骤 10　执行"单行文字"命令（DT），在指定的位置输入文字，其文字的大小为 480；再使用直线命令绘制直线来标注其文字的标注位置。

步骤 11　执行"多段线"命令（PL），绘制直径为 280mm 的圆对象；再使用"单行文字"命令在其圆满中输入详图号"4"；其文字的大小为 700；再在其右下角输入比例"1：20"，其大小为 700，宽度因子为 0.35，如图 16-105 所示。

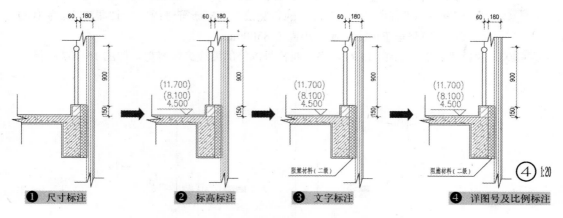

❶ 尺寸标注　　　❷ 标高标注　　　❸ 文字标注　　　❹ 详图号及比例标注

图 16-105　绘制剖面墙、柱、栏杆

步骤 12　至此，该玻璃幕墙 C7 详图已经绘制完成，按 Ctrl+S 组合键对其文件进行保存。

　用户可以执行"写块（W）"命令，将所绘制的玻璃幕墙 C7 详图保存为"案例\16\玻璃幕墙 C7 详图.dwg"。

16.11.2 ⑤/⑩ 墙身详图的绘制

视频\16\墙身大样详图.avi
案例\16\墙身大样详图.dwg

该办公楼的一层楼、二层楼、三层楼、屋顶层楼的 2、3 号轴线之间的 D 轴墙，是按照宽度为 180mm 墙来绘制的，且与钢筋混凝土柱子贯通连接在一起，其 5 号墙身大样详图的效果如图 16-106 所示，下面针对其大样详图进行绘制。

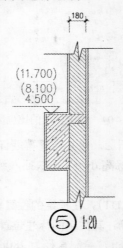

图 16-106　玻璃幕墙 C7 详图效果

步骤 01 将"墙体"图层置为当前图层，使用"直线"命令（L）绘制长度约为 12000mm 的垂线；再执行"偏移"命令（O），将其向右偏移 1100mm。

步骤 02 执行"多段线"命令（PL），在图形的下侧绘制一打断符号；再执行"复制"命令（CO），将其打断符号垂直向上复制，距离为 8300mm。

步骤 03 执行"修剪"命令（TR），将打断符号以外的墙线进行修剪，如图 16-107 所示。

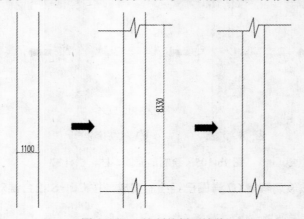

图 16-107　绘制的剖面墙体

步骤 **04**　执行"直线"命令（L），绘制剖面柱子轮廓；再执行"偏移"命令（O），将轮廓线向内偏移 100。

步骤 **05**　再执行偏移、修剪等命令，来绘制相应的轮廓效果，并将墙内的线段颜色设置为"颜色 8"。

步骤 **06**　执行"图案填充"命令（H），分别对其指定的区域填充钢筋混凝土（ANSI 31，比例为 50、AR-CONC，比例为 2.5），以及墙体填充（ANSI 31，比例为 50，旋转角度为 180），从而完成 5 号墙身大样详图的绘制，如图 16-108 所示。

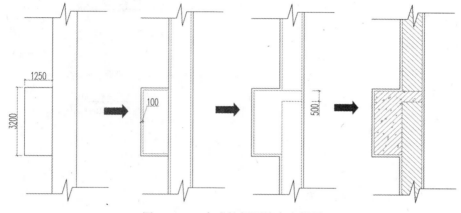

图 16-108　完成的剖面墙身大样图

步骤 **07**　再按照前面的方法来对其墙身详图进行尺寸、标高、详图号、图名、比例等标注。

步骤 **08**　至此，该 5 号墙身大样详图已经绘制完成，按 Ctrl+S 组合键对其文件进行保存。

 用户可以执行"写块（W）"命令，将所绘制的玻璃幕墙 C7 详图保存为"案例\16\5 号墙身大样详图.dwg"。

16.12　实例12：楼梯及屋顶详图的绘制

案例\16\楼梯及屋顶详图.dwg

用户在绘制首层至二层旋转楼梯的平面图时，首先绘制半径为 2910mm 和 1410mm 的两个同心半圆；然后将其两个半圆向内均偏移120mm，再过圆心点至右侧象限点绘制水平线段，对其水平线段进行环形阵列；接着使用直线命令在半圆的右下角处绘制宽度为 3000mm 的两条垂直线段，再绘制水平线段并进行偏移，从而形成高度为 300mm 的 6 个直线梯步；最后对其进行尺寸及文字的标注。

用户在绘制二层至屋面旋转楼梯平面图时，与绘制首层至二层旋转楼梯平面图的方法一样，只是不需要绘制直线梯步。

用户在绘制局部屋面平面图时，先综合根据前面图形的要求，绘制矩形对象，再对其进行偏移，以及绘制检查风口、落水口、爬梯等，然后对其进行文字标注、详图号标注、尺寸标注、图名标注等。如图 16-109 所示。

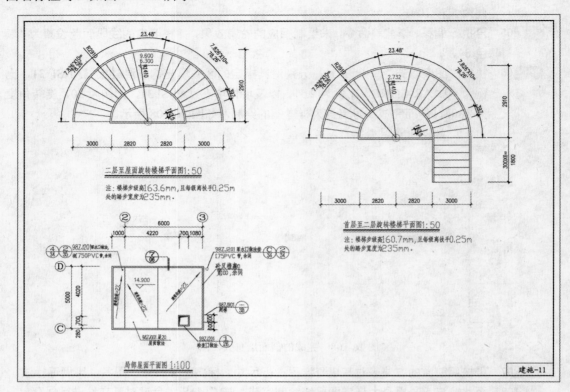

图 16-109　楼梯及屋顶详图效果

16.13　本章小节

在本章中，以某办公楼施工图为例，对相应的施工图进行详略得当的绘制讲解。包括图纸封面及目录的绘制、建筑设计说明及门窗总表的绘制、各楼层平面图的绘制、相关立面图的绘制、1-1 剖面图的绘制、墙身大样详图的绘制等，从而让用户能够配合相关的施工图来进行识读和绘图。

第 17 章　商务酒店客房室内的设计

目前，无论是哪一座城市中都会有不同星级的酒店，而酒店的客房是酒店为客人准备用于住宿以及休闲娱乐等服务的场所。为了适应不同类型的客户，一般将酒店的客房大至可以分为：单人间、标准间（双床）、双人间、套间客房、公寓式客房、总统套房等。

在本章中，就是通过某一商务酒店客房的建筑平面图、地面布置图、顶棚布置图和各个立面图等，对室内装修、布局、设计和绘制等方法进行详细讲解。

主要内容

- 掌握酒店客房建筑平面图的绘制方法
- 掌握酒店客房平面布置图的绘制方法
- 掌握酒店客房地面材质布置图的绘制方法
- 掌握酒店客房顶棚布置图的绘制方法
- 掌握酒店客房各个立面图的绘制方法

17.1　实例1：酒店客房建筑平面图的绘制

视频\17\酒店客房建筑平面图.avi

案例\17\酒店客房建筑平面图.dwg

所有图形设计的第一步都是绘制建筑平面图，本节所讲的酒店客房建筑平面图，与第 10 章建筑平面图的绘制方法类似。首先建立新的文件，再绘制轴线网结构、墙线、门窗对象，最后对其进行尺寸及文字的标注，其效果如图 17-1 所示。

17.1.1　酒店建筑平面图文件的建立

在绘制酒店客房建筑平面图之前，还是将事先准备好的"案例\17\别墅建筑平面图.dwg"文件打开，然后另存为新的文件，从而在此基础上来绘制新的图形文件。

步骤 01　正常打开 AutoCAD 2012 软件，执行"文件"→"打开"菜单命令，将"案例\17\别墅建筑平面图.dwg"文件打开。

步骤 02　执行"文件"→"另存为"菜单命令，将该模板文件另存为一个新的文件，即"案例\17\酒店客房建筑平面图.dwg"。

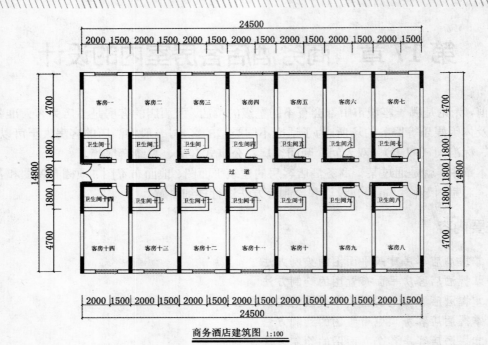

商务酒店建筑图 1:100

图 17-1   建筑平面图

17.1.2   绘制轴线

步骤 01   单击 "图层" 工具栏上的 "图层控制" 下拉列表框，将 "轴线" 图层置为当前图层。

步骤 02   按 "F8" 键打开 "正交" 模式，执行 "构造线" 命令（XL），在图形窗口中空白处绘制一条横向构造线和一条纵向构造线。

步骤 03   执行 "偏移" 命令（O），把所绘制的横向和纵向构造线进行相应偏移。

步骤 04   执行 "矩形" 命令（REC），绘制一个大型的矩形框，使所需尺寸范围内的轴线网都在矩形框内。

步骤 05   执行 "修剪" 命令（TR），把矩形框以外的轴线网全部修剪掉。

步骤 06   单击 "图层" 工具栏上的 "图层控制" 下拉列表框，将 "尺寸标注" 图层置为当前图层。

步骤 07   根据前面所学习的尺寸标注对轴线网进行标注，选择 "快速标注" 对轴线网的同一个方向端点进行框选，再选择 "线型标注（ ）" 对轴线网两端的线进行标注，以同样的方式对轴线网的四方都进行标注，如图 17-2 所示。

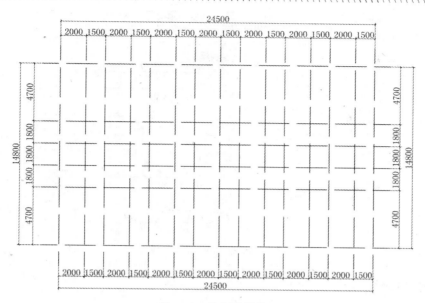

图 17-2　绘制的轴线

17.1.3　设置多线样式

步骤 01 执行"格式"→"多线样式"菜单命令，打开"多线样式"对话框，单击"新建"按钮，打开"创建新的多线新式"对话框，在名称栏中输入多线名称"240 墙"，单击"继续"按钮，打开"新建多线样式"对话框，如图 17-3 所示。

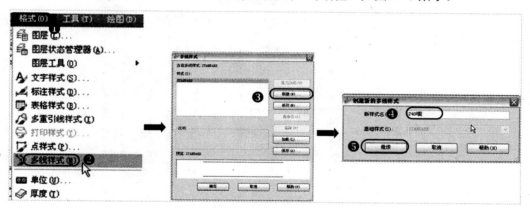

图 17-3　多线名称定义

步骤 02 在"新建多线样式：240 墙"对话框中，选中"图元"列表框中的"偏移 0.5"选项后，在下面的"偏移"文本框中输入 120；同样把"图元"栏的"-0.5"修改成"-120"，其他的内容不做修改，单击"确定"按钮，返回"多线样式"对话框，如图 17-4 所示。

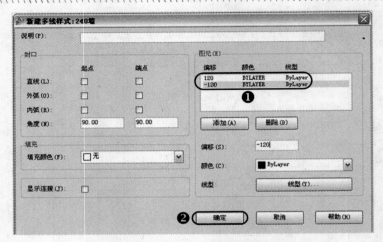

图 17-4 设置"240 墙"多线样式

17.1.4 绘制墙线

步骤 01 单击"图层"工具栏上的"图层控制"下拉列表框,将"墙体"图层置为当前图层。

步骤 02 执行"多线"命令(ML),将其多线设置为"对正(J):无(Z)、比例(S):1、样式(ST):240 墙"。

步骤 03 按"F3"键激活"捕捉"模式,分别捕捉轴线的交点来绘制墙体对象,如图 17-5 所示。

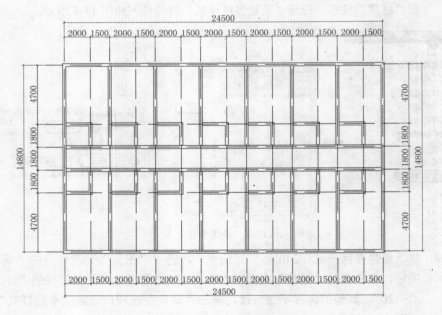

图 17-5 绘制墙线

17.1.5　修剪墙线

步骤 01　在"图层控制"下拉列表中，将"轴线"暂时关闭。

步骤 02　执行"多线编辑工具"命令（MLEDIT），选择"T 型打开"选项，再选择"角点结合"选项，分别对其所绘制的墙线对象进行编辑，如图 17-6 所示。

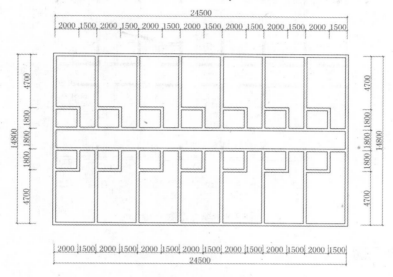

图 17-6　修剪墙线

17.1.6　填充混凝土墙体

步骤 01　在对混凝土墙体进行填充前要进行分段。执行"直线"命令(L)，把混凝土段区分出来，如图 17-7 所示。

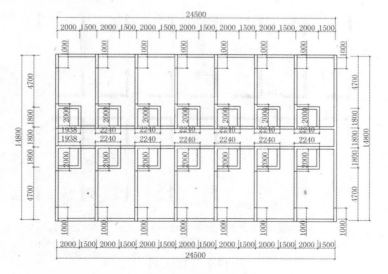

图 17-7　混凝土墙区域的划分

步骤 02 执行"图案填充"命令(H)，选择"SOLID"图案对其图形中的墙体进行填充，如图 17-8 所示。

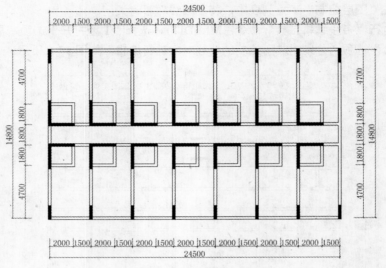

图 17-8 填充混凝土墙

17.1.7 绘制门窗

步骤 01 单击"图层"工具栏上的"图层控制"下拉列表框，将"墙体"图层置为当前图层。

步骤 02 门窗的绘制顺序应首先对其墙体开洞。执行"直线"命令（L）和"修剪"命令（TR），对其墙体对象进行门窗洞口的开启，如图 17-9 所示。

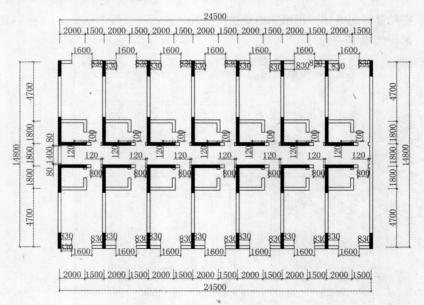

图 17-9 门窗开洞

步骤 03 执行"插入块"命令（I），将"案例\17"文件夹下面的"800 单开门.dwg"、"700 单开门"、"1400 双开门.dwg"图块分别插入指定的位置，并进行适当的旋转，如图 17-10 所示。

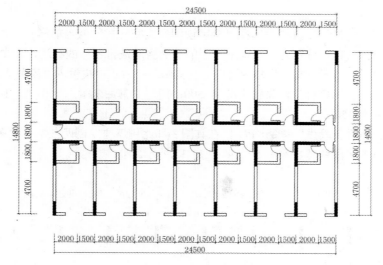

图 17-10 安装门

步骤 04 打开"格式"→"多线样式"菜单命令，弹出"多线样式"对话框，新建"窗线"多线，分别设置图元的偏移量为 120、20、−20、−120；同时把"窗线"图层设置为当前图层。

步骤 05 单击"图层"工具栏上的"图层控制"下拉列表框，将"门窗"图层置为当前图层。

步骤 06 执行"多线"命令（ML），当前设置为"对正：无，比例：1.00，样式：窗线"，捕捉相应的中点来绘制窗线，如图 17-11 所示。

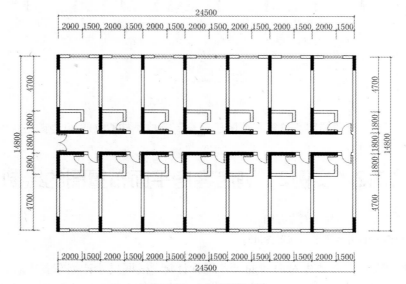

图 17-11 窗线的绘制

17.1.8 房间名称及图名标注

步骤 01 单击"图层"工具栏上的"图层控制"下拉列表框，将"文字标注"图层置为当前图层。

步骤 02 在"特性"工具栏中选择"文字说明"文字样式作为当前样式；执行"多行文字"命令（T），分别对其建筑平面图的各个房间进行名称的标注，其文字的大小为 300。

步骤 03 再执行"多行文字"命令（T），在其图形下方正中央输入"商务酒店建筑图"，对其该进行图名标注，设置字高为 500；同样在其后侧输入比例"1:100"，并设置其字高为 350。

步骤 04 执行"多段线"命令（PL），在其图名和比例下方绘制两条水平的多段线，且将其上方的多段线宽度设为 50，如图 17-12 所示。

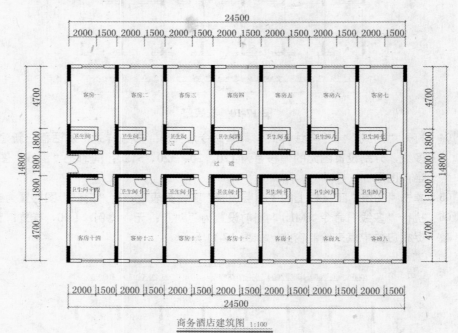

图 17-12 文字说明

步骤 05 至此，该酒店客房建筑平面图已经绘制完成，按 Ctrl+S 组合键进行保存。

17.2 实例2：酒店客房平面布置图的绘制

视频\17\商务酒店客房平面布置图.avi
案例\17\商务酒店客房平面布置图.dwg

在绘制平面布置图前要先对房间的尺寸进行计算，根据尺寸计划布置内容。在布置客房平面布置图时，首先在原有建筑平面图的基础上来建立新的文件，然后绘制客户的衣柜对象、电视柜和电脑桌对象，再分别插入套床和休闲桌，最后来布置卫生间的一些设施。其酒店客房平面布置图的效果如图 17-13 所示。

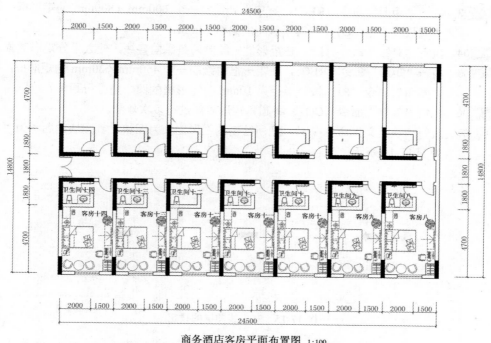

图 17-13　商务酒店客房平面布置图效果

17.2.1　客房平面布置图文件的建立

酒店客房平面布置图建立在酒店客房建筑图的基础上，所以应将其原有的"建筑平面图"文件另存为新的文件，以此来布置平面图。

步骤01 启动 AutoCAD 2012 软件，执行"文件"→"打开"菜单命令，打开"案例\17\酒店客房建筑平面图.dwg"文件。

步骤02 执行"文件"→"另存为"菜单命令，将文件另存为"案例\17\酒店客房平面布置图.dwg"文件即可。

17.2.2　客房衣柜的绘制

根据房间的尺寸可把衣柜设计到门厅的小过道上，如尺寸不够大，可以把衣柜放到其他地方，柜子不易过大。

步骤01 在命令行输入"LA"命令，打开"图层特性管理器"面板，关闭"文字标准"图层。

步骤02 同样，在"图层特性管理器"面板中，新建"家具"图层，设置颜色为"洋红"，线宽为"0.13 毫米"，同时置为当前图层，如图 17-14 所示。

▱ 家具 　｜ 🔆 ☀ 🔓 ■ 洋红 Continuous 　　　　———— 0.13 毫米

图 17-14 　"家具"图层

步骤 03 执行"矩形"命令（REC），在空白处绘制一个 600mm×800mm 的矩形框；再执行"偏移"命令（O），将其矩形向内偏移 20mm。

步骤 04 执行"直线"命令（L），在矩形框内绘制两条纵向直线，使之平分矩形对象。

步骤 05 执行"矩形"命令（REC），在矩形框内绘制一个 450mm×30mm 的矩形框；再执行"圆角"命令（F），按照半径为 10mm 对矩形框的四个角进行圆角。

步骤 06 执行"复制"命令（CO），将圆角矩形对象进行多次复制。

步骤 07 执行"块定义"命令（B），把所绘制的图形定义为图块，其图块的名称为"衣柜"，如图 17-15 所示。

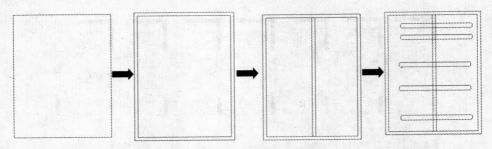

图 17-15 　家具线图层的设定

✕ 技巧提示 由于衣柜比较厚，可以把衣柜嵌入到墙内，在衣柜嵌入前用"直线（L）"和"修剪（TR）"命令将要嵌入衣柜的位置进行修剪。

步骤 08 执行"移动"命令(M)，把衣柜移动到房间相应位置，如图 17-16 所示。

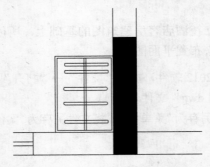

图 17-16 　衣柜摆放位置

步骤 09 执行"复制"命令（CO），将衣柜复制到下面一排所有房间内的相应位置，如图 17-17 所示。

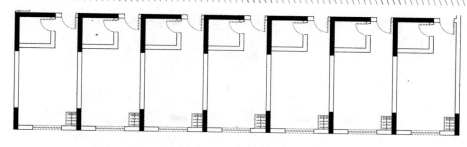

图 17-17　布置的衣柜

17.2.3　电视柜和电脑桌的绘制

在传统的装修中电视机占用的面积都比较大，所以电视柜的宽度都在 600mm 左右，而现代装修中电视机大多都使用壁挂式电视，占用的面积小，所以电视柜的宽度也跟着减少。

在本案例中电视柜和电脑桌布置的位置放在一起，为了美观，把电视柜和电脑桌设计为同等宽度为 500mm。

步骤 01　执行"直线"命令（L），在衣柜的上侧绘制一条高度为 2400mm 的纵向直线；再执行"移动"命令（M），将其纵向直线移到与墙距离 500mmmm 的位置；再执行"直线"命令（L），连接纵向直线上侧的端点，并向右绘制到墙线位置的水平直线。

步骤 02　执行"偏移"命令（O），把水平直线向下偏移 1400mm，作为电视柜与电脑桌的中间线。

步骤 03　用户可以使用复制的方法，绘制其他房间的电视柜和电脑桌，如图 17-18 所示。

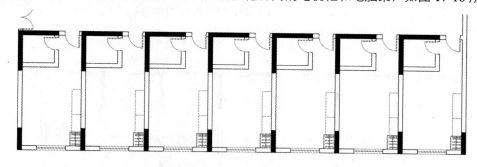

图 17-18　电视柜和电脑桌的绘制

步骤 04　执行"矩形"命令（REC），在图形的空白处绘制一个 45mm×1200mm 和 55mm×600mm 的两个矩形对象；再进行"移动"命令(M)，使大矩形框的右边与小矩形框的左边完全重合，同时横向中点对齐。

步骤 05　以 55mm×600mm 的矩形框的左上角和左下角为圆心，各绘制一个半径为 55mm 的圆，同时执行"修剪"命令（TR），将多于的圆形剪掉。

步骤 06　执行"直线"命令（L），以 45mm×1200mm 矩形左侧纵向直线的中点为基点，向左侧绘制一条长度为 800mm 的水平线段。

步骤 07　同样，在该基点位置分别绘制两条长为 400mm 的斜线，且与上一步所绘制的水平线段呈 45 度夹角，使之两条斜线呈 90 度角。

步骤 08 执行"块定义"命令（B），把所绘制的图形定义为块，块名称为"电视机"，如图 17-19 所示。

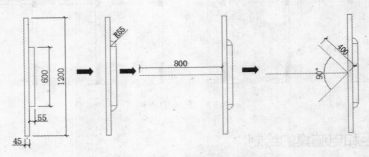

图 17-19　电视机的绘制

步骤 09 执行"复制"命令（CO），把电视机图块复制到各个房间，如图 17-20 所示。

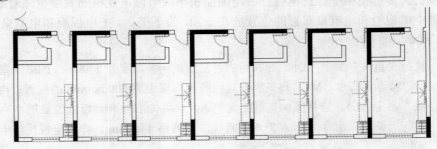

图 17-20　电视机的摆放

步骤 10 执行"插入块"命令（I），选择"案例\17\液晶电脑.dwg"图块对象分别插入到电视机的下侧，如图 17-21 所示。

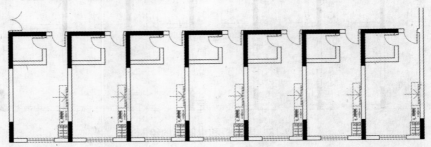

图 17-21　液晶电脑的插入

17.2.4　客房其他家具及物品的插入

在运用 AutoCAD 2012 软件绘制图形时，常用的一些家具和用品等都可以运用插入的方式来布置常用物品，这样可以节约时间。为了绘制出的图形更加漂亮，速度更快，就要靠平时的收藏和积累。

步骤 01 执行"插入块"命令（I），选择"案例\17\椅子.dwg"图块对象插入到电脑前的相应位置，如图 17-22 所示。

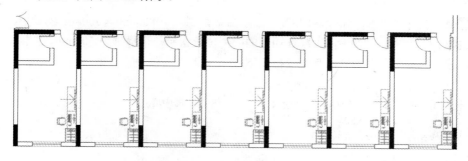

图 17-22　椅子的摆放

步骤 02 同样，执行"插入块"命令（I），选择"案例\17\植物花.dwg"图块插入电视机的上侧相应位置，如图 17-23 所示。

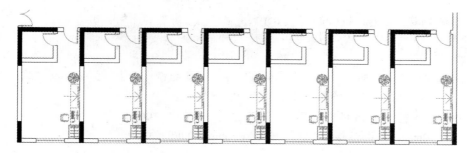

图 17-23　植物的摆放

步骤 03 同样，执行"插入块"命令（I），选择"案例\17\带梳妆台的床.dwg"和"案例\17\休闲桌一套.dwg"图块对象，分别插入到房间的左侧和下侧的相应位置，如图 17-24所示。

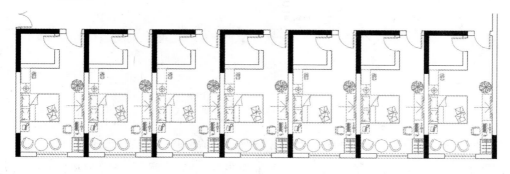

图 17-24　客房平面布置图

17.2.5　客房卫生间平面的布置

卫生间是客房的一个重要组成部分，他的使用率比较高，功能上也多，而面积不会很大，所以用户要更好的利用有限的空间，来合理的布置卫生间。卫生间一般包括清洗、淋浴和厕所三种主要功能。在地面工程进行前做好防水处理，淋浴龙头和洗面盆龙头都应分冷热，龙头的冷热标志应与水管冷热水的走向对应，以免发生烫伤或其他意外事故。

步骤 01 执行"矩形"命令（REC），在空白处绘制一个 800mm×600mm 的矩形。

步骤 02 执行"椭圆"命令（EL），在矩形的中央位置绘制一个横轴为 500mm，纵半轴为 200mm 的大椭圆形对象，其命令行如下：

```
命令：ELLIPSE
指定椭圆的轴端点或 [圆弧(A)/中心点(C)]：\\捕捉矩形中心点
指定轴的另一个端点：500
指定另一条半轴长度或 [旋转(R)]：200
```

步骤 03 执行"偏移"命令（O），把椭圆形向内偏移 20mm。

步骤 04 再执行"椭圆"命令（EL），在上一步所绘制的椭圆对象内再绘制一个横轴为 420mm，纵半轴为 75mm 的小椭圆形，其命令行如下：

```
命令：ELLIPSE
指定椭圆的轴端点或 [圆弧(A)/中心点(C)]：
指定轴的另一个端点：<正交 开> 420
指定另一条半轴长度或 [旋转(R)]：75
```

步骤 05 执行"圆"命令（C），在小椭圆的中心位置绘制一个半径为 20mm 的圆；同时，在大椭圆的正下方绘制一个半径为 30mm 的小圆。

步骤 06 以半径为 30m 的圆为端点，随意绘制一个长为 100mm 的斜线，同时向另一边偏移 20mm，使所偏移的直线与半径为 300mm 的圆相交。

步骤 07 以两条直线的上面端点为基础绘制一个直径为 20mm 的圆；执行"修剪"命令（TR），将多于图形对象进行修剪。如图 17-25 所示。

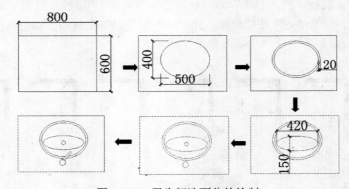

图 17-25 卫生间洗面盆的绘制

步骤 08 执行"块定义"命令（B），洗面盆保存为"800 洗面盆"图块对象。

步骤 09 执行"复制"命令（CO），把洗面盆分别复制到卫生间的右下角位置，如图 17-26 所示。

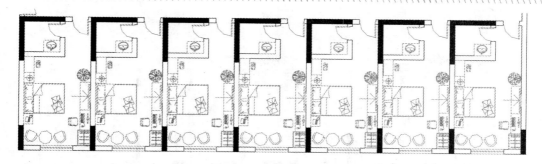

图 17-26　卫生间洗面盆的摆放

步骤 **10**　执行"插入块"命令（I），选择"案例\17\马桶.dwg"和"案例\17\淋浴.dwg"图块对象分别插入到卫生间的相应位置，如图 17-27 所示。

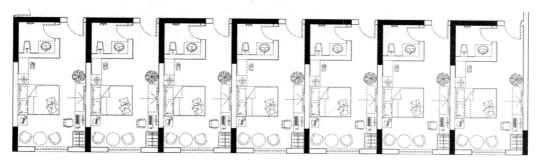

图 17-27　卫生间平面布置图

步骤 **11**　在"图层控制"下拉列表中将"文字标注"图层显示出来，同时移动房间内的文字标注对象，使房间内文字标注对象处在图形的空白处。

步骤 **12**　双击图形下方的文字标注"酒店客房建筑平面图"，将其修改为"商务酒店客房平面布置图"，如图 17-13 所示。

步骤 **13**　至此，该酒店客房平面布置图已经绘制完成，按 Ctrl+S 组合键进行保存。

17.3　实例3：酒店客房地面材料图的绘制

视频\17\酒店客房地面材质图.avi

案例\17\酒店客房地面材质图.dwg

在布置客房地面材质图的时候，首先根据要求确认哪些区域布置什么地毯，然后通过 CAD 提供的"图案填充"命令，分别对其进行不同图案、不同比例的填充，并在相应的区域添加文字说明，从而完成客房地面材质图的布置，如图 17-28 所示。

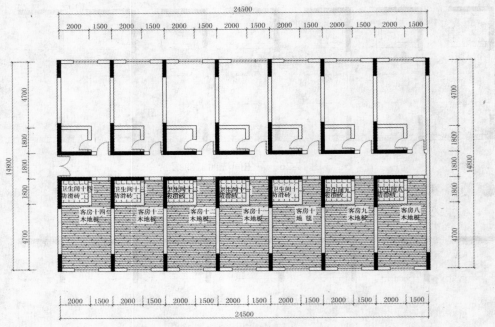

商务酒店客房地材图 1:100

图 17-28　酒店客房地面材质效果图

步骤 01 打开前面所绘制的文件"案例\17\酒店客房平面布置图.dwg",再执行"文件"→"另存为"菜单命令,将文件另存为"案例\17\酒店客房地面材质图.dwg"文件。

步骤 02 输入快捷键 LA,打开"图层特性管理器"面板,隐藏"家具"图层对象。

步骤 03 执行"删除"命令(E),将其图中的门对象全部删除。

步骤 04 将"墙体"图层置为当前图层,执行"直线"命令(L),分别在相应的门窗洞口位置绘制门洞线,如图 17-29 所示。

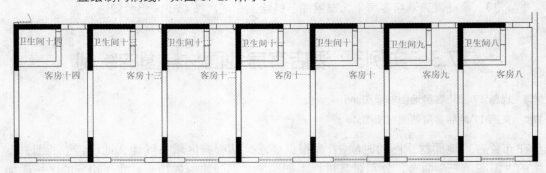

图 17-29　绘制的门洞线

步骤 05 执行"复制"命令(CO),将房间内文字进行复制,复制到原文字的正下方,同时双击复制后的文字,将复制后的文字更改为"木地板"。

步骤 06 以同样的方法,在相应的卫生间内标注上"防滑砖"字样,如图 17-30 所示。

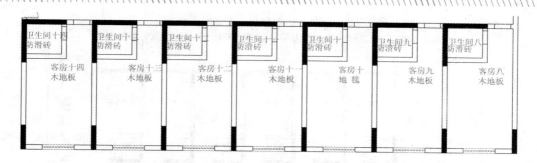

图 17-30　地面材料的文字标注

　地面材料比较单一或面积小时可以先进行文字标注后做图形标注。

步骤 07　在"图层控制"下拉列表中，将"装饰线"置为当前图层。

步骤 08　执行"图案填充"命令（H），选择"ANGLE"，角度为 0，比例为 50，来填充卫生间，以此作为卫生间防滑砖的表示图案。

步骤 09　执行"图案填充"命令（H），选择"DOLMIT"，角度为 0，比例为 20，来填充房间内，以此作为地毯的表示图案。

步骤 10　双击图形下方的文字标注"商务酒店客房平面布置图"，将其修改为"商务酒店客房地材图"，如图 17-28 所示。

步骤 11　至此，该酒店客房地面材质图已经绘制完成，按 Ctrl+S 组合键进行保存。

17.4　实例4：酒店客房顶棚图的绘制

　视频\17\酒店客房顶棚图.avi
案例\17\酒店客房顶棚图.dwg

　　商务酒店客房顶棚的造型都比较简单，材料的运用上也比较单一，顶棚造形不只是为起到装饰的作用，也可以让顶部一些零乱的东西，得到藏身。首先打开"酒店客房建筑平面图"文件，将其另存为新的文件，然后根据要求来绘制客房顶棚造型图和卫生间的铝扣板对象，再插入客房的灯具对象，最后对其进行顶棚对象的标高标注，以及进行文字说明和图名标注等，其酒店客房顶棚图的效果如图 17-31 所示。

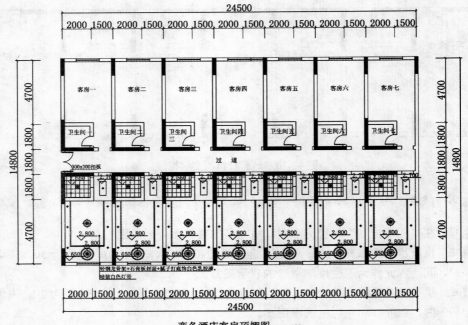

商务酒店客房顶棚图 1:100

图 17-31 客房顶棚布置效果图

17.4.1 客房顶棚图文件的建立

顶棚图的绘制是建立在平面布置图和地面布置图的基础上。

步骤 01 启动 AutoCAD 2012 软件，打开"案例\17\酒店客房建筑平面图.dwg"；再执行"文件"→"另存为"菜单命令，将其另存为"案例\17\酒店客房顶棚图.dwg"文件。

步骤 02 执行"删除"命令（E），将图形中的门和室内文字对象删除。

步骤 03 在"图层控制"下拉列表中，将"墙体"图层置于当前图层。

步骤 04 执行"直线"命令（L），把门洞用直线封上，如图 17-32 所示。

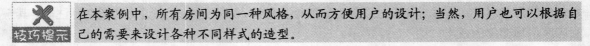

技巧提示　在本案例中，所有房间为同一种风格，从而方便用户的设计；当然，用户也可以根据自己的需要来设计各种不同样式的造型。

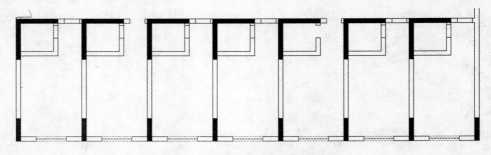

图 17-32 商务酒店客房顶棚绘制前准备

17.4.2　客房顶棚造型的绘制

本案例顶面造型，都以方正为主，运用 AutoCAD 2012 软件中的直线（L）、偏移（O）等命令来绘制顶面造型。

步骤 01 在命令行中输入"LA"命令，打开"图层特性管理器"面板，新建"顶棚"图层，颜色选择"红"，线宽"0.15"；再新建"灯带"图层，颜色选择"洋红"，线宽"0.13"，置顶棚为当前图层，如图 17-33 所示。

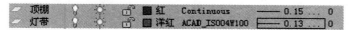

图 17-33　顶棚图层的建立

步骤 02 执行"矩形"命令（REC），在门厅处绘制一个与门厅一样大的矩形框；再执行"偏移(O)"命令，把所绘制的矩形向内偏移 400mm，如图 17-34 所示。

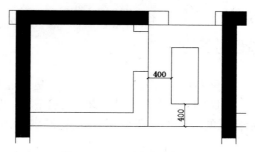

图 17-34　门厅顶面造型

步骤 03 执行"直线"命令（L），在房间的右墙边绘制一条与原墙同样长的纵向直线；再执行"移动"命令（M），把所绘制的直线向内移动 600mm。

步骤 04 执行"直线"命令（L），在房间的左墙边绘制一条与原墙同样长的纵向直线；再执行"移动"命令（M），把所绘制的直线向内移动 400mm。

步骤 05 执行"直线"命令（L），在房间的下方墙边绘制一条与原墙同样长的横向直线；再执行"移动"命令（M），把所绘制的直线向内移动 1200mm。

步骤 06 执行"修剪（TR）"命令，将房间下方多余的直经修剪掉，如图 17-35 所示。

步骤 07 执行"直线"命令（L），以前面所绘制图形对象的水平线段的中点为起点，绘制一条纵向直线；再执行"圆"命令（C），以此纵向直线的中点为中心点，绘制一个半径为 400mm 的圆；然后执行"删除"命令（E），将该纵向直线删除，从而完成棚顶造型的绘制。

步骤 08 在房间的下方绘制一条纵向直线和一条横向直线，使纵向直线的上端点与最下方的直线中点相交，横向直线与纵向直线中点相交成垂直状态。

步骤 09 以两条直线的交点为圆心，绘制一个半径为"400mm"的圆。同时"删除（E）"房间下方的纵向直线和横向直线，如图 17-36 所示。

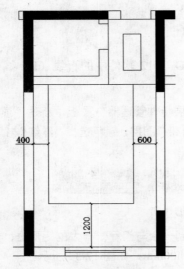

图 17-35　绘制并修剪的直线段

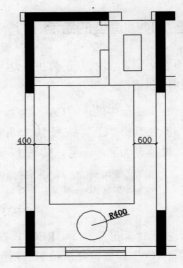

图 17-36　绘制圆和删除直线

17.4.3　卫生间顶棚造型材质的绘制

　　卫生间采用铝扣板的最大好处就是干净好收拾，铝扣板是最近几年出现的新型装饰材料，它具有轻质、耐水、不吸尘、抗腐蚀、易擦洗、易安装、立体感强、色彩柔和美观大方等特点，是完全环保型材料。选择铝扣板的关键不在于厚薄，而在于用料。本案例卫生间顶面采用铝扣板吊顶。

　　步骤01　在"图层控制"下拉列表中，把"顶棚"图层置为当前图层。

　　步骤02　卫生间用 300mm×300mm 方格铝扣板吊顶。执行"直线"命令（L），在房间中心内分别绘制一条纵向直线和一条横向直线。

　　步骤03　执行"偏移"命令（O），将所绘制的纵向直线和横向直线分别向左右和上下各偏移300mm，以此作为铝扣板对象，如图 17-37 所示。

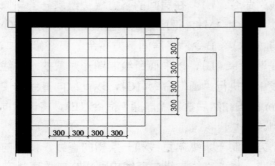

图 17-37　卫生间顶面铝扣板

17.4.4　客房顶面灯具的布置

　　步骤01　在"图层控制"下拉列表中，选择"灯带"图层为当前图层。

步骤 02　执行"偏移"命令（O），把房间下方的圆向内偏移 50mm，同时把偏移后圆形的图层换为"灯带"图层。

步骤 03　再次执行"偏移"命令（O），把客厅中的直线对象分别向外偏移 50mm，然后将偏移的对象转换为"灯带"图层。

步骤 04　执行"圆角"命令（F），设置圆角半径为 0，将偏移的直线对象进行圆角处理，使之开放的灯带对象连接起来，如图 17-38 所示。

步骤 05　在命令行中输入"LA"命令，打开"图层特性管理器"面板，新建"灯具"图层，颜色为"红色"，线宽为"0.15mm"。

步骤 06　执行"插入块"命令（I），将"案例\17\顶面大吊灯.dwg"图块插入到圆内，将"案例\17\浴霸.dwg"图块插入到卫生间最中间的一个方格中。

浴霸一般尺寸都为 300mm×300mm。

步骤 07　执行"复制"命令（CO），把"顶面大吊灯"图块对象复制到"矩形"的中心位置，如图 17-39 所示。

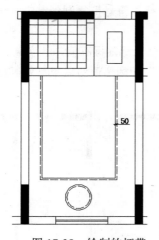
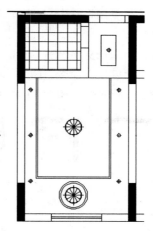

图 17-38　绘制的灯带　　　　　　　图 17-39　布置的图块

步骤 08　执行"复制"命令（CO），把上面顶面造型复制到其他相应房间，如图 17-40 所示。

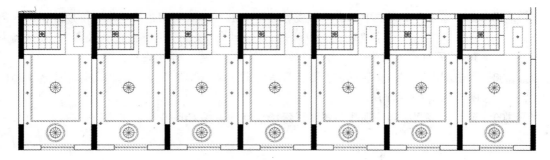

图 17-40　客房顶面设计图

其他房间的顶面可以根据用户的想法做其他造型，本案例中以同样的造型来讲解，是为了节约时间。

17.4.5 客房顶面的标高

步骤 01 在"图层控制"下拉列表中，将"文字标注"置为当前图层。

步骤 02 执行"直线（L）"和"镜像（MI）"等命令，绘制标高符号，如图 17-41 所示。

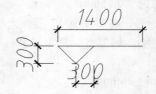

图 17-41 标高符号

步骤 03 执行"块定义"命令（B），将所绘制的对象命名为"标高符号"图块。

步骤 04 执行"复制"命令（CO），将所绘制的"标高符号"复制到其中一个房间的相应位置。

步骤 05 执行"单行文字"命令（DT），在标高符号上标注标高值，其字高大小为 250。

步骤 06 执行"复制"命令（CO），把"标高符号"和标高值对象复制到其他相应位置，同时更改标高值。如图 17-42 所示。

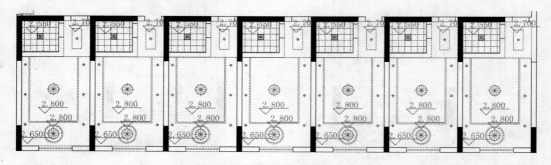

图 17-42 顶面标高

步骤 07 在"标注"工具栏中单击"引线标注"按钮 🔧，在客房的"矩形"吊顶处引出一条直线，并输入文字"轻钢龙骨架+石膏板封面+腻子打底饰白色乳胶漆"，其字高为 300；同样在圆灯带处引出一条直线，并输入文字"暗装白色灯带"。

步骤 08 双击图形下方的文字标注"酒店客房建筑平面图"，将其更改为"商务酒店客房顶棚图"，如图 17-31 所示。

步骤 09 至此，该酒店客房顶棚布置图已经绘制完成，按 Ctrl+S 组合键进行保存。

17.5　实例5：酒店客房立面图的绘制

视频\17\酒店客房立面图.avi
案例\17\酒店客房立面图.dwg

　　商务酒店立面图的绘制主要是绘制床头背景的立面图、床头背景墙，以及卫生间的墙砖。使用 AutoCAD 2012 软件绘制立面图时，都要先打开原有的平面布置图，同时结合上下关系，对立面图进行构思。本节的客房立面图只以其中一个房间的立面作为本案例的讲解要点，其他房间的立面图用户可以自行根据图形的需要进行设计，如图 17-43 所示。

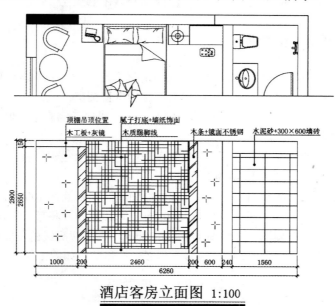

酒店客房立面图 1:100

图 17-43　客房立面图效果

17.5.1　客房立面图文件的建立

步骤 01　启动 AutoCAD 2012 软件，打开"案例\17\酒店客房平面布置图.dwgf"文件。

步骤 02　选择"文件"→"另存为"菜单命令，将其文件另存为"酒店客房立面图.dwg"文件。

步骤 03　在"图层控制"下拉列表中，暂时将"尺寸标注"图层隐藏起来。

步骤 04　执行"复制"命（CO），将"客房十四"房间对象框选，将其复制一份到空白位置。

步骤 05　执行"旋转"命令（RO），使所复制的图形对象旋转-90º。

步骤 06　在"图层控制"下拉列表中，把"墙体"图层置为当前图层。

步骤 07　执行"多段线"命令（PL），绘制一条"断面线"；再用"修剪"命令（TR），把多段线以下的所有图形进行修剪，如图 17-44 所示。

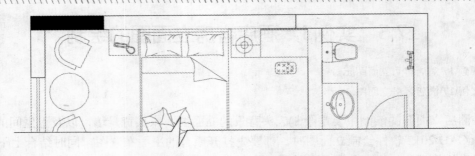

图 17-44　立面图绘前准备

步骤 08 执行"删除"命令（E），把原有的平面布置图删除。

17.5.2　客房立面造型的绘制

步骤 01 执行"直线"命令（L），分别过墙体的端点向下引出多条纵向直线段，再绘制一条横向线段，使之与所绘制的纵向直线互相垂直相交。

步骤 02 执行"偏移"命令（O），将其下侧的横向直线向下侧偏移 2800mm，使之成为客房立面墙的高度。

步骤 03 执行"修剪"命令（TR），把四条直线以外的多余线进行修剪，从而完成客房立面轮廓的绘制，如图 17-45 所示。

步骤 04 执行"偏移"命令（O），将最左边的纵向直线向右偏移 1000mm 和 200mm；将中间墙体的左边纵向直线向左偏移 600mm 和 200mm；将顶棚线向下偏移 150mm 和 300mm；将下侧的地坪线向上偏移 120mm，作为踢脚线的分段线。

步骤 05 执行"修剪"命令（TR），把多余的线进行修剪，如图 17-46 所示。

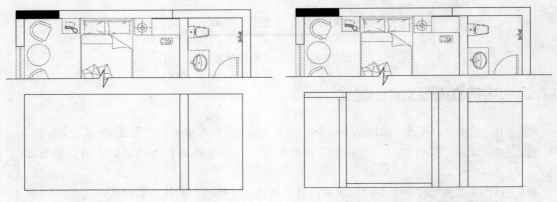

图 17-45　客房立面轮廓　　　　　　　　图 17-46　修剪多余的线段

17.5.3　客房立面材质的表示

在 AutoCAD 2012 软件中，立面的材质表示有多种方法，本案例选用比较传统的一种，用填充的方式来区分材质的不同。

步骤 01　执行"偏移"命令（O），以卫生间的地坪线为参照向上偏移 8 个 300mm。

步骤 02　执行"直线"命令（L），过偏移线段的中点绘制一条纵向直线；再执行"偏移"命令（O），将其纵向直线向左、右各偏移 600mm，从而完成卫生间立面墙砖的铺贴方式，如图 17-47 所示。

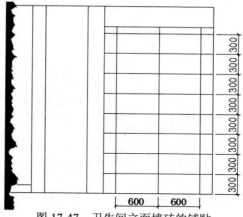

图 17-47　卫生间立面墙砖的铺贴

立面高度一定要与顶棚的标高一致。在墙砖分砖时，把不足辅贴砖大小的部分设计到靠顶部的位置。

步骤 03　在"图层控制"下拉列表中，把"装饰线"图层置于当前图层。

步骤 04　执行"图案填充"命令（H），选择"HOUND"图案，比例为 50，把此图案作为"墙纸"来填充图形正中的最大区域。

步骤 05　执行"图案填充"命令（H），选择"AR—RROOF"，角度为 45，比例为 10，把此图案作为"镜面不锈钢"来填充墙纸左右两侧的区域。

步骤 06　执行"直线"命令（L），在未进行填充的空白区域，绘制一条长为 200mm 的横向直线和一条长为 180mm 的纵向直线，使两条直线成为"十字线"。

步骤 07　执行"圆"命令（C），在"十字线"的相交点绘制一个半径为 25mm 的圆；再执行"修剪"命令（TR），把圆内的直线进行修剪，同时删除圆形对象。

步骤 08　执行"块定义"命令（B），把绘制的剩余"十字线"定义为"灰镜图案"图案。

步骤 09　执行"复制"命令（CO），把"灰镜图案"随意复制到未填充区域，如图 17-48 所示。

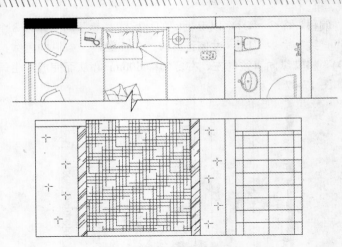

图 17-48　立面图材质的表示

17.5.4　客房立面图尺寸及文字的标注

没有尺寸标注的立面图，所设计出的图形是无法正常施工的。

步骤 01　执行"格式"→"文字样式"菜单命令，新建"立面标高"文字样式；高度改为 100，字体改为 gbeitc.shx，勾选"使用大字体"复选框，大字体为 gbcbig.shx，并将其"置为当前"。

步骤 02　执行"格式"→"标注样式"菜单命令，新建"立面标注"标注样式；将文字样式改为"立面标高"，箭头大小、折断线、超出标记、基线间距、超出尺寸线、起点偏移量均设为"1"。

步骤 03　在"图层控制"下拉列表中，把"尺寸标注"图层置于当前图层；在"特性"工具栏中选择"立面标注"标注样式置于当前。

步骤 04　执行"线形标注"命令（DI），对其客房立面图进行尺寸标注，如图 17-49 所示。

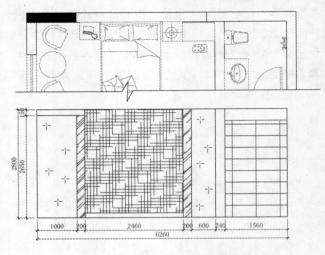

图 17-49　立面图尺寸的表示

步骤 05　在"图层控制"下拉列表中，把"文字标注"图层置于当前图层，并将"立面标高"文字样式置为当前图层。

步骤 06　执行"快速引线"命令（QL），同时执行"多行文字"命令（T），输入"木工板+灰镜"。

步骤 07　以同样的方式标注其他立面材质的文字说明。

步骤 08　执行"多行文字"命令（T），在图形的正下方标注图形名称为"商务酒店客房立面图"，字高为 250；同样在其后输入比例文字"1:100"，其字高为 200。

步骤 09　执行"多段线"命令（PL），在其图名和比例下方绘制两条水平的多段线，且将其下方的多段线宽度设为 50，如图 17-43 所示。

步骤 10　至此，该酒店客房立面图已经绘制完成，按 Ctrl+S 组合键进行保存。

17.6　本章小节

在本章中，首先讲解了酒店客房内部的设计格局和酒店客房的设计注意事项；然后以某酒店为例，通过 AutoCAD 软件来进行设计绘制相关图纸，包括酒店客房建筑平面图、客房平面布置图、地面材料图、顶棚布置图、客房立面图等，从而让用户更加熟练地掌握酒店客房的设计技巧和绘制方法。